U0265385

多沙河流水库水沙运动特性及其数值模拟

Studies on Flow and Sediment Transport in Heavily Sediment-laden Reservoirs and Numerical Modelling

夏军强　王增辉　著

科学出版社

北　京

内 容 简 介

本书采用实测资料分析、力学理论分析及数学模型计算的综合研究方法，针对多沙河流水库的水沙运动规律及数值模拟技术开展了深入研究。本书研究内容包括多沙河流水库中的不同水沙输移类型，对其产生机理、运动规律及对水库运行的影响做了全面阐述，并且凝练了作者对水库异重流、溯源冲刷以及干支流倒回灌方面的研究成果。本书内容可为多沙河流水沙运动规律研究提供借鉴，还可为水沙耦合数学模型的开发与应用提供指导。

本书重视基本理论研究与工程泥沙问题紧密结合，可供从事河流泥沙与水库管理领域的科研人员参考使用。

图书在版编目(CIP)数据

多沙河流水库水沙运动特性及其数值模拟 = Studies on Flow and Sediment Transport in Heavily Sediment-laden Reservoirs and Numerical Modelling / 夏军强，王增辉著. —北京：科学出版社，2019.1

ISBN 978-7-03-060249-7

Ⅰ. ①多… Ⅱ. ①夏… ②王… Ⅲ. ①多沙河流–水库泥沙–泥沙运动–数值模拟–研究 Ⅳ. ①TV145

中国版本图书馆CIP数据核字(2018)第289983号

责任编辑：范运年 王楠楠 / 责任校对：王萌萌
责任印制：师艳茹 / 封面设计：蓝正设计

科 学 出 版 社 出版
北京东黄城根北街 16 号
邮政编码：100717
http://www.sciencep.com
北京通州皇家印刷厂 印刷
科学出版社发行 各地新华书店经销
*
2019 年 1 月第 一 版 开本：720 × 1000 1/16
2019 年 1 月第一次印刷 印张：16 3/4
字数：327 000
定价：138.00 元
(如有印装质量问题，我社负责调换)

前　　言

　　水库具有防洪、发电、灌溉、供水等多重功能，是国民经济与社会发展的重要基础设施。但泥沙淤积造成的库容损失，不仅会影响水库的功能及安全性，还会降低其综合效益。泥沙产输强度越大的流域，水库淤积问题越严重。所以掌握多沙河流水库的水沙运动特性，是研究有效的水库泥沙淤积管理措施的前提。异重流、库区干支流倒回灌及溯源冲刷等现象是多沙河流水库中常见的水沙输移方式，这些输沙过程对水库淤积形态的塑造以及出库水沙过程的改变起着重要作用，具体包括异重流长距离输移造成的坝前淤积、干流水沙向支流倒灌形成的支流拦门沙、溯源冲刷对水库淤积形态高强度大幅度的调整等。在水库泥沙管理层面上，利用水库异重流、溯源冲刷等排沙方式减缓库区淤积或恢复部分库容已经是被广泛认可的非工程措施。但目前人们对多沙河流水库水沙运动规律的认识还不够充分，难以用数学模型精确地预报库区冲淤及出库水沙过程。因此，开展多沙河流水库水沙运动特性的研究，具有重要的理论价值和实践意义。

　　为此，本书课题组在国家自然科学基金项目等的资助下，采用实测资料分析、力学理论分析及数值模拟研究相结合的方法，开展多沙河流水库水沙运动规律及数值模拟技术的研究。本书为研究成果的总结，包括以下四部分内容。

　　一是系统总结多沙河流水库水沙运动的基本规律，建立水库异重流潜入点判别条件和干支流倒回灌过程的计算方法，包括：①在总结现有异重流流速与含沙量沿垂向分布公式的基础上，结合小浪底水库异重流实测数据分析提出异重流垂向流速分布可由幂函数和指数函数分两个区域描述，且分布曲线形态受平均含沙量控制；②建立考虑异重流含沙量与流速沿垂向不均匀分布的异重流动量方程，提出以潜入点弗劳德数与含沙量关系表示的潜入点判别条件，该公式对于一般含沙水流及高含沙水流形成的异重流均适用；③结合洪水波理论和异重流含沙量沿程输移方程，提出小浪底库区异重流传播时间的计算公式；④根据干支流间水沙运动的方向和动力，明确干支流倒回灌的种类，对于明流倒回灌，提出用支流库区蓄水量的变化计算倒回灌流量，对于异重流倒灌，推导基于动量方程并考虑支流地形的异重流倒灌流量公式，该公式表明在支流口门浑水厚度与含沙量一定的条件下，支流底坡越大则倒灌流量越小。

　　二是分别建立适用于库区长期冲淤变形计算与汛期异重流排沙过程模拟的多沙河流水库一维水沙数学模型。本书在长时段冲淤计算模型的构建中，对于多河段水沙输移及河床变形的联合计算、复杂断面上的滩槽阻力及挟沙力计算、床沙级配调整计算等关键问题的处理提出相应的方法；在水库异重流模型的构建中，提出水沙耦合形式的浑水明流与异重流控制方程，同时考虑干支流倒回灌过程的影响，两组控制方程交替求解，利用潜入点判别条件动态确定异重流的上游边界位置，针对库区水深变幅大和异重流前锋传播等问题，在数值通量计算和源项处理上采用多种高性能数值计算方法。

三是开展三门峡和小浪底水库的库区水沙运动与河床变形过程的数值模拟，具体包括：①枯水少沙系列及不同水库调度方式下三门峡库区干支流的冲淤变化过程模拟，结果表明运用不同敞泄规则与低水位控制，可有效降低潼关高程 1m 左右；②1962 年三门峡水库两次异重流从形成到消退的全过程模拟，计算的明流段及异重流段水位、含沙量、异重流传播速度和厚度与实测结果符合较好；③黄河调水调沙期间小浪底库区不同场次洪水下的水沙运动过程模拟，不但排沙比计算值与实测结果相符，而且计算结果也能定量揭示浑水明流、异重流、干支流倒回灌三种水沙输移形式之间的相互影响。

四是开展多沙河流水库溯源冲刷过程的一、二维数值模拟。采用一维水沙模型模拟溯源冲刷水槽试验以及小浪底水库干流的溯源冲刷过程，河床纵剖面变形过程的计算结果与实测数据和参考解析解符合较好，同时证明了溯源冲刷过程中坡面水流流态可能出现急缓流交替变化。同时建立具有 Well-balance 特性的平面二维水沙模型，模拟小浪底库区典型支流口门的溯源冲刷过程，比较不同方案下的冲刷效果，结果表明在高滩深槽地形条件下，利用支流洪水与蓄水同时降低坝前水位可以较好地清除支流拦门沙。

本书得到了国家自然科学基金项目(编号：51725902，51579186，51809196)、国家重点研发计划课题(编号：2017YF0405501)、水利部公益性行业科研专项经费项目(编号：200901015，201401023)等的资助，在此一并表示感谢。参加本书研究的本校主要人员有夏军强、王增辉等，另外黄河水利科学研究院的张俊华、李书霞、李涛等也参与了了本书研究。

由于作者经验不足，水平有限，书中难免有不足之处，敬请读者批评指正。

作　者

2018 年 4 月于武汉大学

目　　录

第 1 章 绪 论

1.1 研究背景及意义

1.1.1 研究背景

大型水库的基本功能是拦蓄和调节河川径流,在此基础上发挥防洪、发电、灌溉等作用。只要水库蓄水,就必然会引起一定范围内的河道水位抬高,从而造成入库泥沙淤积。淤积的泥沙侵占了原有库容,从而使水库的调节能力降低,防洪功能和各种兴利功能不断损失。国际大坝委员会(International Commission on Large Dams,ICOLD)统计的全球水库(坝高 15m 以上)的建设库容为 $16120km^3$,多位学者对全球已建水库的年库容损失率的估算为 0.5%~1%(Wisser et al.,2013;Basson,2009;White,2001)。近期研究表明,随着新建水库速度的减缓和已建水库的持续淤积损失,全球水库的净库容从 2006 年开始已经呈减少趋势(Wisser et al.,2013)。世界银行集团的研究报告则指出全球人均库容自 1980 年左右已开始减少(Annandale et al.,2016)。因此水库淤积是水资源安全的重要威胁,传统的基于有限使用寿命的水库管理模式必须转变为注重水库淤积控制的可持续管理模式。

全球不同区域的库容损失严重程度不同,据研究估算(Wisser et al.,2013),2010 年亚洲和欧洲的总库容损失率分别为 6.5%和 7.5%,而在南美洲这一比例为 2.5%。库容损失程度的区域差异与不同流域的产沙条件有关,暴雨强度大、水土流失较严重的国家和地区,水库淤积尤其严重。我国水库的年库容损失率约为 2.3%,远高于世界平均水平(White,2001),此外我国许多大型水库已经损失了一半以上的拦沙库容(Wang and Hu,2009)。影响水库淤积速度最直接的因素是入库沙量,因此多沙河流水库的泥沙管理是迫切需要解决的问题。

水库淤积引起的具体问题很多,主要有库容损失导致的综合效益降低、淤积上延引起的土地淹没与浸没、变动回水区冲淤对航运的影响、坝前泥沙问题及坝下游河床变形等(韩其为,2003)。水库泥沙管理首先要求对以上问题的严重程度作出定量的评估,然而由于库区水沙运动受到人类活动(水库蓄泄)的影响,其输移规律相较于天然河道中的状况有一定特殊性,目前相关理论研究和数学模型发展还不够成熟。多年的水库泥沙治理实践中总结出的有效管理策略主要包含三个方面:一是减少上游来沙;二是恢复被泥沙侵占的库容;三是减少泥沙输移过程中的淤积(Kondolf et al.,2014)。水库溯源冲刷与异重流排沙即其中后两个方面的典型泥沙管理技术，这些技术的成功应用是科研和工程技术人员积极探索并利用多沙河流水库水沙输移规律的成果。

黄河是全球年均输沙量最大的河流，在黄河中游修建的水库，如三门峡水库和小浪底水库，是多沙河流水库水沙运动特性研究的重点对象。在三门峡水库蓄水拦沙(1960 年 9 月～1962 年 3 月)和滞洪排沙(1962 年 3 月～1973 年 10 月)运用阶段经常在汛期发生异重流现象，并且自滞洪排沙运用以来，几乎年年都发生溯源冲刷(焦恩泽等，2008)。小浪底水库在 2002～2004 年进行了调水调沙试验，此后每年在汛前或汛期一段时间内进行调水调沙生产运行，并充分利用异重流进行排沙。此外，小浪底水库支流较多，干支流之间的水沙交换比较显著，使库区淤积的空间分布规律更为复杂。异重流输移、溯源冲刷与干支流倒回灌是多沙河流水库水沙运动特性研究中最具挑战性的课题，并且这几种现象的形成与演化过程还存在耦合关系，水沙数学模型与现代数值模拟技术的发展为揭示耦合过程及机理提供了有力工具。

1.1.2　研究意义

多沙河流水库水沙运动规律涉及异重流、溯源冲刷、干支流倒回灌等不同的水沙运动形式。本书采用实测资料分析、力学理论分析及数值模拟研究相结合的方法，开展多沙河流水库水沙运动规律及数值模拟技术的研究，尤其对异重流的形成与演化、溯源冲刷过程中的床面变形，以及干支流倒回灌等方面进行系统的机理分析，并提出适用性更广的计算方法。因此，本书有助于提高对多沙河流水库水沙运动规律的认识。

多沙河流水库中不同水沙输移过程之间的耦合主要体现在：①不同运动形式间的转化关系，如入库高含沙洪水或库区上段溯源冲刷形成的浑水水流演进至水库的回水区并达到一定的水深后会潜入库底形成异重流；②不同输移过程间的反馈关系，如干流异重流向支流的倒灌会造成其自身能量的损失和厚度变化，而倒灌所造成的支流口门的淤积过程又会对干流的倒灌过程产生影响。仅对这些现象进行孤立的研究都不能全面地反映这些过程之间的耦合关系。本书建立能够对入库洪水—三角洲溯源冲刷—回水区异重流产生传播及支流倒灌—水库排沙的完整过程进行模拟的数学模型，实现了在给定库区边界条件下，对整个库区内水沙要素的时空分布与出库水沙过程的准确预测，具有重要的理论意义及实际工程应用价值。

多沙河流水库的泥沙管理措施很多，其中基于水库调度的措施成本相对较低，效益较好(谢鉴衡，1990)。利用本书建立的多沙河流水库数学模型，可以准确评估不同水库调度方式的排沙效果以及对库区河床演变的长期影响，探索不同措施(如水库溯源冲刷和异重流排沙)综合运用的效果，为实现多沙河流水库水沙调度的优化以及可持续的水库泥沙管理作出贡献。

1.2 研 究 进 展

异重流、溯源冲刷与干支流倒回灌是多沙河流水库中的典型水沙输移过程，尽管这三种水沙输移过程的时间尺度通常较短（一般持续数小时至数天），但是对于库区的河床冲淤起着重要作用。因此，本书将从这三个方面总结多沙水库水沙运动规律的研究现状。

1.2.1 水库异重流

异重流的研究历史很长，并且所涉及的学科很多，如在地质学中研究大陆坡上海底峡谷的形成、在海洋学中研究海峡分层流，以及水利工程中的水库淤积与排沙问题。在水库异重流中，引起密度差异的原因一般是温度或含沙量，本书讨论的是含沙量差异引起的浑水异重流。

异重流研究主要分基本理论与数学模型两个方面。在基本理论方面，其研究主要集中在异重流潜入点判别条件（Akiyama and Stefan，1984；Singh and Shah，1971）、水流垂向结构（Eggenhuisen and McCaffrey，2012；Nourmohammadi et al.，2011；Altinakar et al.，1996），以及异重流与周围水体的作用（范家骅，2011a；Fernando，1991；Ellison and Turner，1959）等方面。Xia 等（2016）根据考虑了含沙量影响的异重流运动方程推导了水库异重流潜入点的判别条件，该判别条件表明潜入点水深与单宽流量的 2/3 次方成正比，与体积比含沙量的 1/4 次方成反比。范家骅（2011b）总结了颜燕（1986）、Parker 等（1987）及他本人关于异重流交界面掺混的实验结果，并将异重流为急流时，异重流从上层水体中卷吸清水进入异重流之中定义为正掺混；异重流为缓流时，清水从异重流中分离出进入上层水体定义为负掺混，最后通过回归分析方法建立了异重流掺混系数与理查森数的经验关系。韩其为和向熙珑（1981）通过理论分析指出：异重流输沙规律与明渠流在本质上是一致的，同时给出了异重流挟沙力公式及不平衡输沙公式的特殊表现形式。

异重流数学模型包括解析模型和数值模型两类。数值模型又分为一维和平面二维异重流模型以及立面二维和三维异重流模型两类。此外，近年来一些经典流体力学之外的模拟方法也被用于异重流运动过程的模拟，如元胞自动机（Salles et al.，2007）和光滑粒子水动力学法（Shao，2012）。

1）异重流解析模型

Benjamin（1968）最早给出了无黏性无掺混作用的理想恒定异重流的解析解，不仅提出了异重流运动速度与相对厚度的关系式，而且给出了描述异重流上表面的曲线方程。对于非恒定异重流，在假设雷诺数足够大可以忽略阻力以及异重流头部弗劳德数为常数的前提下，可以得到描述异重流传播自相似阶段的解，或称异重流头部近场解(Huppert, 2006; Chen, 1980; Hoult, 1972)。Ruo 和 Chen(2007)对浅水控制方程进行了修改,使之包含了以动水压力形式表示的周围水体的阻力,从而不再需要指定异重流头部弗劳德数作为边界条件,结果同时得到了异重流运动的远场及近场解。目前解析模型的研究成果只能用于规则断面形态,计算具有特定上游边界条件(总体积固定和恒定入流两种情况)的异重流传播过程。其他影响异重流演化的重要因素没有考虑,包括异重流和床面之间的泥沙交换、异重流与上层水体间的水量掺混等。因此,异重流数值模型的建立与不断改进是当前较为活跃的研究领域。

2) 一维和平面二维异重流模型

一维和平面二维异重流模型是在对 Navier-Stokes 方程深度平均的基础上得来的,虽然不能求解水沙要素的垂向分布,但是计算速度快且能够确定工程应用中关心的传播速度、冲淤量等实际问题。

Parker 等(1986)提出了异重流一维模拟中广泛使用的三方程模型(流体连续方程、运动方程、泥沙输移方程),模型考虑了床面泥沙交换与清水掺入作用对质量守恒的影响,但是忽略了这两者对异重流动量的影响,并且该模型不考虑河床形态变化,因此主要应用于异重流水槽试验的模拟。Hu 和 Cao(2009)根据河床冲淤与异重流是否耦合以及床沙上扬通量是否用平均紊动能限制,总结了六类异重流模型,并通过数值模拟与时间尺度分析进行了系统的比较,建议了不同模型的使用范围。Cantero-Chinchilla 等(2015)首先通过理论推导和实验数据率定得到了具有自相似性质的异重流流速与含沙量垂向分布表达式,然后将表达式代入概化的深度平均模型中的深度积分项,利用该修正过的模型研究了异重流从冲刷型转变为淤积型时流速、含沙量和理查森数等参数的变化。

从数值求解层面来看,异重流模拟的难点主要是模拟移动头部界面与可能存在的内部水跃过程。目前各类具有自动捕捉激波能力的 Godunov 型数值格式(Toro,1998)正在被应用到异重流模拟中解决这些问题。Hu 等(2012)使用带有梯度限制的中心差分(sloye limiter centred, SLIC)通量计算格式和表面和深度梯度加权平均法(weighted surface-depth gradient method, WSDGM)(Aureli et al., 2008)建立了平面二维异重流模型,模拟了小浪底水库 2004 年的异重流传播过程。

一部分学者为了充分考虑上下层流体之间的相互作用,建立了双层深度平均的异重流模型。早期双层模型假设上下层总深度固定不变,如 Bonnecaze 等(1993)提出的模型。Adduce 等(2011)提出了一种计算自由水面的双层异重流模型,指出交界面上压力项的存在使控制方程无法写成守恒形式,之后假设异重流的密度没有空间变化,推导出了一组守恒形式的控制方程。这类模型可以模拟瞬时释放的异重流,但并不适合有持续入流的异重流过程,因此难以应用到以入库流量和含沙量过程为上游边界条件的水库异重流运动模拟中。Cao 等(2015)使用双层异重流模型计算了小浪底水库异重流的形成、传播以及到达坝前后的排出过程,该模型可以较为准确地预测无支流入汇河段的异重流潜入位置，然而由于其未考虑库区干支流倒回灌过程，模拟结果难以真实反映异重流在流经支流口门后的传播速度变化，也无法计算异重流淤积量在干支流库区的分布。

3) 立面二维和三维异重流模型

作为一种分层流，异重流的本质特征是流速、含沙量沿垂向的不均匀分布，立面二维(Huang et al.，2005；Bournet et al.，1999)和三维(de Cesare et al.，2006)异重流模型可以较好地描述这种垂向分层结构。这类模型构建时大部分涉及紊流封闭(Yam et al.，2011；Felix，2002)，也有一部分采用直接数值模拟(Necker et al.，2002)。

Huang 等(2008)使用 k-ε 紊流封闭的雷诺平均的纳维-斯托克斯(Reynolds-averaged Navier Stokes，RANS)模型研究了实验室尺度和大尺度下不同起动机制的异重流特征。大尺度下的数值模拟结果重现了由于比尺问题在实验室条件下没能产生的自加速(self-accelerated)异重流。这一点说明不同尺度下的异重流冲淤特性可能存在显著的差异。另外，释放定量悬沙产生的异重流与恒定入流条件下的异重流呈现不同的特征，前者厚度空间分布有较大波动且不稳定，而后者向下游近似线性地增长。Huang 等(2008)的实验还表明随着底坡的增加，异重流输移逐渐由淤积型向冲刷型转变。

Cantero 等(2009)采用直接数值模拟的方法研究了有顶板的异重流(turbidity current with a roof)，这种特殊的配置是为了排除清浑水交界面上的掺混作用，制造完全由密度差驱动的异重流。在目前对于交界面掺混研究还不透彻的情况下，这种配置可以更加专注于异重流的本质特征。该模型控制方程中包括两个关键参数：经过无量纲处理后的泥沙沉速和底坡。随着泥沙沉速的增加，分层更明显，平均流速也会提高。泥沙沉速的增加会增强对底部紊动的抑制作用，并且达到一定的临界值后这种抑制作用会急剧加快，改变流速和含沙量的垂向分布特性，使贴近底部一定厚度内的流态转为层流，异重流的挟沙能力将大幅度减小。

1.2.2　水库溯源冲刷

目前对溯源冲刷的研究主要分为三个方面：①通过概化模型实验揭示冲刷图形和机理，或对具体水库中的实测水沙及地形资料进行分析，提出溯源冲刷发生的一般规律；②通过一些简化及对冲刷剖面或挟沙力的假设，理论推导并求解溯源冲刷基本方程；③直接采用水沙数学模型来计算溯源冲刷过程。

1) 室内概化试验和原型观测研究

曹叔尤(1983)开展了不同流量和底坡情况下悬移质溯源冲刷的概化水槽试验，其试验条件与多沙河流水库中的溯源冲刷发生的条件最为接近，具有代表性。根据试验现象，水面可以概化成前坡段和顶坡段，冲刷主要发生在前坡段，坡折点逐渐上移，前坡段坡度逐渐变小，顶坡段坡度逐渐增大，最后展平成统一比降。

床面纵比降变化率开始很大，以后逐渐减小。彭润泽等(1981)开展了推移质溯源冲刷试验。张跟广(1993)通过水槽试验说明水库溯源冲刷具有"全程剥蚀"和"局部跌坎"两种模式，并根据试验所用泥沙干密度的不同总结出不同的冲刷模式。Chen 和 Chen(2006)的溯源冲刷实验中有"跌坎式"和"旋进式"两种冲刷模式，对于跌坎式冲刷，流量对侵蚀上溯速度的影响很小；而对于旋进式冲刷，侵蚀上溯速度随流量的增大而增大。他们通过对实验数据的分析提出了不同冲刷模式的判别条件和相应冲刷长度的经验计算公式。

焦恩泽等(2008)采用三门峡库区北村站的 130 组水沙测量资料，建立了单宽水流功率与单宽输沙率之间的相关关系，并分析指出在溯源冲刷情况下的单宽输沙率可以达到不发生溯源冲刷时的 10 倍。伊晓燕等(2016)利用三门峡水库 1974年以来的实测资料，开展了溯源冲刷长度和冲刷量与水沙因素的相关分析，认为敞泄排沙过程是坝前水位降低后溯源冲刷继续发展的结果，在相同的来沙系数与库区水面比降下，降水冲刷的排沙比大于敞泄冲刷的排沙比。

2)溯源冲刷基本方程的理论研究

描述溯源冲刷过程的基本方程，一般用来表示溯源冲刷过程中床面泥沙被水流冲刷带走的速率以及由此造成的床面变形，国内外的研究主要分三种不同方法。第一种方法是从水流功率与输沙能耗理论出发提出溯源冲刷的输沙率公式，这些公式的共同点是将输沙率与床面纵比降联系起来，代入床面变形方程后可以得到关于床面高程或冲刷深度的二阶偏微分方程。这类方程在形式上与热传导方程一样，只是各家成果中空间导数项系数的表达式不同(曹叔尤，1983;彭润泽等，1981;Begin et al.，1980)，在给出定解条件后可以用数学物理方程中的通用解法求出解析解。第二种方法是从床沙起动悬浮的机理出发提出适合溯源冲刷过程的侵蚀速率或床沙上扬通量公式。Winterwerp 等(1992)在 van Rijn(1984)的床沙起悬函数中加入了修正因子 $1-\tan\alpha\tan\varPhi$，其中，α 为床面纵比降；$\varPhi$ 为泥沙休止角。这一修正可以计算出比普通侵蚀公式更大的侵蚀速率，有利于对溯源冲刷现象的解释，但其缺陷是当底坡趋近于休止角时，侵蚀速率会趋于无穷大。Mastbergen 和 van den Berg(2003)在 Winterwerp 的基础上进一步加入了土体剪切膨胀效应下的坡面蚀退速度修正因子，得到的侵蚀速率公式可用于任意坡度。van Rhee(2010)沿着这一思路给出了更为严谨的理论推导，泥沙上扬通量仍用 van Rijn 的起悬函数表示，而将失稳效应与剪切膨胀效应反应在临界希尔兹数上。第三种方法是直接对溯源冲刷段的床面形态作出假设，通过理论分析得到关键的形态参数的表达式从而刻画纵剖面的整个演化过程。范家骅(2011b)假定纵剖面为平行的倾斜直线，因此坝前冲刷深度逐渐下降，而沿程冲刷深度均相同，并给出了出库沙量计算方法。而韩其为(2003)认为冲刷面是以侵蚀基点为中心，向上游旋转的形式演化的，在假设纵剖面形态为直线、二次曲线和高次曲线情况下，分别推导了冲刷面的时空演变方程。这一方法对于水位连续下降的溯源冲刷也推导了相应的计算公式。

3) 溯源冲刷过程数值模拟

虽然目前的计算水动力模型已经可以模拟剧烈冲刷作用下的水沙输移过程，但针对实际发生的水库溯源冲刷过程的数值模拟研究很少。刘茜(2015)采用基于一维有限体积法的数学模型计算了河道中采砂坑跌坎上的溯源冲刷，提出了跌坎冲刷平衡值的影响因素。Mastbergen 和 van den Berg(2003)采用恒定流水沙模型计算了海底峡谷内淤积体的溯源冲刷以及随之形成的异重流过程。Castillo 等(2015)采用无结构网格上的平面二维模型预测了在 Paute-Cardenillo 水库实施溯源冲刷的效果，结果显示在经历不到 72 小时的冲刷后库区内的淤积物可以全部清除。

从现有的这些数值模拟研究来看，其大部分采用的是平衡输沙模式，如刘茜(2015)和 Castillo 等(2015)的模拟中均采用 Meyer-Peter Müller 公式来代替泥沙输移方程，在前面介绍的溯源冲刷基本方程的研究中，对于悬移质运用一般也采用平衡输沙模式来简化推导(韩其为，2003)。Mastbergen 和 van den Berg(2003)针对溯源冲刷过程建立了新的输沙率公式，并在数值模拟中采用了不平衡输沙模式，但是并没有对床面高程计算结果进行验证。因此，关于溯源冲刷过程模拟中应采用何种输沙模式，以及不同输沙率或挟沙力公式的适用性还没有明确的结论。溯源冲刷过程中河床变形的速度与水面高程变化速度量级相当，河床变形对水流运动的影响不可忽略，然而现有的模拟都是基于清水圣维南方程，因此水沙耦合模型(Xia et al.，2010a；Cao and Carling，2002a)的应用也是溯源冲刷过程数值模拟研究中应该注重的发展方向。

1.2.3 水库干支流倒回灌

水库干支流倒回灌分为明流倒回灌和异重流倒灌两类。伍超等(2000)采用类似一维河网模型的模拟方法研究了干支流倒回灌对溃坝洪水演进的影响，但是目前对于水库调度引起的干支流倒回灌的研究甚少。对于异重流倒灌支流现象，基于数值模拟的实例研究也很少见，目前主要是通过异重流倒灌流量公式、倒灌长度公式及输沙率沿程衰减公式对异重流倒灌引起的支流淤积总量、长度和形态作出估计。在分析干流倒灌入支流的异重流流量时，通常从潜入段的动量和能量方程出发，推导出含有能量损失系数的倒灌流量公式。关于能量损失系数取值，一些学者通过实测资料率定，但取值范围变化较大(韩其为，2003)。金德春(1981)采用阻力损失最小假设，得出潜入前后异重流厚度比为 3/2。秦文凯等(1995)推导了考虑支流有来流情况下的异重流倒灌流量公式，提出了倒灌发生的临界条件。王增辉等(2017)总结了已有的异重流倒灌流量公式并统一了公式形式，通过在倒灌异重流的动量方程中加入底坡上的压力，推导了考虑底坡影响的异重流倒灌流量公式。范家骅(2011a)在建立浑水异重流运动方程时，考虑了因清水析出而引起动量改变所产生的反作用力，通过进一步假设底部水平且异重流厚度沿程不变，推导了异重流流速的沿程变化公式。韩其为(2003)则根据对支流河宽的假设，从连续性方程得到了倒灌异重流流量的沿程变化公式。

1.3　本书主要内容

本书涉及多沙河流水库的异重流流速与含沙量垂向分布规律、潜入点判别条件以及输沙规律，提出库区干支流倒回灌过程的计算方法，总结水库溯源冲刷计算方法，利用掌握的规律和计算方法建立三种可用于多沙河流水库水沙运动特性研究与泥沙管理的数学模型：①多沙河流水库水沙调度模型，可用于长河段及长时间的库区冲淤变形计算；②考虑干支流倒回灌的水库明流与异重流耦合模型，可用于复杂库区地形条件下的明流与异重流过程模拟；③水库溯源冲刷的一维和二维模型，可用于水库干流和支流口门溯源冲刷过程的模拟。各章节具体内容如下。

第 1 章介绍国内外水库淤积现状及其影响，指出本书所涉及的主要水沙运动类型，从理论和工程应用两个层面说明本书研究的意义；总结当前水库异重流、溯源冲刷、干支流倒回灌研究的具体进展，并提出现有理论分析和模拟技术的不足；简要概括各章研究内容。

第 2 章介绍异重流流速垂向分布的分区及统一描述方法，总结各种流速分布公式建立的依据、特点以及验证结果；介绍异重流含沙量沿垂向分布公式，结合小浪底水库异重流含沙量实测数据分析垂向分布特征在异重流不同发展阶段的变化。

第 3 章介绍水库异重流潜入点附近流态以及潜入点上下游流速和含沙量沿垂向分布的变化规律；从理论上给出描述水库异重流运动的连续方程和动量方程，并分析异重流含沙量与流速沿垂线不均匀分布对异重流运动的影响；总结已有的异重流潜入点判别条件研究成果，基于异重流运动控制方程提出并进一步完善异重流潜入点的判别条件，并用多组室内及野外实测资料对该判别条件进行率定与验证。

第 4 章根据多个水库的实测资料分析了异重流输移中泥沙粒径与平均流速的关系，指出异重流输沙规律与明流输沙规律的异同，总结现有异重流挟沙力公式和不平衡输沙方程；提出采用水流功率定量表示异重流持续运动条件的具体方法；根据洪水波传播相关理论提出库区明流段和异重流段的洪水波传播速度公式以及异重流传播时间的计算方法。

第 5 章提出库区干支流倒回灌的分类方法与具体类型；总结基于分流比概念的倒灌计算方法，推导并验证基于动量方程并考虑支流地形的异重流倒灌流量公式，提出基于水库蓄泄关系的干支流倒回灌计算方法；以小浪底水库为例，结合不同倒回灌过程的产生条件对年内水库运用进行阶段划分，建立干支流倒回灌水沙过程计算的新方法。

第 6 章总结水槽试验及实际水库中观测到的溯源冲刷基本模式；介绍基于能量平衡的溯源冲刷输沙率公式和以床面切应力为主要参数的输沙率方程，总结其他直接计算溯源冲刷段出口断面输沙率的经验公式；介绍给定纵剖面曲线形态条件下的溯源冲刷段床面高程的表达式，给出纵剖面偏微分方程的建立方法，并详细推导其解析解。

第 7 章建立多沙河流水库水沙调度的一维模型，对于多河段水沙输移及河床变形的联合计算、复杂断面上的滩槽阻力及挟沙力计算、河床级配调整计算等关键问题的处理提出相应的方法；以三门峡水库为例，采用该模型研究不同水库调度方案对三门峡库区(包括黄河小北干流河段、渭河下游河段、潼关以下河段)的冲淤过程及潼关高程的影响。

第 8 章推导水沙耦合形式的浑水明流与异重流控制方程。应用 Godunov 型的有限体积法对控制方程进行数值离散；利用异重流潜入点判别条件建立浑水明流与异重流方程的交替求解模式，并整合干支流倒回灌计算方法，最终建立考虑干支流倒回灌的水库明流与异重流耦合模型；通过已有异重流水槽试验数据对模型进行初步验证，并进一步采用三门峡水库异重流过程实测资料进行模型率定和验证，同时分析不同入库水沙与泄流过程对异重流演进及排沙比的影响。

第 9 章介绍小浪底水库的水沙、地形条件与调水调沙过程概况；采用考虑干支流倒回灌的水库明流与异重流耦合模型对小浪底水库 2004 年、2006 年和 2012 年调水调沙过程进行模拟，验证库区水位、明流段含沙量、异重流层厚度与含沙量等水沙要素的计算精度；在模拟过程中开展三种模拟方法的比较与参数敏感性分析，揭示浑水明流、异重流、干支流倒回灌三种水沙输移形式之间的相互影响。

第 10 章采用一维水沙模型模拟溯源冲刷水槽试验以及小浪底水库干流的溯源冲刷过程，验证模型对水面线和河床纵剖面变化过程的计算精度，分析进口流量与初始底坡对溯源冲刷过程的影响；建立溯源冲刷过程的二维数学模型，重点介绍模型中的全变差缩小的守恒律单调迎风格式(total variation diminishing monotonic upwind scheme for conservation laws，TVD-MUSCL)数值重构方法和散度形式的底坡(divergence form for bed slope source term，DFB)底坡源项处理方法的改进；利用二维模型计算小浪底水库支流畛水口门的溯源冲刷过程，研究不同调度方式与调度时机下引发支流口门溯源冲刷拦门沙的实施效果。

第 2 章　异重流流速与含沙量沿垂向分布规律

异重流现象的本质特征是流速和含沙量沿垂向分布表现出明显的分层变化，流速和含沙量沿垂向分布规律的研究是水流挟沙力研究的基础。研究水库异重流的流速和含沙量沿垂向分布规律，不仅对研究水库异重流产生及挟沙力等相关问题具有重要意义，而且对改进异重流数学模型具有重要价值。本章首先提出现有异重流交界面位置确定的几种方法；然后总结国内外已有异重流流速沿垂向分布规律的研究现状，一般认为最大流速点以下区域的流速分布可用对数或幂函数表示，但相关参数必须随水沙条件的变化而变化，而最大流速点以上区域的流速分布一般可用高斯分布或抛物线分布近似；最后指出由于目前大部分库区流速和含沙量沿垂向分布的测量精度尚待提高，难以用简单函数关系描述这些变量沿垂向的分布规律。今后应当将异重流运动过程的室内水槽试验与野外原型观测结合，进一步深入研究异重流流速和含沙量沿垂向的分布规律。

2.1　异重流交界面位置的确定方法

库区异重流的沿程厚度(等于交界面与河底的高程差)变化是异重流研究的基本内容之一。在这个领域，学者已经做了大量的研究工作，但由于异重流交界面的位置不如明流容易判别，学者对异重流交界面的定义也有所不同(图 2.1)。目前确定异重流交界面位置的方法大致有以下五种(张俊华等，2007)。

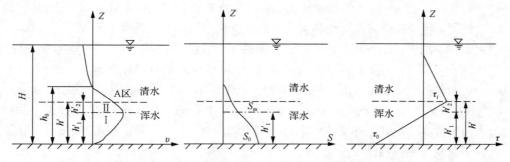

图 2.1　异重流运动时垂线上流速、含沙量及切应力的分布(张俊华等，2007)

(1)把垂线含沙量为零处的位置作为异重流交界面。这种方法在异重流含沙量大、浑水层与清水层的交界面较为清晰时可以采用。

(2) 将异重流沿程各垂线流速分布中在交界面附近流速为零的点的连线作为异重流交界面，如图 2.1(a) 所示，交界面高度为 h_0。这种方法在研究河道温差异重流时得到了广泛的应用，如陈惠泉 (1962) 定义零流速面为交界面。

(3) 将异重流垂线流速分布从河底向上积分，得单宽流量 $q(z)$，即

$$q(z) = \int_0^z u' \mathrm{d}z \qquad (2.1)$$

在某点 $z = a$ 处，$q(a)$ 和量水堰测出的单宽流量 q 相等，即 $q = q(a)$，把该处的位置定为异重流的上边界，异重流水深等于 a。这个方法在异重流垂线流速分布量测精度较高时，是最科学的方法，这样得到的位置也就是理论上异重流交界面所在的位置。这种方法尽管理论基础强，但在实际应用中存在一定的问题。当异重流排沙时，由于闸门开启，清水被带出库外，不能形成环流，往往不能发现表层清水向上游的流动过程。此时尽管表层清水的流速很小，但一般都显示出向下游流动。

(4) 水文测验中，异重流清浑水交界面的确定常采用的方法。含沙量沿垂向分布在清浑水交界区有一个转折点，该转折点以下含沙量突然增大，该点所处的水平面即异重流清浑水的交界面，其上为清水层，下为浑水异重流层。异重流交界面的确定由垂线上有明显流速且垂线含沙量发生突变，并参考同断面其他垂线和上下游异重流交界面高程来确定。

(5) 异重流运行过程中，因清水、浑水两种水流相互掺混而使清浑水交界面存在一定厚度，为便于表示，以某级含沙量作为清浑水交界面。这种方法具有很大的实用性，其关键是确定清浑水分界的临界含沙量。

从上述总结可以看出，异重流交界面的确定都是从研究对象及内容方便描述的角度来定义的。在后面的研究过程中，为方便问题的研究和简化计算，若无特别说明，一般都以含沙量为 $5\mathrm{kg/m^3}$ 作为清浑水交界面。

2.2　异重流流速沿垂向分布规律

图 2.2 为异重流潜入点附近流速和含沙量沿垂线及沿程的变化过程 (张瑞瑾等，1989)。水库上游带有一定数量细颗粒泥沙的挟沙水流进入水库的壅水段之后，由于水深的逐渐增加，其流速和含沙量沿垂线的分布从正常状态 (A 断面) 逐渐向不均匀分布变化 (B 断面)，水流最大流速向库底转移 (B 断面)；当水流流速减小到一定值时，浑水开始下潜；在潜入点 (C 断面)，流速和含沙量沿垂向分布更不均匀，水面处流速为 0，含沙量也接近于 0；潜入点以下 (D 断面)，异重流的流速

和含沙量沿水深分布比较均匀，上层清水形成横轴环流，潜入点附近有漂浮物聚集(张瑞瑾等，1989)。对于异重流流速和含沙量分布的定量研究没有明流研究那样多，文献也相对较少，这主要与当前异重流量测较困难有关。

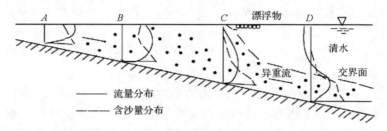

图 2.2　异重流潜入点附近流速和含沙量沿垂线及沿程的变化过程(张瑞瑾等，1989)
A：远离潜入点；B：潜入点附近上游；C：潜入点；D：潜入点下游

　　Michon 等(1955)在水槽试验中观测到有异重流运动时，其垂线上的流速、含沙量及切应力分布可用图 2.1 表示。在流速分布曲线的上半部有一个转折点 A。一般可以把通过 A 点的平面作为清浑水的交界面。其中浑水区的厚度为 h'，按照最大流速 u'_m 所在点的位置，可以分成上下两个区域，其厚度分别为 h'_2 及 h'_1。已有实测资料表明这两个区域中的流速分布遵循不同的规律，而且异重流层流及紊流时沿垂向分布的规律也不相同。

　　对于异重流层流的情况，Raynaud(1951)假定交界面以下区域的流速分布为抛物线型，从而可得到异重流的流速分布公式。Ippen 和 Harleman(1952)分析得到的流速分布为

$$\frac{u'}{u'_m} = 2\frac{z}{z_m}\left(1 - \frac{z}{2z_m}\right) \tag{2.2}$$

式中，u' 为异重流垂线上各点的流速；u'_m 为最大流速；z_m 为最大流速点位置。图 2.3 给出了水槽中所测的异重流流速分布，从图中可以看出，层流异重流实测与理论流速分布符合较好。

　　对异重流紊流情况，其流速沿垂向分布如图 2.1 所示。野外现场和实验室水槽内，均曾测量到类似的流速分布。将交界面以下部分以最大流速 u'_m 为界分为两部分，即流速分布的 I 区、II 区。目前国内外研究者对 I 区及 II 区的流速分布提出了类似的表达式。此外，还有部分学者采用统一的流速分布公式描述了整个异重流层内的流速分布。

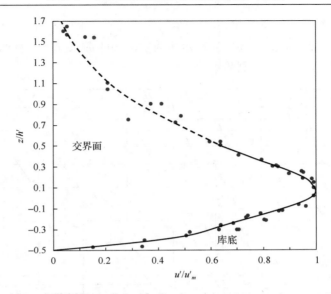

图 2.3　层流异重流的实测与理论流速分布比较（Ippen and Harleman，1952）

2.2.1　最大流速点以下部分（Ⅰ区）流速分布

由于河道或水库底部剪切应力极难测定，摩阻流速计算值的精度不高，采用对数流速分布公式时会造成一定的误差。幂函数形式的流速分布公式结构简单，但在 Karman-Prandtl 对数流速公式问世以后，前者逐渐被后者所代替（Prandtl et al.，1984）。陈永宽（1984）采用实测资料具体分析了对数流速公式，在含沙量较高的水流中，幂函数流速公式中的系数 m 如果取为变量，则具有比对数公式更高的计算精度，并指出流速公式中的指数 m 随含沙量的增加而有所增加。张红武和吕昕（1993）在研究弯道环流流速分布规律时，对大量黄河和室内资料分析后认为，相对于修正前的对数流速分布公式，幂函数流速公式与实际较为符合；惠遇甲（1996）的研究也得出了类似的结论。由于异重流的含沙量一般较大，特别在北方河流、水库中表现尤为突出，需要从挟沙水流流速沿垂向的分布规律研究异重流Ⅰ区的流速分布特点。此处首先介绍早期国外研究者对Ⅰ区流速分布规律的研究成果，然后介绍近期张俊华等（2007）的研究成果。

1）早期国外研究成果

对在最大流速以下Ⅰ区部分，Geza 和 Bogich（1953）利用不同油类在光滑水槽内实测异重流流速分布资料，得到如下关系：

$$u' - u'_{\mathrm{m}} = \frac{u_*}{\kappa} \lg \frac{z}{h_1'} \qquad (2.3)$$

式中，h'_1 为异重流 I 区的厚度；u_* 为摩阻流速；κ 为卡门常数。法国谢都水利试验所的 Michon 等(1955)在底部光滑水槽内实测到的浑水异重流流速分布如图 2.4 所示，图中"No.××"表示测验组次。

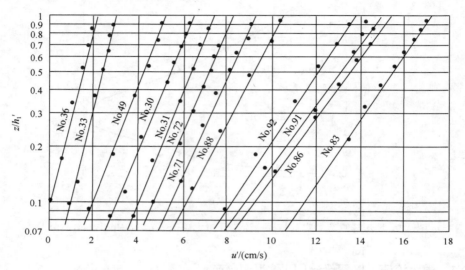

图 2.4   光滑底部异重流 I 区流速分布(Michon et al.，1955)

实验表明异重流 I 区流速分布符合上述对数关系，在 z/h'_1 为 0.2～0.9 时数据点落在直线上，其中卡门常数 κ 与异重流 I 区平均流速 U_1 有关，如图 2.5 所示。

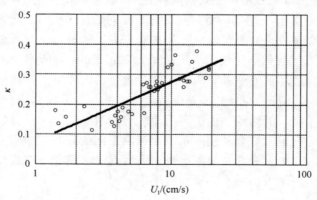

图 2.5 κ 与异重流 I 区平均流速的关系

Michon 等还使用幂函数表达式：

$$u' = Au'_{\mathrm{m}}\left(\frac{z}{h'_1}\right)^{1/n} \tag{2.4}$$

在 $z/h_1' < 0.85$ 范围内，实测数据点符合式(2.4)。式(2.4)中参数 n 与 A 随平均流速 U_1 而变，如图 2.6、图 2.7 所示。

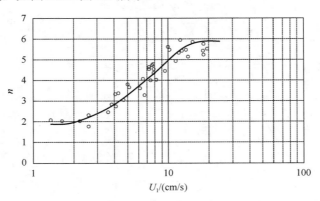

图 2.6　参数 n 与异重流 I 区平均流速的关系

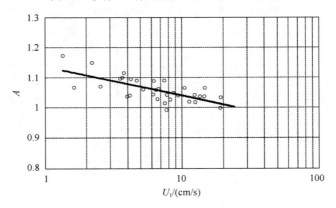

图 2.7　参数 A 与异重流 I 区平均流速的关系

对于粗糙底部的情况，实测异重流流速沿垂向分布规律与式(2.3)和式(2.4)均不符合。在粗糙底部水槽内观测浑水异重流的流速分布，如图 2.8 所示。按照 Michon 等(1955)的分析结果，在 z/h_1' 为 0.2～0.9 时，流速分布遵循如下对数定律：

$$u' - u_{\mathrm{m}}' = \frac{U_1}{\kappa'} \lg \frac{z}{h_1'} \tag{2.5}$$

式中，κ' 与异重流 I 区平均流速 U_1 的关系如图 2.9 所示。原型观测(官厅水库、三门峡水库)异重流分布基本符合对数关系，但 κ' 值随含沙量与流速的增大而增大。实际观测中还发现，最大流速点在交界面以下的位置(区分 I、II 区)不容易测准。

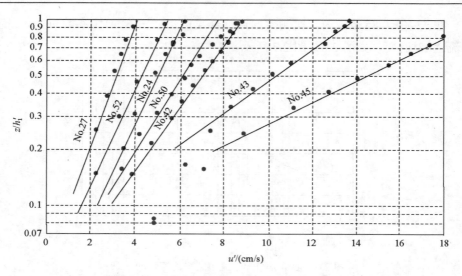

图 2.8　粗糙底部时异重流 I 区的流速分布(Michon et al., 1955)

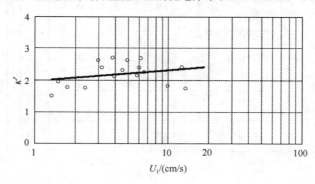

图 2.9　κ' 与 U_1 的关系

2) 近期国内研究成果

近期国内异重流流速沿垂向分布规律的研究主要以张俊华等(2007)提出的成果为代表, 该成果以前人提出的明流的幂函数流速分布公式为基础。

流速分布规律的研究是揭示水流流动特性的关键。早在 20 世纪 20 年代, Karman 和 Prandtl 根据因次分析的概念, 各自独立地提出了如下简单的幂函数流速分布公式:

$$u = u_{\mathrm{m}} \left(\frac{z}{h} \right)^{m} \tag{2.6}$$

式中, u 为距床面高度为 z 处的流速; h 为水深; u_{m} 为 $z=h$ 处的最大流速; m 为指数。将流速 u 沿垂线积分, 可得垂线平均流速 u_{cp} 为

$$u_{cp} = \frac{u_m}{h} \int_0^h (z/h)^m \, \mathrm{d}z = \frac{u_m}{1+m} \tag{2.7}$$

将式(2.7)代入式(2.6)后可得

$$u = (1+m)u_{cp}(z/h)^m \tag{2.8}$$

从式(2.6)及式(2.8)可以看出,幂函数流速分布公式的定量描述主要取决于指数 m 值的大小。前人的研究结果表明, m 与雷诺数及相对粗糙度有关。对于指数 m 与含沙量之间关系的研究,现有成果所取的含沙量范围较小(小于 $50\mathrm{kg/m^3}$),而且没有给出确定的办法,因此影响对幂函数流速分布规律的全面认识。为此,张俊华等(1998)开展了较为系统的研究,通过数据拟合分析, m 值随体积比含沙量 S_V 的增加而变化的平均情况可由以下经验关系描述:

$$m = \frac{0.143}{1 - 4.2\sqrt{S_V}(0.46 - S_V)} \tag{2.9}$$

采用水库异重流最大流速所在点以下部分的流速分布实测资料,对修正后的幂函数流速分布公式进行验证,图2.10列举了部分验证结果。由此可以看出,即使含沙量有较大的变化范围(包括高含沙水流资料),如果采用式(2.9)确定式(2.8)中的指数 m ,幂函数流速公式与实测资料也较为符合。

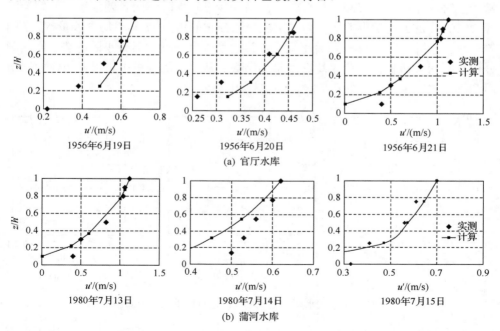

(a) 官厅水库

(b) 蒲河水库

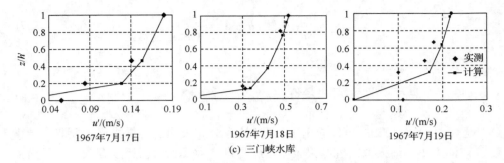

图 2.10　异重流最大流速点以下流速分布验证(张俊华等，2007)

　　根据小浪底水库异重流流速的垂向分布的实测资料可以发现，水库异重流是因为清浑水比例的差异而发生的相对运动，清浑水能保持其原来面目，不因交界面上的紊动作用而混成一体。一般来说，异重流流速分布交界面上下明显不同，交界面以上流速较小或为负值，交界面以下流速较大，最大流速在异重流层的相对位置不稳定。根据小浪底水库历年实测资料点绘流速沿垂向分布可知，在水库上段，测点最大流速位置偏下，尤其是在潜入点下游附近，最大流速测点接近于河底；在坝前段，由于受小浪底水库泄水影响，最大测点也接近于河底，如在桐树岭断面。图 2.11 给出了小浪底水库异重流最大流速点以下(I 区)流速分布，从图中可以看出，用式(2.8)及式(2.9)计算的结果与实测值相差较大。当异重流含沙量较小时，计算值与实测值符合较好；当含沙量较大时，两者差别较大。解河海等(2010)分析了近期小浪底水库异重流流速分布的指数 m 与平均含沙量 S_{av} 之间的关系。分析结果表明 m 随着平均含沙量的增大有先增大后减小的趋势。经回归分析，m 可以近似表示为平均含沙量的函数。从他们的分析中可以看出，由于所用实测点据较少，且分散程度大，规律性相对较差。

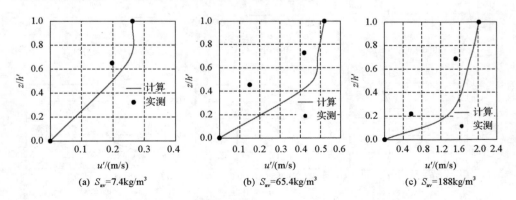

图 2.11　小浪底水库异重流最大流速点以下流速分布验证

综合分析近年来小浪底水库异重流观测中的流速分布数据，发现最大流速点以下实测点个数偏少，一般为 3～4 个。同时由于异重流底部位置不易确定，近底层流速的测量精度较差，现有小浪底库区异重流流速实测资料精度难以用来分析 Ⅰ 区的流速分布规律，需要结合异重的水槽试验，进一步开展相关研究。

2.2.2　最大流速点以上部分（Ⅱ区）流速分布

Michon 等（1955）提出在异重流上部流区，即 Ⅱ 区的流速分布符合正常高斯误差正态分布定律：

$$u' = u'_m \exp\left[-\frac{1}{2}\left(\frac{z - h'_1}{\sigma} \right)^2 \right] \tag{2.10}$$

式中，σ 为最大流速点至转折点的距离，即 $\sigma = h' - h'_1$。由式（2.10）可以推导出这一区域的平均流速 U_2 为 u'_m 的 0.86 倍（图 2.12）。

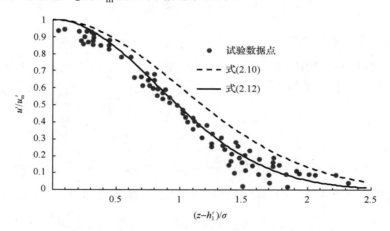

图 2.12　紊流异重流在最大流速点以上部分的流速分布（张俊华等，2007）

从现有的文献资料看，关于最大流速点以上部分（Ⅱ区）的流速分布以 Michon 等提出的高斯误差正态分布定律为主。姚鹏（1994）对此问题也进行了探讨，他认为异重流垂线时均流速分布可以用式（2.11）表示：

$$\frac{u'}{u'_m} = 1 - 0.45\left(\frac{z}{h'_1} - 1 \right)^2 \tag{2.11}$$

张俊华等（2007）在对 Michon 等（1955）的试验结果分析时发现这一区域的流速分布确实符合高斯误差正态分布，但是其提出的流速分布公式与试验点据并不能很好地吻合，也不像有关文献描述的"这一区域内的实测流速分布的数据点很好地分布在曲线的两侧"，只是流速分布的曲线和试验点据具有相同的分布趋势。

为了找出这一区域的流速分布规律，张俊华等（2007）仍然采用 Michon 等（1955）的经典数据进行了研究。由于目前 Michon 等（1955）的试验数据比较难获得，张俊华等（2007）采用了当前的数据识别技术对图中的试验数据点进行了还原。从还原后试验数据图与文献提供的图的数据对比可以发现，还原数据可以很好地与原图数据基本吻合。这样可以确保还原数据的准确性。根据还原数据，对这一区域的流速分布提出如下修正公式：

$$u' = u'_m \, e^{-0.72\left(\frac{z-h'_1}{\sigma}\right)^2} \tag{2.12}$$

式中，h'_1 为异重流最大流速点以下水深。图 2.12 中列出了拟合公式（2.12）的曲线、Michon 等（1955）提出的高斯误差正态分布定律（2.10）与试验数据点的比较。从图 2.12 中可以看出，拟合公式（2.12）与试验数据点符合比较好。对式（2.12）积分，不难算出这一区域的平均流速近似为 u'_m 的 0.8 倍。

2.2.3 统一流速分布公式

Islam 和 Imran（2010）不再区分Ⅰ区和Ⅱ区流速分布而直接采用以下函数形式拟合其观测到的异重流层内流速分布：

$$\hat{u} = \alpha \left(1 - \frac{2}{3}\eta\right)^m \eta^n \tag{2.13}$$

式中，α、m、n 为待率定的参数；$\hat{u} = u / U$，$\eta = z / h$，其中，平均流速 U 与异重流层厚度 h 由积分 $Uh = \int_0^\infty u \mathrm{d}z$ 与 $U^2 h = \int_0^\infty u^2 \mathrm{d}z$ 共同确定，积分上限 ∞ 代表异重流流速消失的位置。Islam 和 Imran（2010）的实验表明：α、m、n 的取值随底坡变化而不同，在 4.6° 的斜坡上三个参数的取值分别为 4.58、2.6 和 0.5；在平底水槽中三者取值分别为 6.55、3.1 和 0.7。

Cantero-Chinchilla 等（2015）以垂向流速分布中流速为 0 的点作为交界面，认为充分发展的异重流垂向流速分布近似于平行固壁间的射流，并以 $\hat{u} = u / u'_m$ 与 $\eta = z / z_m$（u'_m 为最大流速，z_m 为交界面高程）为无量纲参数提出了如下形式的流速分布公式：

$$\hat{u}(\eta) = \sigma \eta^m (1-\eta)^n \tag{2.14}$$

式中，σ、m、n 为待率定的系数与指数。式（2.14）形式满足边界条件 $\hat{u}(0) = 0$ 和 $\hat{u}(1) = 0$，即在异重流底部和交界面处流速为 0。记最大流速 u'_m 出现在 $z = z_w$ 处，$\eta_w = z_w / z_m$，显然式（2.14）还应满足 $\hat{u}(\eta = \eta_w) = 1$，由此可得到

$$\sigma = \eta_{\mathrm{w}}^{-m}\left(1 - \eta_{\mathrm{w}}\right)^{-n} \tag{2.15}$$

此外，由于 $z = z_{\mathrm{w}}$ 处为流速分布的极值点，式(2.14)应满足 $\mathrm{d}\hat{u}\,/\,\mathrm{d}\eta(\eta = \eta_{\mathrm{w}}) = 0$，由此可得到

$$\eta_{\mathrm{w}} = \frac{m}{m + n} \tag{2.16}$$

将式(2.16)代入式(2.15)可得

$$\sigma = \frac{(m + n)^{m+n}}{m^{m} n^{n}} \tag{2.17}$$

图 2.13 中显示了由式(2.14)和由 Altinakar 等(1996)提出的分区流速公式计算的异重流垂向流速分布，图中的实测数据点来自 Parker 等(1987)、García(1993)、Altinakar 等(1996，图中两组数据点和计算结果出自此处)、Sequeiros 等(2010)、Islam 和 Imran(2010)、Nourmohammadi 等(2011)的实验结果。当 m=0.6、n=2.2 时拟合结果最佳，相关系数为 0.93，由式(2.17)得对应的 σ 为 4.28。

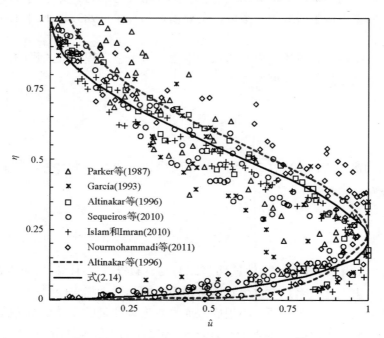

图 2.13　统一流速分布公式与分区流速分布公式的计算结果和实验数据对比

(Cantero-Chinchilla et al.，2015)

根据图 2.13 中的数据，Cantero-Chinchilla 等(2015)还提出了参数 m 与 n 之间的近似关系：

$$n \approx 1 + 2m \tag{2.18}$$

因此利用式(2.17)和式(2.18)，可将式(2.14)写为

$$\hat{u} = \frac{(1+3m)^{1+3m}}{m^m (1+2m)^{1+2m}} \eta^m (1-\eta)^{1+2m} \tag{2.19}$$

式(2.19)提供了仅由一个参数控制的异重流统一流速分布公式，也为研究异重流动量修正系数提供了简便计算方法。

2.3　异重流含沙量沿垂向分布规律

目前对异重流含沙量沿垂向分布规律的研究大多来自水库实测资料。分析官厅水库、三门峡水库等异重流含沙量沿垂向分布的资料，可以发现异重流交界面附近存在明显的转折点，交界面以下含沙量分布较为均匀。异重流含沙量沿垂向分布规律的室内试验研究不是很多，主要以曹如轩等(1983)、姚鹏(1994)的研究成果为主。

姚鹏(1994)在异重流室内水槽试验中发现，由于沿程掺混的影响，含沙量沿程降低，定义无量纲的高度参数为

$$Y = 10 \frac{z}{h_p} \left(\frac{h_p}{L_x} \right)^{0.1} \tag{2.20}$$

式中，h_p 为潜入点的水深；L_x 为距潜入点的距离。通过回归计算，异重流含沙量沿垂向分布可表示为

$$\frac{S}{S_a} = e^{0.2Y/(Y^2 - 1)} \tag{2.21}$$

式中，S_a 为靠近底部的最大含沙量。式(2.21)与试验资料的对比结果如图 2.14 所示。

应当指出上述关系是在室内水槽试验中得到的，实际水库中的含沙量沿垂向分布规律复杂得多。为了得到小浪底水库异重流含沙量的垂向分布公式，解河海等(2010)分析了小浪底水库 2001～2006 年异重流的垂线流速分布。多个异重流含沙量垂向分布图表明：含沙量沿垂线由交界面至河底逐渐增大，并表现出一定的规律性；含沙量沿垂向分布总体表现为抛物线型分布。

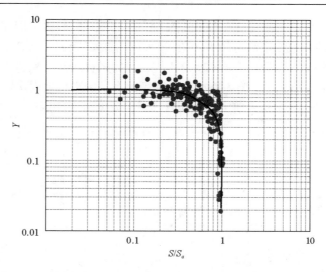

图 2.14　异重流含沙量计算与试验资料结果比较（室内水槽试验）

　　侯素珍（2003）分析了小浪底水库异重流含沙量沿垂向分布的实测结果，一般可分为两种类型，如图 2.15 所示。在异重流形成的初期阶段，入库流量大，其强度和流速均较大，水流紊动和泥沙扩散作用使清浑水掺混，交界面附近含沙量梯度变化较小，清浑水交界面不明显。随着异重流运动的持续和稳定，交界面处含沙量变化梯度增大，最大流速发生在异重流上部接近交界面处，最大流速以下含沙量垂向分布均匀或变化梯度很小。

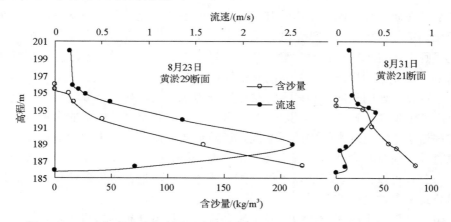

图 2.15　2001 年小浪底水库异重流含沙量及流速沿垂向分布（侯素珍，2003）

　　图 2.16 给出了小浪底水库异重流含沙量在不同平均值下的沿垂向分布。由图 2.16 可知，在实际水库中，异重流含沙量沿垂向分布规律非常复杂，难以用简单的函数关系来描述其分布规律。另外，从这些年来小浪底水库异重流含沙量沿垂向分布的

实测资料来看，由于异重流底部位置不易确定，测量误差较大。例如，含沙量分布中，近底层含沙量往往可测得较大的值(最大可达 1000kg/m³)。这些含沙量特大值往往是泥沙淤积物，不是异重流本身悬浮泥沙。如果将底部淤积物含沙量计入平均含沙量，显然是不合适的(范家骅，2008)，因此今后应当将室内水槽试验与野外原型观测相结合，进一步深入研究异重流含沙量沿垂向分布的规律。

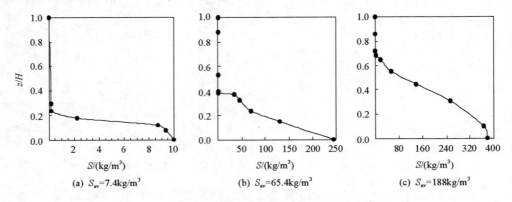

图 2.16　小浪底水库实测异重流含沙量沿垂向分布

2.4　小　　结

异重流层与上层清水间交界面的界定是研究异重流要素沿垂向分布的前提，不同学者在研究异重流时采用的判别标准可能不同。交界面位置既可以根据流速的变化确定，也可以由含沙量的变化确定；既可以根据流速或含沙量沿垂向的变化速率确定，也可以根据含沙量的某一临界值确定。水库异重流的野外观测结果常以某一临界含沙量作为交界面的判定标准。

异重流流速的垂向分布表示方法可以分为两大类。第一类方法将交界面以下的范围分为最大流速点以上及以下两个区域，在这两个区域提出的多种流速分布公式都借鉴了经典水力学中的对数或幂函数形式，但是公式中的参数不仅与平均流速有关，而且与含沙量也有显著的相关性。第二类方法先假设有一个统一的流速分布公式可以描述交界面以下的异重流流速，然后根据边界条件和极值点条件找出公式中参数之间的关系。

由于交界面上的掺混作用，异重流含沙量的垂向分布形态与实测垂线位置离潜入点的距离有关。实际水库中的异重流沿程输移多为淤积性的，因此野外观测中不仅交界面难以确定，而且底部含沙量也很难确定，这给含沙量垂向分布规律分析带来了很大困难，今后需进一步加强观测和研究。

第3章　异重流运动控制方程及潜入点判别条件

现有异重流潜入点条件的判别公式大多建立在含沙量相对较低的基础上，且以范家骅等提出的计算公式为代表。这类公式多结合一定尺度下的水槽试验成果，从而确定异重流潜入条件判别式中的相关参数。这些公式一般难以用于判别小浪底水库复杂条件下异重流的形成条件，尤其在含沙量较大时会产生一定的误差。因此，有必要进一步完善异重流潜入条件的判别方法。本章首先描述水库异重流的基本现象，然后推导出异重流运动的控制方程，并分析异重流含沙量与流速沿垂线不均匀分布对异重流运动的影响；在此基础上提出新的异重流潜入条件判别式，并用多组室内及野外实测资料对该判别条件进行率定与验证。

3.1　水库异重流研究过程

当两种或两种以上存在一定密度差异的流体相互接触时，其密度有一定的但是较小的差异，如果其中一种流体沿着交界面的方向流动，且在流动过程中不与其他流体发生全局性的掺混现象，则这种流动称为异重流(张瑞瑾等，1989)。1935年美国米德湖蓄水后，水库底孔排出浑水。从此以后浑水异重流排沙和运动引起了许多学者的注意。20世纪40年代开始，美国分别在实验室和水库中进行了试验与观测。70多年来，国内有关异重流方面的原型观测及水槽试验的研究相当多。20世纪50年代初，我国开始对异重流问题进行了大量的原型观测研究。1953年汛期，官厅水库大坝已经修建到设计高程，上游发生含沙量很高的大洪水，洪峰流量达3750m³/s，库区发生异重流并排沙出库。此后官厅水库设置观测队伍，进行系统的观测试验(侯晖昌等，1958)。这些系统的观测资料不仅为黄河三门峡水利枢纽规划设计提供了科学依据，也为长江流域、辽河流域等诸多水库的规划设计提供了宝贵资料。20世纪50年代后期到60年代，中国兴建了三门峡、巴家嘴、汾河、红山、刘家峡等大型水库，其都开展了异重流观测工作，积累了大量的实测资料，为水库异重流排沙减淤、水库运用与管理提出了重要依据。自2001年后小浪底水库开始了较为系统的异重流观测，积累了大量的实测资料(张俊华等，2007)。在异重流水槽试验研究方面，中国水利水电科学研究院于1956年开始进行异重流研究，为三门峡水利枢纽规划设计提供了科学依据(范家骅，1959；钱宁等，1958)。1980年陕西省水利科学研究所进行了高含沙异重流试验研究(曹如轩，1983)。1983年黄河水利科学研究院在室内水槽做了高含沙异重流研究，并对巴家嘴水库高含沙异重流进行了全面系统的分析研究(焦恩泽，1991)。与此同时，相关专著陆续出版，如清华大学钱宁等(1958)的专著《异重流》、中国水利水电科学研究院范家骅(1959)的专著《异重流的研究和应用》、黄河水利科学研究院焦恩泽(2004)的专著《黄河水库泥沙》等。此外，中国水利水电科学研究院韩其为院士在其专著《水库淤积》中，对水库淤积与河床演变(特别是坝下游河床演变)等方面做了系统的研究，在水库淤积方面基本完成了将其由定性描述到定量研究的过渡，尤其在异重流淤积及支流倒灌研究方面。

泥沙淤积是影响水库寿命的重大难题，尤其在黄河这样的高含沙河流中显得更为突出。探索异重流在水库中的潜入及演进机理，掌握异重流排沙规律，是减少水库淤积、延长水库寿命的一条重要途径。小浪底水库位于黄河中游最后一个峡谷出口处，是承上启下控制黄河下游水沙的关键性工程，近期调水调沙实践中一直将人工塑造异重流为小浪底水库减淤作为一项重要的内容。小浪底水库异重流一般由三门峡水库下泄高含沙水流或下泄大流量清水冲刷小浪底库尾淤积物两种方法塑造。而完善当前异重流潜入点条件的判别方法，是成功塑造人工异重流不可或缺的，不仅具有重要的理论价值，也具有实际生产意义。

3.2　水库异重流现象描述

浑水进入水库以后，较粗泥沙首先在库尾淤积，较细泥沙随水流继续前进。在运行过程中，由于其密度比水库中的清水大，在一定条件下这种浑水水流可能在一定位置潜入库底，以异重流的形式向前运动。如果洪水来量较大，且能持续一定的时间，库底又有足够的坡降，则异重流可能运行到坝前。若坝体设有适当的孔口，并能及时开启闸门，异重流就可以排出库外(范家骅，2011a)。已有水库运行管理经验证明，利用异重流排沙是减少水库淤积的一条有效途径。特别是多沙河流上的中小型水库，其回水短、比降大，产生异重流的机会多。异重流运行至坝前所需的能量一般足够，只要水库调度得当，异重流的排沙效果往往很好。表 3.1 为国内外几座水库一次异重流排沙的平均排沙比，表中部分数据引自张瑞瑾等(1989)、范家骅(2011a)、Chamoun 等(2016)及 Orvis(1989)。

表 3.1　国内外几座水库一次洪水异重流平均排沙比

水库	原河床坡降 J_0/‰	库长 L/km	入库含沙量/(kg/m³)	出库含沙量/(kg/m³)	平均排沙比/%
黑松林	110	3	372	370	91.4
官厅	14~15	20	132	75	42.0
三门峡	3.5	113	44	13	24.0
米德湖(美)	10	110~185	50	17.5	39.0

续表

水库	原河床坡降 J_b/‰	库长 L/km	入库含沙量/(kg/m³)	出库含沙量/(kg/m³)	平均排沙比/%
红山	6.0	34	44	—	0.5～11
冯家山	38.5	18.5	最大 604	—	20.8
小浪底	11	123.4	—	—	39.1
Elepahant Butte(美)	9	66.5	—	—	9～23
刘家峡	23	54.3	—	—	52～87

1）潜入点附近水面现象

在多沙河流上修建水库，挟沙水流进入水库壅水区以后，因为过水面积增大，水流流速减缓，较粗颗粒泥沙受到自身的重力作用不能再继续悬浮，沉积在水库壅水区末端，较细颗粒泥沙被水流带往下游。在一定的水沙因子条件下，挟沙水流与水库内清水相比有密度差，因此产生压力差，开始潜入库底形成异重流。水库异重流产生的特定位置一般称为潜入点。在潜入点附近的水面上，可以看到大量漂浮物。横轴环流的存在，使得水面产生自下而上的倒流现象（图 3.1(a)）。从水面向下看，有大量横向涡列，俗称"翻花"现象。异重流发生后，如在窄深弯道处，还可以看到异重流受弯道作用翻到水面上。潜入点上下河段截然分明，根据上述现象，可以很容易地判断是否发生异重流，如图 3.1 所示（焦恩泽，2004）。潜入点附近聚集的大量漂浮物成为判断潜入点位置的直观标志。由于中间部分流速较大，潜入点位置在平面上并不是直线，而是呈现舌状分布。当潜入处的断面过宽时，潜入后的异重流并不分布于整个库底，而是逐渐扩宽。随着入库流量大小、坝前水位升降及底部淤积情况等的不断变化，潜入点位置不仅能向上下游移动，而且潜入处的异重流也会左右横向摆动（韩其为，2003）。

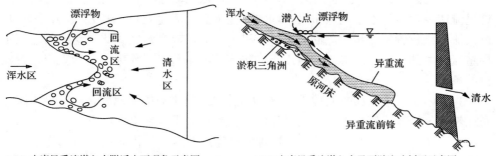

(a) 水库异重流潜入点附近水面现象示意图　　　(b) 水库异重流潜入点及下游流动剖面示意图

图 3.1　水库异重流潜入点示意图

2）流速与含沙量垂向分布的沿程变化过程

浑水异重流在水库内的演进大体上包括产生（形成）、输移和排沙等过程。在潜入点上下游，水流由普通浑水明流转化为异重流，其流速和含沙量沿垂线的分布形状将沿程发生变化，如图 3.2 所示(张瑞瑾等，1989)，具体可描述如下。

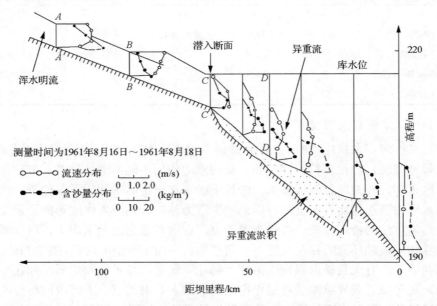

图 3.2　三门峡水库实测异重流的流速和含沙量沿垂向分布(张瑞瑾等，1989)

(1)在离潜入点较远的上游(A 断面)，水深较小，流速较大，含沙量较大，流速和含沙量沿水深呈正常分布。

(2)在接近潜入点的上游(B 断面)，水深增大，流速和含沙量分布呈不正常状态，最大流速点位置向库底移动。

(3)水深增大到一定程度，浑水开始潜入库底，此处为异重流潜入点(C 断面)，这里流速及含沙量沿垂向分布很不均匀，在水面处流速为 0，含沙量也几乎为 0，最大流速点位置进一步向库底靠近；在潜入点处，有漂浮物聚集，这通常是判定异重流发生的一个直观标志。潜入点的水流泥沙条件可以作为判定异重流是否发生的条件。

(4)潜入点往下(D 断面)，异重流已经形成，异重流的流速和含沙量沿水深分布比较均匀，异重流之上形成横轴环流，含沙量的零点在水面以下。

从图 3.2 中可看出明流转化为异重流时流速及含沙量沿垂向分布的详细变化情况。在本次三门峡水库异重流输移中，尽管上层清水能被浑水带动，但是由于闸门开启，清水被带出库外，不能形成横轴环流，看不到表层清水向上游流动的现象。

3) 原型观测中水库潜入点的常用判断方法

在室内水槽试验中，观测水库异重流潜入点现象相对较为容易，且观测精度相对较高。水槽试验表明：无论进入的浑水含沙量高低、陡坡或缓坡、是否有水跃发生，在异重流潜入点处，其流速都沿垂向分布，表面和底部均为零；其含沙量沿垂向分布，表面为零，底部含沙量在无沉淀时，其值与平均含沙量接近；在有泥沙沉淀时，其值比异重流平均含沙量大。近底层过大的含沙量属于淤积泥沙，不属于运动中的异重流悬浮泥沙。这些特性可以作为判断水库各断面原型观测的水沙分布情况是否符合潜入点的条件(范家骅，2008)。应当指出，水库异重流潜入点的原型观测相对较为困难。在小浪底水库异重流潜入点原型观测中，由于潜入点附近水流紊乱，漂浮物多，测验船只很难靠近，一般在潜入点下游水流比较平稳的地方进行测验；可以认为潜入"点"是一种较为理想的状况，实际的潜入发生在一个局部河段内，其位置在不断摆动，且水流紊乱，所以原型观测中无法准确地确定潜入点的位置(徐建华等，2007)。

3.3　异重流运动控制方程的推导

流体之间的密度差异是产生异重流的根本原因。设想位于垂直交界面两侧的流体分别为清水和浑水，显然交界面上任一点两侧所承受的压力是不同的。因为浑水的密度比清水大，浑水侧的压力大于清水侧的压力，这种压力差的存在必然促使浑水向清水侧流动。由于两侧的压力差越近底部越大，浑水必然以潜入的方式流向清水底部，这便是产生浑水异重流的实质(张瑞瑾等，1989)。与一般明流一样，维持异重流运动的动力仍是重力。所不同的是，浑水是在清水下面运动，其必然受到清水的浮力作用，使浑水的重力作用减小。异重流的有效重力减小，从而改变了异重流运动的惯性力及阻力作用之间的相互关系，形成了异重流的区别于一般明流的特殊矛盾。水库异重流运动的控制方程一般包括两部分，即连续方程与动量方程。这些控制方程的形式与一般常见的流体运动方程类似，但必须考虑水体下层异重流所受的有效重力(张俊华等，2007)。本节在推导过程中，主要考虑异重流中含沙量及流速沿垂线不均匀分布对其动量传递的影响。

3.3.1　有效重力、惯性力及阻力

异重流运动的力学特性之一是有效重力大大减小。和一般明流一样，维持异重流运动的动力仍是重力。由于浑水在清水下面运动，浑水的重力作用减小。要消去这个浮力，可对清水和浑水同时施加与重力加速度相等的反向加速度 $-g$ (韩其为，2003)。此时上层清水的容重为零，可不予考虑。而下层浑水的容重为

$$\rho_{\mathrm{m}}g - \rho_{\mathrm{c}}g = (\rho_{\mathrm{m}} - \rho_{\mathrm{c}})g = \frac{\rho_{\mathrm{m}} - \rho_{\mathrm{c}}}{\rho_{\mathrm{m}}}g\rho_{\mathrm{m}} = \eta_g g \rho_{\mathrm{m}} \tag{3.1}$$

式中，ρ_{c}、ρ_{m} 分别为清水、浑水密度；g 为重力加速度；$\eta_g g = g'$ 为有效重力加速度；η_g 为重力修正系数，可表示为

$$\eta_g = \frac{\gamma_{\mathrm{m}} - \gamma_{\mathrm{c}}}{\gamma_{\mathrm{m}}} = \frac{\rho_{\mathrm{m}} - \rho_{\mathrm{c}}}{\rho_{\mathrm{m}}} \tag{3.2}$$

式中，γ_{c}、γ_{m} 分别为清水、浑水容重。可见，由于清水的浮力作用，浑水的重力加速度减小到为 η_g，又因 g 为 η_g 的量级一般为 $10^{-3} \sim 10^{-1}$，所以异重流的重力作用大为减弱。

引入含沙量 S，则浑水密度 ρ_{m} 可表示为 $\rho_{\mathrm{m}} = \rho_{\mathrm{c}} + (1 - \rho_{\mathrm{c}} / \rho_{\mathrm{s}})S$，所以式(3.2)可进一步表示为

$$\eta_g = 1 - \frac{\rho_{\mathrm{c}}}{\rho_{\mathrm{m}}} = 1 - \frac{\rho_{\mathrm{c}}}{\rho_{\mathrm{c}} + (1 - \rho_{\mathrm{c}} / \rho_{\mathrm{s}})S} \tag{3.3}$$

式中，ρ_{s} 为泥沙密度，一般取 $2650\mathrm{kg/m}^3$，而清水密度 ρ_{c} 一般为 $1000\mathrm{kg/m}^3$。由式(3.3)可知，即使含沙量 S 有较大的变化，也只能引起浑水密度 ρ_{m} 较小的变化。例如，当含沙量 S 从 $1\mathrm{kg/m}^3$ 增至 $100\mathrm{kg/m}^3$，即增加了 99 倍时，浑水密度 ρ_{m} 将从 $1000.622\mathrm{kg/m}^3$ 增至 $1062.264\mathrm{kg/m}^3$，即只增加 6.2%。而此时 $\sqrt{\eta_g}$ 仅增加 10 倍左右，即从 0.025 增加到 0.242。当含沙量 S 在 $1 \sim 400\mathrm{kg/m}^3$ 变化时，式(3.3)中 η_g 可直接近似表示成含沙量 S 或体积比含沙量 S_V 的幂函数或二次多项式函数(图 3.3)，即

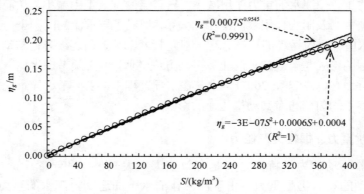

图 3.3　重力修正系数 η_g 与含沙量 S 之间的非线性关系

$$\eta_g = 0.0007S^{0.9545}, \quad R^2 = 0.9991 \tag{3.4a}$$

$$\eta_g = -3 \times 10^{-7} S^2 + 0.0006S + 0.0004, \quad R^2 = 1 \tag{3.4b}$$

$$\eta_g = -1.9595 S_V^2 + 1.6115 S_V + 0.0003, \quad R^2 = 1 \tag{3.4c}$$

后面各章节的分析中，主要采用式(3.4)来分析异重流运动的基本力学规律。

异重流运动的力学特性之二是惯性力的作用相对突出。在水力学中常以弗劳德数表示惯性力与重力的对比关系。若令异重流的流速为 u_m，相应厚度为 h_m，则异重流的密度弗劳德数(Fr')可表示为

$$Fr' = \frac{u_m}{\sqrt{g' h_m}} = \frac{u_m}{\sqrt{\eta_g g h_m}} \tag{3.5}$$

式(3.5)表明：在相同的异重流流速及水深条件下，当含沙量 $S=20\text{kg/m}^3$ 时，异重流的密度弗劳德数大约为相同条件下明流的 9 倍，如异重流能够在一定范围内超越障碍物和爬高就是其惯性力相对突出的例子(图3.4)。

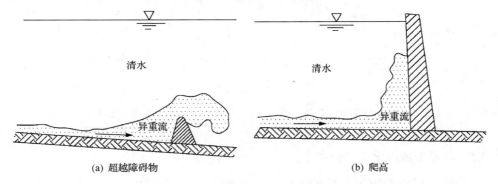

(a) 超越障碍物　　　　　　　　　　　　　　(b) 爬高

图 3.4　异重流超越障碍物及爬高示意图(张瑞瑾等，1989)

异重流运动的力学特性之三是阻力作用也相对突出。水力学中的均匀流流速公式实质上反映着重力作用与阻力作用的对比关系。若令 R_m、J_b、f_m 分别表示异重流的水力半径、底坡及阻力系数，则呈均匀流的异重流流速应为

$$u_m = \sqrt{8/f_m}\sqrt{g' R_m J_b} = \sqrt{\frac{8}{f_m}}\sqrt{\eta_g g R_m J_b} \tag{3.6}$$

由此可见，与水力半径、底坡及阻力系数相同的一般明流相比，异重流流速与一般明流流速的比值为 $\sqrt{\eta_g}$，即小得多。式(3.6)同样也表明，计算 R_m 时需考虑交界面部分的湿周，所以 R_m 比一般明流要小，如宽浅矩形断面，R_m 近似为 $0.5h_m$，h_m 为浑水厚度。异重流潜入后的流速一般较低，通常小于潜入前的明流速度，这

是阻力相对突出的例子。因此要使异重流维持长距离的运动，必须沿水流方向有足够大的河底坡度。中国水利水电科学研究院在砖砌水槽中有关异重流综合阻力系数的试验成果表明(范家骅，1959)：在接近阻力平方区的紊流范围内，f_m 与雷诺数无关。砖砌水槽底部槽壁的阻力系数 f_{0m} 经过明流试验求得为 $f_{0m}=0.02$，根据计算得到的交界面阻力系数为 $f_{1m}=0.0047\sim0.0051$，平均为 0.0049。官厅水库、小浪底水库实测异重流的综合阻力系数也与雷诺数无关，其平均值约为 0.025，与水槽试验的结果是一致的，如图 3.5 所示。

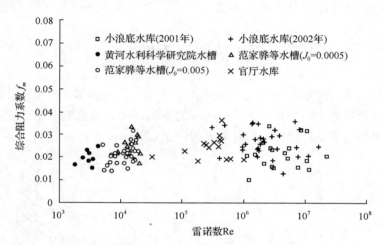

图 3.5　异重流综合阻力系数与雷诺数的关系(张俊华等，2007)

3.3.2　异重流的静水压力分布

压力作用相对突出是异重流运动的另外一个力学特性。异重流潜入点上游浑水流量减小时，潜入点以下的异重流将停止运动，这是压力作用相对突出的例子。

浑水异重流的静水压力(压强)分布如图 3.6 所示。令 γ'_m 为某一点浑水容重，只考虑其沿水深而变，不考虑横向变化；γ_m 为平均浑水容重。由图 3.6 中的异重流压强分布，可将异重流部分某点的压强表示为

$$p = \gamma_c h_c + \int_z^{h_m} \gamma'_m \, \mathrm{d}z \tag{3.7}$$

式中，γ_c 为清水容重；h_c 为清水厚度；z 为垂向坐标；h_m 为浑水厚度。

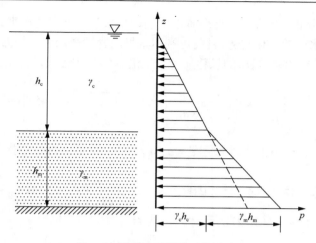

图 3.6　异重流压强沿垂向分布

图 3.6 中异重流厚度 h_{m} 内的总压力为

$$P = \int_0^{h_{\mathrm{m}}} p\mathrm{d}z = \gamma_{\mathrm{c}} h_{\mathrm{c}} h_{\mathrm{m}} + \int_0^{h_{\mathrm{m}}} \left(\int_z^{h_{\mathrm{m}}} \gamma_{\mathrm{m}}' \mathrm{d}z \right) \mathrm{d}z \qquad (3.8)$$

式中，γ_{m}' 与某点含沙量 S 之间的关系为

$$\gamma_{\mathrm{m}}' = \gamma_{\mathrm{c}} + \frac{\gamma_{\mathrm{s}} - \gamma_{\mathrm{c}}}{\gamma_{\mathrm{s}}} g S \qquad (3.9)$$

式中，γ_{s} 为泥沙容重。

以往文献中一般假定异重流容重沿水深不变，即 $\gamma_{\mathrm{m}}' = \gamma_{\mathrm{m}}$，这样任一点压强表达式可写为

$$p = \gamma_{\mathrm{c}} h_{\mathrm{c}} + \gamma_{\mathrm{m}}'(h_{\mathrm{m}} - z) = \gamma_{\mathrm{c}} h_{\mathrm{c}} + \gamma_{\mathrm{m}}(h_{\mathrm{m}} - z) \qquad (3.10)$$

则异重流厚度内的总压力为

$$P = \int_0^{h_{\mathrm{m}}} p\mathrm{d}z = \gamma_{\mathrm{c}} h_{\mathrm{c}} h_{\mathrm{m}} + \gamma_{\mathrm{m}} h_{\mathrm{m}}^2 / 2 \qquad (3.11)$$

对照式(3.8)、式(3.11)，显然只有假定 γ_{m}' 取为平均值 γ_{m} 时，两者才相等。如果 γ_{m}' 随 z 而变，则 P 的形式就复杂多了。为考虑浑水容重沿水深分布的不均匀性，需要在式(3.11)中 γ_{m} 之前加修正系数 k_{m}，其定义式为

$$k_{\mathrm{m}} = \frac{\displaystyle\int_0^{h_{\mathrm{m}}} \left(\int_z^{h_{\mathrm{m}}} \gamma_{\mathrm{m}}' \mathrm{d}z \right) \mathrm{d}z}{\gamma_{\mathrm{m}} \dfrac{h_{\mathrm{m}}^2}{2}} \qquad (3.12)$$

由于垂向上任一点浑水容重 γ_{m}' 与含沙量 S 的关系可用式(3.9)表示，而异重流

含沙量沿垂向分布异常复杂，迄今难以用确切的数学形式表达出来。k_m 的大小取决于含沙量 S 沿水深的变化趋势，目前可利用常见的含沙量沿水深分布公式近似计算，如采用张红武等（1994）提出的悬移质含沙量沿垂向分布公式，可由式（3.13）表示：

$$\frac{S}{S_a} = \exp\left[\left(5.33\frac{\omega}{\kappa u_*}\right)\left(\arctan\sqrt{1/\xi - 1} - 1.345\right)\right] \tag{3.13}$$

式中，S_a 为近底（$z=a$）的含沙量；$\xi = a/h_m$；令 $Z = \dfrac{\omega}{\kappa u_*}$ 为悬浮指标，则式（3.13）可改写为 $S/S_a = \exp[f(Z), \xi]$。因此 $\gamma'_m = \gamma_c + \dfrac{\gamma_s - \gamma_c}{\gamma_s}S$ 可写成 $\gamma'_m = \gamma_c + \dfrac{\gamma_s - \gamma_c}{\gamma_s}S_a$ $\exp[f(Z), \xi]$。所以式（3.12）的具体表达式为

$$k_m = \frac{\displaystyle\int_0^{h_m}\left\{[\gamma_c(h_m - z)] + \frac{\gamma_s - \gamma_c}{\gamma_s}S_a\int_z^{h_e}\exp\left[f\left(Z, \frac{z}{h_m}\right)\right]dz\right\}dz}{\gamma_m\dfrac{h_m^2}{2}} = F(Z, S_a, h_m, \gamma_c, \gamma_s) \tag{3.14}$$

因此由式（3.14）可知压力修正系数 k_m 主要与近底含沙量大小、悬浮指标等因素密切相关。

图 3.7 给出了小浪底库区 2001 年 8 月 24 日实测异重流潜入点处含沙量及浑水密度沿垂线的分布形状，该垂线上的异重流厚度为 3.8m，平均含沙量为 144kg/m³。由图 3.7 可知，计算可得 $\displaystyle\int_0^{h_m}\left(\int_z^{h_m}\gamma'_m dz\right)dz = 7570\,\text{N/m}$ 与 $\gamma_m\dfrac{h_m^2}{2} = 7854\,\text{N/m}$，因此可得压力修正系数 $k_m = 0.964$。该实测资料中异重流潜入点处的平均悬沙粒径为

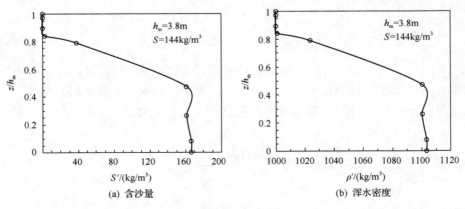

(a) 含沙量　　　　　　　　　　　　　(b) 浑水密度

图 3.7　小浪底水库潜入点处含沙量及浑水密度沿垂向分布（2001 年）

0.009mm，所以悬浮指标 Z 值相对较小。因此水深 2m 以下的含沙量分布较均匀，使得 k_m 接近于 1.0。

图 3.8 给出了小浪底水库 2005 年 6 月 29 日实测异重流潜入点处含沙量及浑水密度沿垂线的分布，该垂线异重流厚度为 6.4m，平均含沙量为 50.3kg/m³。由图 3.8 可计算得 $\int_0^{h_m}\left(\int_z^{h_m}\gamma_m'\mathrm{d}z\right)\mathrm{d}z=16337\,\mathrm{N/m}$ 与 $\gamma_m\dfrac{h_m^2}{2}=21121\,\mathrm{N/m}$，因此可得压力修正系数 k_m=0.774。尽管该实测资料中异重流潜入点处的平均悬沙粒径也为 0.009mm，悬浮指标 Z 值相对较小，但由于含沙量沿水深分布很不均匀，k_m 值较小。因此上述计算及分析表明，在某些条件下，压力修正系数 k_m 的值远偏离 1。

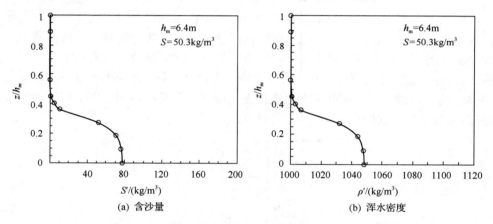

图 3.8　小浪底水库潜入点处含沙量及浑水密度沿垂向分布(2005 年)

3.3.3　异重流运动的连续方程

对二维不恒定异重流来说，如果令 ρ_m、h_m 分别为异重流部分的平均密度与厚度，q_m 为异重流运动的单宽流量，则异重流运动的连续方程与一般流体运动相同，可写成如下形式：

$$\frac{\partial}{\partial t}(\rho_m h_m)+\frac{\partial}{\partial x}(\rho_m q_m)=0 \tag{3.15}$$

对于恒定异重流，存在 $\partial\rho_m/\partial t=0$、$\partial h_m/\partial t=0$。因此式 (3.15) 可进一步改写为

$$q_m\frac{\partial}{\partial x}\rho_m+\rho_m\frac{\partial}{\partial x}q_m=0 \tag{3.16}$$

假设 ρ_{m} 沿程不变，应存在 $\dfrac{\partial}{\partial x}\rho_{\mathrm{m}}=0$，所以可导出

$$\partial q_{\mathrm{m}}/\partial x=0,\quad q_{\mathrm{m}}=u_{\mathrm{m}}h_{\mathrm{m}}=\text{常数} \tag{3.17}$$

在一般情况下，水库浑水异重流在运动过程中流速沿程变化，泥沙沿程落淤，密度沿程变化。所以上述连续条件一般不能满足。在实际工程应用中，如无支流倒回灌过程，一般可以认为两个相邻断面之间局部河段的水沙运动过程，可近似用式(3.17)描述(韩其为，2003)。

3.3.4　异重流运动的动量方程

引入浑水容重及流速沿水深分布的不均匀修正系数后，可以此推导非恒定异重流运动的动量方程。异重流受力情况如图 3.9 所示。为分析简便，假定清水水面是水平的，水流方向与异重流交界面方向平行，取坐标轴 x 方向与水流方向一致，以单位宽度、长度为 Δx 的异重流流体作为研究对象，并在推导过程中忽略包含 Δx^2 的二阶微小项，则此异重流流体在水流方向所受的各项作用力可写成如下形式(张俊华等，2007；张瑞瑾等，1989)。

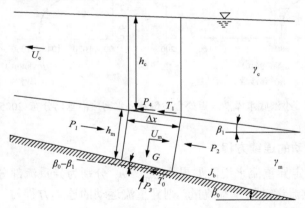

图 3.9　非恒定异重流运动过程的受力情况

(1)压力项$(P_1,\ P_2,\ P_3)$：

$$P_1=\gamma_{\mathrm{c}}h_{\mathrm{c}}h_{\mathrm{m}}+k_{\mathrm{m}}\gamma_{\mathrm{m}}\frac{h_{\mathrm{m}}^2}{2} \tag{3.18}$$

$$P_2=\gamma_{\mathrm{c}}\left(h_{\mathrm{c}}+\frac{\partial h_{\mathrm{c}}}{\partial x}\Delta x\right)\left(h_{\mathrm{m}}+\frac{\partial h_{\mathrm{m}}}{\partial x}\Delta x\right)+k_{\mathrm{m}}\frac{\gamma_{\mathrm{m}}}{2}\left(h_{\mathrm{m}}+\frac{\partial h_{\mathrm{m}}}{\partial x}\Delta x\right)^2$$

$$\approx\gamma_{\mathrm{c}}h_{\mathrm{c}}h_{\mathrm{m}}+k_{\mathrm{m}}\gamma_{\mathrm{m}}\frac{h_{\mathrm{m}}^2}{2}+(\gamma_{\mathrm{c}}h_{\mathrm{c}}+k_{\mathrm{m}}\gamma_{\mathrm{m}}h_{\mathrm{m}})\frac{\partial h_{\mathrm{m}}}{\partial x}\Delta x+\gamma_{\mathrm{c}}h_{\mathrm{m}}\frac{\partial h_{\mathrm{c}}}{\partial x}\Delta x \tag{3.19}$$

$$P_3 \sin(\beta_0 - \beta_1) = \left[\gamma_c \left(h_c + \frac{\partial h_c}{\partial x} \frac{\Delta x}{2} \right) + k_m \gamma_m \left(h_m + \frac{\partial h_m}{\partial x} \frac{\Delta x}{2} \right) \right] \frac{\Delta x \sin(\beta_0 - \beta_1)}{\cos(\beta_0 - \beta_1)}$$

$$\approx (\gamma_c h_c + k_m \gamma_m h_m) \frac{\partial h_m}{\partial x} \Delta x \tag{3.20}$$

式中，β_0 为河底坡度；β_1 为清浑水交界面的坡度；h_c、h_m 分别为清、浑水层的厚度。

(2) 重力项 (G)：

$$G \sin \beta_1 = k_m \gamma_m \left(h_m + \frac{\partial h_m}{\partial x} \frac{\Delta x}{2} \right) \Delta x \sin \beta_1 = k_m \gamma_m h_m \frac{\partial h_c}{\partial x} \Delta x \tag{3.21}$$

(3) 阻力项 (包括床面、交界面) (T)：

$$\begin{aligned}
T &= T_0 \cos(\beta_0 - \beta_1) + T_1 \\
&= \tau_0 \frac{\Delta x}{\cos(\beta_0 - \beta_1)} \cos(\beta_0 - \beta_1) + \tau_1 \Delta x \\
&= \frac{f_{0m}}{8} \frac{k_m \gamma_m}{g} u_m^2 \Delta x + \frac{f_{1m}}{8} \frac{k_m \gamma_m}{g} u_m^2 \Delta x \\
&= \frac{k_m f_m}{8} \frac{\gamma_m}{g} u_m^2 \Delta x
\end{aligned} \tag{3.22}$$

$$k_m f_m = k_m f_{0m} + k_m f_{1m}$$

式中，f_m 为异重流综合阻力系数；f_{0m} 为床面阻力系数；f_{1m} 为异重流交界面阻力系数。

(4) 惯性力项 (I)：

$$I = k_m \frac{\gamma_m}{g} \left(h_m + \frac{\partial h_m}{\partial x} \frac{\Delta x}{2} \right) \Delta x \frac{du_m}{dt} \approx k_m \frac{\gamma_m}{g} h_m \Delta x \left(\frac{\partial u_m}{\partial t} + \alpha_m u_m \frac{\partial u_m}{\partial x} \right) \tag{3.23}$$

此处引入参数 α_m，表示因流速沿垂线不均匀分布引起的动量修正系数。另外还有一项力：因表层清水以 u_c 的速度往上游流动而对异重流产生的附加力 T_c。所以力的平衡方程式应为

$$P_1 - P_2 + P_3 \sin(\beta_0 - \beta_1) + G \sin \beta_1 - T - T_c = I \tag{3.24}$$

将有关各力的表达式代入式 (3.24)，化简可得

$$(k_m \gamma_m - \gamma_c) h_m \frac{\partial h_c}{\partial x} - \frac{f_m}{8} \frac{k_m \gamma_m}{g} u_m^2 - \frac{T_c}{\Delta x} = \frac{k_m \gamma_m}{g} h_m \left(\frac{\partial u_m}{\partial t} + \alpha_m u_m \frac{\partial u_m}{\partial x} \right) \tag{3.25}$$

$$T_c = \tau_c \Delta x \tag{3.26}$$

$$\frac{\partial h_c}{\partial x} = -\frac{\partial (Z_b + h_m)}{\partial x} = J_b - \frac{\partial h_m}{\partial x} \tag{3.27}$$

式中，τ_c 为附加阻力；Z_b 为河底高程；$J_b = -\dfrac{\partial Z_b}{\partial x}$。则式 (3.25) 可写成

$$J_b - \frac{f_m}{8} \frac{u_m^2}{\eta_g' g h_m} - \frac{\tau_c}{h_m (k_m \gamma_m - \gamma_c)} - \frac{\partial h_m}{\partial x} = \frac{1}{\eta_g' g} \left(\frac{\partial u_m}{\partial t} + \alpha_m u_m \frac{\partial u_m}{\partial x} \right) \quad (3.28)$$

式中，$\eta_g' = \dfrac{k_m \gamma_m - \gamma_c}{k_m \gamma_m}$。式 (3.28) 即新建立的非恒定异重流运动的动量方程，其考虑了异重流含沙量与流速沿垂线不均匀分布对异重流运动的影响。应当指出，由于潜入点附近流速沿垂向分布往往表现为表层及底层流速均为 0，α_m 值一般远大于 1。而且实测资料已表明：压力修正系数 k_m 在含沙量沿垂向分布极不均匀时一般小于 1。因此在异重流运动的动量方程中考虑含沙量与流速沿垂线不均匀分布对异重流运动的影响是有必要的。

式 (3.28) 中的动量修正系数 α_m 的计算公式为

$$\alpha_m = \frac{\int_0^{h_p} u'^2 \mathrm{d}z}{u_m^2 h_m} \quad (3.29)$$

式中，u' 为异重流垂线上某一点的流速；u_m 为异重流的垂线平均流速。如果认为流速沿垂向分布服从对数规律，则 $\alpha_m = 1 + g / C^2 \kappa^2$，式中 C 为谢才系数，κ 为卡门常数，一般取 0.4；如果流速沿垂向分布符合 1/7 幂函数规律，则 $\alpha_m = 1.016$；如果服从表层及底层流速均为 0 的近似的二次抛物线规律，则计算的动量修正系数 α_m 一般大于 1.1。图 3.10 (a) 和图 3.10 (b) 分别给出了上述两条潜入点处的流速沿垂向分布，由式 (3.29) 可计算得到这两条垂线上的动量修正系数 α_m 分别为 1.196 及 1.423。郭振仁 (1990) 对明流能量耗散率沿程变化的研究表明，动量

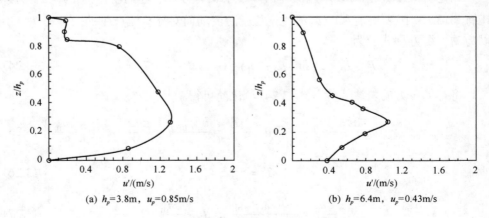

(a) h_p=3.8m，u_p=0.85m/s　　　　　　(b) h_p=6.4m，u_p=0.43m/s

图 3.10　小浪底水库潜入点处流速沿垂向分布

修正系数的大小与水流弗劳德数有关，一般情况下水流弗劳德数越小，相应 α_m 的值越大于 1。因此，流速不均匀分布引起的动量修正系数对异重流潜入点判别条件的影响不能忽略，而以往的判别条件一般都假定 $\alpha_m = 1$。

3.4　已有异重流潜入点判别条件及完善

3.4.1　已有潜入点判别条件分析

1）范家骅（1959）

范家骅（1959）分析非均匀异重流运动方程后认为，浑水潜入时交界面沿程变化存在一个转折点 k，该点处 $\mathrm{d}h_m / \mathrm{d}x \to -\infty$，所以 $u_{mk}^2 / (\eta_g g h_{mk}) = 1$，此处 $\eta_g = \Delta\rho / \rho_m$，$\Delta\rho = \rho_m - \rho$ 为浑水与清水密度差，说明 k 点断面处于临界状态（图 3.11（a））。由于潜入点处在 k 点上游，潜入点水深 h_p 大于 h_{mk}，则 u_p 显然比 u_{mk} 小，即应有 $u_p^2 / (\eta_g g h_p) < 1$。

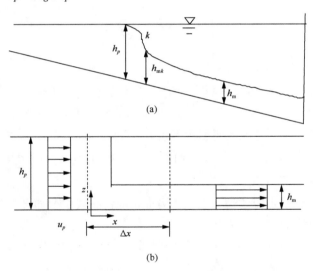

图 3.11　水库异重流潜入点形成条件分析示意图

在潜入点处可设 $u_p^2 / (\eta_g g h_p) = Fr_p'^2$，密度弗劳德数 Fr_p' 值随含沙量等因素和条件的不同而改变。朱鹏程（1983）针对平底河槽，分析异重流产生前后断面上的作用力与进、出断面动量改变率的关系，同样得出产生异重流潜入点也应满足范家骅（1959）提出的关系式的结论。目前范家骅（1959）水槽试验的研究成果在实际中采用较多，即潜入点处的水沙条件满足 $u_p^2 / (\eta_g g h_p) = 0.6$。异重流运动连续方程为 $u_m h_m = u_p h_p = q_m$。所以可推导得到

$$h_p = 1.185 \frac{q_\mathrm{m}^{2/3}}{(\eta_g g)^{1/3}} \tag{3.30}$$

式(3.30)一般用在低含沙水流($S < 20\mathrm{kg/m^3}$)中。

2) 芦田和男(Ashida，1980)

芦田和男(Ashida，1980)通过推导动量方程求出异重流形成条件的判别准则。在假定静压分布和流速分布为常数后(图 3.11(b))，对运动方程进行积分可得到：$u_\mathrm{m}^2 h_\mathrm{m} - u_p^2 h_p = \frac{1}{2} \frac{\Delta\rho}{\rho}(h_p^2 - h_\mathrm{m}^2)$，公式显然忽略了重力沿底坡的分力所起的作用。异重流运动的连续方程为 $u_\mathrm{m} h_\mathrm{m} = u_p h_p = q_\mathrm{m}$。从上面两式可导得 $h_p = \frac{1}{2}\left(\sqrt{8Fr_p'^2 + 1} - 1\right)h_\mathrm{m}$，即在 h_p 处含沙水流潜入形成异重流。式中，$Fr_p'^2 = u_\mathrm{m}^2 / (\eta_g g h_\mathrm{m})$ 为异重流的密度弗劳德数的平方。应用阻力公式，h_p 的近似解为

$$h_p = 0.365 \left(\frac{q_\mathrm{m}^2}{\eta_g g J_\mathrm{b}}\right)^{1/3} \tag{3.31}$$

3) Akiyama 和 Stefan(1984)

Akiyama 和 Stefan(1984)对异重流潜入条件进行了理论研究。在潜入区建立动量方程和连续方程，并考虑了初始稀释作用，定义稀释系数 $\theta = u_\mathrm{m} h_\mathrm{m} / u_p h_p$。对缓坡和陡坡不同情况，在考虑主要影响因素后，得出相应 h_p 的表达式，进而导出缓坡和陡坡条件下的潜入点水深公式。该研究比芦田和男(Ashida，1980)的成果更深入。

4) 高含沙异重流资料

在高密度差浑水水流的潜入点试验方面，现仅有我国曹如轩等(1984)、焦恩泽(2004)的水槽试验成果。由于含沙量高，流体黏滞系数大，一般都假定高含沙水流为 Bingham 体，曹如轩和焦恩泽两位研究者曾将 Bingham 体有关参数以及流体阻力系数联系起来分析潜入点密度弗劳德数与含沙浓度的某种关系，以解释不同含沙量对密度弗劳德数的影响，分析得到了符合试验数据趋势的结果(范家骅，2008)。

曹如轩等(1984)开展高含沙异重流试验研究后认为，式(3.30)和式(3.31)只适用于含沙量小于 $40\mathrm{kg/m^3}$ 的情况。随着含沙量的进一步增大，流体黏性增大，流态发生改变，潜入点 Fr_p' 相应减小。研究认为，有效雷诺数 $Re_\mathrm{m} = (4h_p u_p \gamma_\mathrm{m}) / \left[g\left(\eta + \frac{R\tau_B}{2u_p}\right)\right] > 5000$ 的浑水为低含沙水流，异重流潜入点水深可采用式(3.30)计算；$300 < Re_\mathrm{m} < 5000$ 的浑水为高含沙非均质流，Fr_p' 的值变化于 $0.40 \sim 0.57$，当

$Re_m < 300$ 的浑水为高含沙均质流，潜入点水深则按式(3.32)确定：

$$h_p = 2.34 \frac{\tau_B}{\Delta \gamma J_b} \tag{3.32}$$

式中，$\Delta \gamma$ 为清浑水容重差；τ_B 为 Bingham 极限剪切应力；J_b 为底坡。

　　焦恩泽(2004)认为在高含沙水流产生的异重流上游，明流段水面平静，潜入点下游没有发生水跃现象。一旦进口含沙量小于 400kg/m³，明流段开始出现微细波纹，特别当进口含沙量小于 200kg/m³ 时，明流段水流湍急，波浪很陡，潜入点下游水跃现象非常突出。总之，随着进口含沙量减小，水流现象往湍急、波浪起伏较大的方向发展。这种现象与含沙量大小很有关系。这表明含沙量大小与水流流动形态有关，即含沙量的多少会改变水流流动形态。水槽试验数据表明 Re_m 与体积比含沙量存在较好的相关关系，潜入点处 Fr'_p 与体积比含沙量 S_V 也存在较好的相关关系。因此可以认为上述三者存在如下关系，即

$$\sqrt{Fr'_p Re_m} = a / (S_V)^b \tag{3.33}$$

　　对于不同的含沙量范围,式中的参数 a 与 b 可分别表示为：当 $S_V \leqslant 0.04$ 时,$a=16$,$b=0.61$；当 $0.04 \leqslant S_V \leqslant 0.15$ 时, $a=1.6$, $b=1.3$；当 $S_V > 0.15$ 时, $Fr'_p Re_m$ 与 S_V 无关。

　　根据范家骅(2008)最近的分析结果，曹如轩等(1984)第一号水槽试验中有小于 400kg/m³ 的异重流资料，其潜入点深度值有异常现象。经与焦恩泽的同流量、含沙量和水槽底部比降(0.01)的数据对比，两者 h_m 值的差别较为明显。因此有必要在下阶段对高含沙水流的异重流潜入点条件做进一步研究。

　　5) 其他成果

　　对异重流潜入现象的研究国内外还有一些成果，有的基于野外观测(Elder and Wunderlich，1973)和实验室试验(Singh and Shah，1971)，还有的通过理论分析得到(Savage and Brimberg，1975；Hebbert et al.，1979；Jain and Subash，1981)。各潜入点处水深成果都可以表达成统一公式：

$$h_p = \left(\frac{1}{Fr'^2_p} \right)^{1/3} \left(\frac{q_m^2}{\eta_g g} \right)^{1/3} \tag{3.34}$$

　　Ford 等(1980)的野外观测发现潜入点处的 Fr'^2_p 的范围为 0.01～0.49；Savage 和 Brimberg(1975)分析水槽试验资料认为 Fr'^2_p 的范围为 0.09～0.64；Akiyama 和 Stefan(1984)经过理论分析并与实测资料比较认为 Fr'^2_p 应在 0.01～0.303。

3.4.2 已有异重流水槽试验资料分析

1) 范家骅试验

范家骅(1959)在长 20m、宽 15cm 的水槽内进行异重流潜入条件的试验研究 (附表 1)。该试验流量范围为 0.3～3.8L/s,含沙量范围为 3.02～19.3kg/m³。在异重流产生条件的试验中,所用泥沙分两组,第一组采用细泥沙,即使在较小的流速下也不易发生淤积;而第二组试验在较细泥沙中加入了平均粒径为 0.06mm 的粗泥沙。试验结果可得异重流潜入点处的水沙条件满足 $Fr_p' = u_p / \sqrt{\eta_g g h_p} = 0.78$,如图 3.12 所示。潜入点处的垂线平均流速 u_p 用流速仪实测得到,而潜入点的水深 h_p 也是实测值。尽管该试验中宽深比很小,最大仅为 2.5,但由于潜入点流速 u_p 及相应水深 h_p 均是实测值,上述关系式的相关程度较高。已有实测资料表明,上述关系式仅适用于低含沙异重流,对于高含沙异重流,上式需要进一步修正(范家骅,2008)。

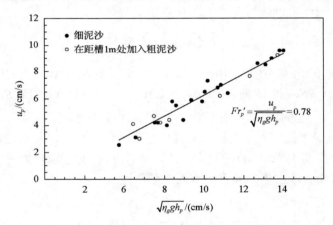

图 3.12　潜入点处水深与流速的关系(范家骅,1959)

2) 曹如轩试验

曹如轩等(1984)通过概化水槽试验,研究了高含沙异重流形成的定量关系(附表 2),发现高含沙异重流潜入点流态存在紊流、过渡、层流三种,各类流态下的运动规律不同。这些资料与巴家嘴等水库实测资料、细泥沙高含沙异重流水槽试验资料进行对比分析后发现:①粗泥沙高含沙水流黏性比清水大,仍能形成异重流,形成条件与低含沙异重流一致,即潜入点处 $Fr_p' = 0.78$;②粗泥沙高含沙异重流的流态为紊流,输沙模式为悬移质两相流。

试验结果还表明(图 3.13),低含沙量时($S < 40\text{kg/m}^3$), Fr_p' 与体积比含沙量 S_V 无关;当含沙量增大时, Fr_p' 随 S_V 的增加而减小;到 $S = 400\text{kg/m}^3$ 时, Fr_p' 的值急剧下降。

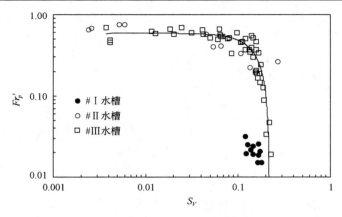

图 3.13　潜入点 Fr'_p 与体积比含沙量的关系（曹如轩等，1984）

3）焦恩泽试验

焦恩泽（2004）在长 18m、宽 50cm 的水槽内开展了异重流潜入条件的试验研究（附表 3），共进行了 28 组试验，含沙量范围在 11.1～479.7kg/m³，流量在 0.078～0.479L/s 范围内变化。试验结果表明，异重流潜入点处的水沙条件可用 $\sqrt{Fr'_p Re_m} = k / S_V^n$ 表示，式中 Re_m 为有效黏度雷诺数，即有效雷诺数再除以 $\Delta\gamma/\gamma_m$。图 3.14 表明了潜入点处 Fr'_p 与 S_V 之间的关系，与曹如轩等（1984）的试验结果类似。

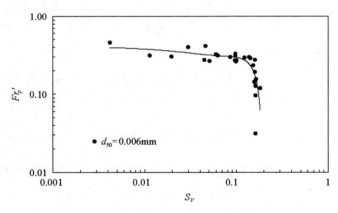

图 3.14　潜入点 Fr'_p 与体积比含沙量的关系（焦恩泽，2004）

3.4.3　异重流潜入点判别条件的完善

对于恒定异重流，存在 $\partial u_m / \partial t = 0$，因此式（3.28）中的水沙因子仅随 x 而变。在二维恒定流情况下，单宽流量 q_m 沿程不变，所以应有

$$\frac{\mathrm{d}}{\mathrm{d}x}q_\mathrm{m} = \frac{\mathrm{d}}{\mathrm{d}x}(h_\mathrm{m}u_\mathrm{m}) = h_\mathrm{m}\frac{\mathrm{d}}{\mathrm{d}x}u_\mathrm{m} + u_\mathrm{m}\frac{\mathrm{d}}{\mathrm{d}x}h_\mathrm{m} = 0 \ \text{或} \ \frac{\mathrm{d}u_\mathrm{m}}{\mathrm{d}x} = -\frac{u_\mathrm{m}}{h_\mathrm{m}}\frac{\mathrm{d}h_\mathrm{m}}{\mathrm{d}x} \quad (3.35)$$

将式(3.35)代入(3.28)化简可得

$$\frac{\partial h_\mathrm{m}}{\partial x} = \frac{J_b - \dfrac{f_\mathrm{m}}{8}\dfrac{u_\mathrm{m}^2}{\eta_g' g h_\mathrm{m}} - \dfrac{\tau_\mathrm{c}}{h_\mathrm{m}(k_\mathrm{m}\gamma_\mathrm{m} - \gamma_\mathrm{c})\eta_g' g}}{1 - \dfrac{\alpha_\mathrm{m}}{\eta_g' g}u_\mathrm{m}\dfrac{u_\mathrm{m}}{h_\mathrm{m}}} \quad (3.36)$$

已有异重流潜入点形成条件的水槽试验观测结果表明(范家骅，1959)：从明流过渡到异重流的清浑水交界面曲线处有一个拐点 k，其 $\mathrm{d}h_\mathrm{m}/\mathrm{d}x \to -\infty$。同样采用该条件，则由式(3.36)可得 $\alpha_{\mathrm{m}k}u_{\mathrm{m}k}^2/(\eta_g' g h_{\mathrm{m}k}) = 1$。由于潜入点处在 k 点上游，潜入点水深 h_p 大于 $h_{\mathrm{m}k}$，则 u_p 显然比 $u_{\mathrm{m}k}$ 要小，即应有

$$\frac{\alpha_\mathrm{m}u_p^2}{\eta_g' g h_p} < 1 \quad (3.37)$$

因此，异重流潜入点的水流流态不仅与流速沿垂线不均匀分布系数 α_m 有关，而且与参数 η_g' 有关。而前面分析表明，η_g' 取值与含沙量的大小以及压力修正系数 k_m 等都有关系。已有水槽试验结果显示，异重流潜入点处的 Fr_p' 会随含沙量的增加而减小，直到含沙量增长到 $400\mathrm{kg/m^3}$；且又在 $400\mathrm{kg/m^3}$ 时发生转折，Fr_p' 值会直线下降。以往研究通常根据水槽试验资料直接点绘 Fr_p' 与含沙量 S 或体积比含沙量 S_V 之间的相关关系。由于 Fr_p' 本身间接含有含沙量因子，显然这种处理方法是不合理的，需要进一步改进。因此，可将式(3.37)改写成 $\dfrac{u_p^2}{gh_p} = f\left(\alpha_\mathrm{m}, S_V, \dfrac{\omega}{\kappa u_*}\right)$。限于目前的实测资料，还无法直接考虑潜入点处流速沿垂线不均匀分布程度、悬浮指标对潜入点形成的影响。因此，本书仅考虑体积比含沙量对异重流潜入点形成的影响，即

$$Fr_p^2 = u_p^2/(gh_p) = f(S_V) \quad (3.38)$$

式中，Fr_p 为潜入点处的弗劳德数；$f(S_V)$ 为体积比含沙量 S_V 的某一函数，需要由实测资料确定。此外，因为本书主要针对小浪底库区发生的异重流，而库区发生异重流时含沙量一般不会超过 $400\mathrm{kg/m^3}$，所以大于 $400\mathrm{kg/m^3}$ 的水槽试验在本次

分析中暂不考虑。点绘上述三种异重流潜入点处的水槽试验资料，如图 3.15 所示，可得 Fr_p 与 S_V 之间的关系可表示为

$$Fr_p^2 = u_p^2 / (gh_p) = 0.24 S_V^{0.77} \text{ 或 } Fr_p = u_p / \sqrt{gh_p} = 0.49 S_V^{0.385} \qquad (3.39)$$

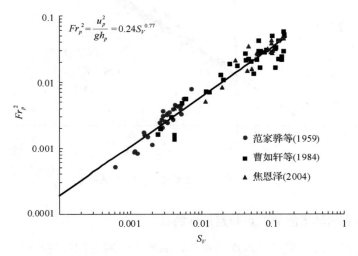

图 3.15　潜入点处 Fr_p^2 与 S_V 之间的关系

将式(3.4a)代入式(3.39)并重新整理，可得潜入点处的密度弗劳德数为

$$Fr_p'^2 = \frac{u_p^2}{\eta_g gh_p} = 0.198 S_V^{-0.162} \quad \text{或} \quad Fr_p'^2 = \frac{u_p}{\sqrt{\eta_g gh_p}} = 0.445 S_V^{-0.081} \qquad (3.40)$$

将 $q_m = u_m h_m = u_p h_p$ 代入式(3.39)，则可得潜入点处水深与单宽流量及体积比含沙量之间的具体表达式，即

$$h_p = 0.7517 \frac{q_m^{2/3}}{S_V^{0.77/3}} \qquad (3.41)$$

式(3.41)表明，当来流单宽流量增加时，潜入点应下移；当来流含沙量增加时，潜入点应上移。在实际异重流潜入点条件判别中，一般可以采用式(3.41)估算潜入点水深。潜入点处计算与实测水深对比如图 3.16 所示，从图中可以看出，计算与实测的潜入点水深较为接近。

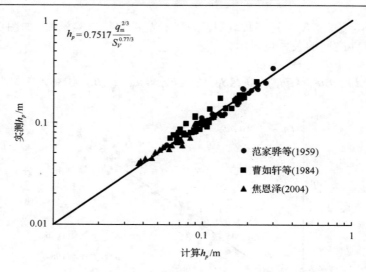

图 3.16　潜入点处实测与计算水深对比

3.4.4　完善后的异重流潜入点判别条件的验证

为对完善后的异重流潜入点判别条件的准确性和适用性进行验证，这里补充了若干组异重流水槽和小浪底水库模型试验实测数据与三门峡水库及小浪底水库原型水沙观测数据，表 3.2 为补充的异重流数据分布情况，采用补充的实测数据对式(3.41)进行验证，验证结果如图 3.17 所示。其中除小浪底水库原型观测数据与赵琴和李嘉(2012)的水槽试验数据相关关系在0.99以下，其余均在0.99及以上。可以发现，尽管由于异重流测验条件的复杂性，观测方法的不统一性、粗略性和不可控性，异重流的观测数据往往出现分散现象，但总体来说，这些实测数据基本分布在式(3.41)潜入点水深 h_p 计算值的两侧；对于所有实测资料，相关系数仍保持在较高的数值(R^2=0.984)。作为对比，图 3.18 给出了范家骅(1959)提出的潜入点水深公式采用相同数据范围验证的结果，相关系数为 R^2=0.697，因此可以认为改进的潜入点判别条件(式(3.39)～式(3.41))可以较好地用于异重流潜入点的判别，且对于潜入点水深、流速和含沙量的适应性较广，对于含沙量较高的水库，如小浪底水库的异重流潜入点预测也有较高的准确性。

表 3.2　补充的异重流观测数据及其相关性验证

	水槽试验		小浪底水库		三门峡水库	总计
	Lee 和 Yu(1997)	赵琴和李嘉 (2012)	模型(Li et al., 2004)	原型	原型	
测次	28	10	33	30	4	105
潜入点水深/m	0.056～0.181	0.15～0.26	2.25～12.60	0.8～21.0	0.6～5.9	0.056～21.00

续表

| | 水槽试验 | | 小浪底水库 | | 三门峡水库 | 总计 |
	Lee 和 Yu（1997）	赵琴和李嘉（2012）	模型（Li et al., 2004）	原型	原型	
潜入点流速/(m/s)	0.034～0.086	0.020～0.053	0.31～1.51	0.19～1.50	0.253～0.459	0.02～1.51
潜入点含沙量/(kg/m³)	5.3～28.567	0.059～2.143	5.0～291.55	3.2～291.0	49.2～52.4	0.059～291.6
式(3.41)相关系数	0.999	0.983	0.992	0.985	0.990	0.984
式(3.30)相关系数	0.957	0.737	0.872	0.825	0.989	0.697

注：具体数据见附表 4～附表 8。

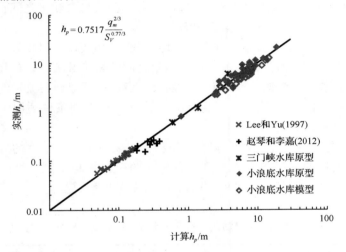

图 3.17　补充的异重流潜入点实测数据与完善后的潜入点水深判别条件计算值的对比

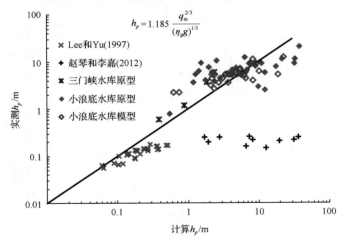

图 3.18　补充的异重流潜入点实测数据与
潜入点水深判别条件计算值的对比验证（范家骅的公式）

3.5　小　　结

水库异重流潜入位置的判断是异重流排沙技术的关键环节，因此完善异重流潜入条件的判别方法，不仅具有理论价值，也具有生产意义。本章首先描述了室内与野外观测到的异重流现象，然后推导了异重流运动控制方程，结合实测资料分析给出了方程中压力不均匀系数与动量修正系数的变化范围，最后进一步完善了异重流潜入点的判别条件，主要结论如下。

(1) 以往异重流潜入点判别条件中，密度弗劳德数与含沙量之间存在自相关关系，因此不适合预测高含沙异重流的潜入。

(2) 基于对静水压力和流速沿垂向不均匀分布的考虑，可以将异重流潜入点判别条件表示为潜入点弗劳德数与入流含沙量之间的幂函数关系。使用三个水槽试验数据对该关系中的参数进行率定，可知潜入点水深近似地与流量的 2/3 次方成正比，与含沙量的 1/4 次方成反比，并且该潜入点判别条件适用于含沙量小于 400kg/m^3 的水库异重流。

(3) 通过进一步收集国内外水槽试验和三门峡、小浪底水库的异重流观测资料，验证了改进的异重流潜入点判别条件。验证计算与实测数据的相关性达到 R^2=0.984，所以相对于以往的判别条件，其预测精度明显提高。

附表 1　浑水异重流潜入点条件的水槽试验数据（范家骅，1959）

测次	Q/(L/s)	S/(kg/m^3)	h_p/cm	u_p/(cm/s)	η_g	Fr'_p
			细泥沙			
1	0.77	3.06	11.0	3.10	0.00192	0.6843
2	0.34	3.06	7.4	2.55	0.00192	0.6863
3	0.5	10.60	6.0	4.00	0.00639	0.6439
4	1.53	10.60	12.0	6.8	0.00639	0.7740
5	1.05	7.54	10.0	5.50	0.00445	0.8123
6	1.95	7.65	15.0	7.30	0.00456	0.8740
7	3.8	8.81	24.5	9.00	0.00546	0.7860
8	1.05	4.65	12.0	4.20	0.00274	0.7205
9	2.5	12.30	17.0	8.50	0.00747	0.7550
10	2.9	11.30	21.0	9.60	0.00695	0.8002
11	0.61	13.70	6.0	4.40	0.00825	0.6236
12	0.68	13.60	7.8	5.80	0.00818	0.7236

续表

测次	Q/(L/s)	S/(kg/m³)	h_p/cm	u_p/(cm/s)	η_g	Fr_p'
13	2.08	19.30	12.0	9.60	0.01174	0.8120
14	2.79	9.25	21.5	8.60	0.00544	0.7825
15		8.68	17.0	6.40	0.00505	0.6759
16	2.60	6.80	20.5	7.00	0.00389	0.7602
17	1.70	3.02	21.0	4.20	0.00148	0.6754
18	2.20	4.13	19.5	5.80	0.00214	0.8280
19	1.00	8.57	11.0	5.90	0.00501	0.7796
20	1.73	7.23	16.0	6.50	0.00412	0.7750
在距槽端 1m 处加入粗泥沙						
21	0.48	5.37	8	3.00	0.00288	0.5866
22	0.92	7.37	9.5	4.40	0.00419	0.6744
23	1.35	4.22	14	4.70	0.00219	0.7834
24	1.63	3.30	21.5	4.20	0.00159	0.6387
25	2.07	1.62	34	4.10	0.00059	0.7072
26	2.00	13.40	10	6.20	0.00793	0.6882
27	2.47	15.10	15.7	9.24	0.00898	0.7715
28	2.7	8.07	23.5	7.65	0.00458	0.7126

注：水槽宽 B = 15cm。

附表 2　浑水异重流水槽试验数据（曹如轩等，1984）

测次	Q/(mL/s)	S/(kg/m³)	h_p/cm	u_p/(cm/s)	η_g	Fr_p'	τ_B/(g/cm²)	B/h_p
#Ⅰ水槽								
2	680	438	35	1.3	0.2143	0.015	0.063	0.43
3	680	394	31	1.5	0.1970	0.019	0.050	0.48
4	680	370	29	1.6	0.1872	0.021	0.044	0.52
5	680	320	23.5	1.9	0.1661	0.031	0.032	0.64
6	680	340	27	1.7	0.1747	0.025	0.036	0.56
7	680	330	32	1.4	0.1704	0.019	0.033	0.47
8	680	390	26.8	1.7	0.1954	0.024	0.041	0.56
12	680	450	30.3	1.5	0.2189	0.019	0.047	0.50
13	680	460	28	1.6	0.2226	0.021	0.054	0.54
14	1100	450	33.7	2.2	0.2189	0.026	0.055	0.45
15	680	486	34	1.3	0.2323	0.015	0.066	0.44

测次	$Q/(\text{mL/s})$	$S/(\text{kg/m}^3)$	h_p/cm	$u_p/(\text{cm/s})$	η_g	Fr'_p	$\tau_B/(\text{g/cm}^2)$	B/h_p
				#Ⅱ水槽				
6	2222	715	6.4	11.6	0.3080	0.263	0.05	4.69
9	2222	176	7	10.6	0.0988	0.406	0.011	4.29
11	2222	16	10	7.4	0.0099	0.753	0	3.00
11	4763	14	17.5	9.1	0.0086	0.745	0	1.71
12	2222	144	7.5	9.9	0.0823	0.401	0.009	4.00
12	4763	121	10.5	15.1	0.0701	0.563	0.0074	2.86
13	2222	360	8.5	8.7	0.1831	0.223	0.04	3.53
13	4763	288	11.6	13.7	0.1521	0.329	0.025	2.59
14	3308	7	18.5	6.0	0.0043	0.672	0	1.62
14	4763	6.5	25	6.4	0.0040	0.639	0	1.20
				#Ⅲ水槽				
2	2500	425	9.4	8.9	0.2093	0.202	0.027	3.19
3	2500	464	11.5	7.2	0.2241	0.144	0.035	2.61
4	2500	415	9.7	8.6	0.2053	0.194	0.025	3.09
7	3631	500	15.8	7.7	0.2374	0.126	0.05	1.90
8	3631	379	8	15.1	0.1909	0.391	0.019	3.75
9	3631	356	8.5	14.2	0.1814	0.366	0.016	3.53
16	5190	470	13.2	13.1	0.2264	0.242	0.038	2.27
34	3631	456	12.4	9.8	0.2211	0.188	0.033	2.42
35	3631	393	9.5	12.7	0.1966	0.298	0.0205	3.16
39	2500	435	10.7	7.8	0.2131	0.165	0.020	2.80
41	2500	427	9.9	8.4	0.2100	0.186	0.027	3.03
44	2500	508	15.6	5.3	0.2403	0.088	0.054	1.92
48	1131	542	17.2	2.2	0.2523	0.034	0.058	1.74
50	1131	606	24.5	1.5	0.2740	0.019	0.10	1.22
51	2500	581	23.0	3.6	0.2657	0.047	0.084	1.30
5	2500	161	6.9	12.1	0.0911	0.486	0.003	4.35
11	3631	171	8.0	15.1	0.0962	0.551	0.0034	3.75
12	3631	180	8.0	15.1	0.1008	0.538	0.0039	3.75
13	3631	134	9.0	13.4	0.0770	0.516	0.0024	3.33
14	3631	85	9.5	12.7	0.0503	0.589	0.00135	3.16
10	3631	289	7.8	15.5	0.1525	0.454	0.01	3.85
17	5190	388	8.4	20.6	0.1946	0.514	0.02	3.57
18	5190	377	8.1	21.4	0.1901	0.550	0.018	3.70

续表

测次	$Q/$(mL/s)	$S/$(kg/m³)	$h_p/$cm	$u_p/$(cm/s)	η_g	Fr'_p	$\tau_B/$(g/cm²)	B/h_p
19	5190	263	8.5	20.4	0.1407	0.594	0.0082	3.53
20	5190	206	10.3	16.8	0.1137	0.496	0.005	2.91
21	5190	112	11.3	15.3	0.0652	0.570	0.00185	2.65
23	8750	448	15.2	19.2	0.2181	0.336	0.033	1.97
24	7800	420	13.6	19.1	0.2073	0.364	0.026	2.21
25	7800	320	11.8	22.0	0.1661	0.502	0.0125	2.54
26	8000	175	13.8	19.3	0.0983	0.530	0.0037	2.17
27	7000	321	13.6	17.2	0.1666	0.364	0.0125	2.21
28	7800	111	13.7	19.0	0.0646	0.644	0.0018	2.19
33	10320	422	14.0	24.6	0.2081	0.460	0.026	2.14
36	5190	359	11.2	15.4	0.1827	0.345	0.0165	2.68
37	5190	299	9.7	17.8	0.1570	0.462	0.011	3.09
40	5190	169	9.0	19.2	0.0952	0.663	0.0034	3.33
42	2500	49	8.2	10.2	0.0296	0.659	0.00088	3.66
45	5190	217	10.0	17.3	0.1190	0.506	0.0055	3.00
47	2500	228	8.1	10.3	0.1243	0.327	0.0062	3.70
6	2500	34	10.0	8.3	0.0207	0.584	0	3.00
15	2500	11	17.3	4.8	0.0068	0.448	0	1.73
22	5190	66	11.8	14.7	0.0395	0.686	0.0009	2.54
29	5190	31	16.2	10.7	0.0189	0.616	0	1.85
30	7800	54	18.6	14.0	0.0325	0.574	0.00088	1.61
43	3631	10	17.2	7.0	0.0062	0.689	0	1.74
46	1131	11	9.7	3.9	0.0068	0.483	0	3.09

注：u_p 为潜入点处计算的断面平均流速；h_p 为潜入点水深；B/h_p 为潜入点宽深比。
#Ⅰ水槽：B=15cm，H=60cm，L=21m，底坡 J_b=0.01，悬沙 d_{50}=0.005～0.01mm。
#Ⅱ水槽：B=30cm，H=60cm，L=26m，底坡 J_b=0.03，悬沙 d_{50}=0.026～0.033mm。
#Ⅲ水槽：B=30cm，H=60cm，L=34m，底坡 J_b=0.01，悬沙 d_{50}=0.015～0.018mm。

附表3　高含沙异重流产生条件试验成果(焦恩泽，2004)

测次	$Q/$(mL/s)	$S/$(kg/m³)	$h_p/$cm	$u_p/$(cm/s)	η_g	Fr'_p	$\tau_B/$(N/m²)	B/h_p
1	1000	11.1	6.6	5.14	0.0069	0.768	0.00018	7.6
2	2000	30.0	9.7	6.99	0.0183	0.530	0.00043	5.2
3	900	117.2	4.0	7.63	0.0680	0.467	0.0017	12.5

续表

测次	Q/(mL/s)	S/(kg/m³)	h_p/cm	u_p/(cm/s)	η_g	Fr'_p	τ_B/(N/m²)	B/h_p
4	1000	135.0	4.2	8.07	0.0775	0.452	0.00195	11.9
5	2200	163.9	6.0	12.4	0.0926	0.532	0.0026	8.3
6	2470	158.1	6.4	13.1	0.0896	0.551	0.0025	7.8
7	2470	257.1	5.5	15.2	0.1380	0.558	0.006	9.1
8	3000	257.8	6.5	15.7	0.1383	0.527	0.006	7.7
9	4180	361.9	7.6	18.6	0.1839	0.503	0.0235	6.6
10	2000	416.8	6.0	11.3	0.2060	0.324	0.066	8.3
11	1240	429.9	5.0	8.41	0.2112	0.261	0.080	10.0
12	1180	421.5	4.2	9.52	0.2079	0.325	0.070	11.9
13	1470	427.2	6.4	7.8	0.2101	0.214	0.076	7.8
14	1940	415.1	7.2	9.13	0.2054	0.240	0.065	6.9
15	650	427.8	4.5	4.9	0.2103	0.161	0.077	11.1
16	2590	403.0	6.3	13.9	0.2006	0.369	0.054	7.9
17	2000	266.0	5.4	12.6	0.1421	0.458	0.0066	9.3
18	1410	260.9	4.4	10.9	0.1397	0.442	0.0062	11.4
19	2120	253.6	5.7	12.6	0.1364	0.457	0.0058	8.8
20	3120	324.2	6.5	16.3	0.1680	0.497	0.0135	7.7
21	3560	375.6	6.9	17.5	0.1895	0.488	0.031	7.2
22	1560	226.5	4.5	11.8	0.1236	0.503	0.0045	11.1
23	2530	121.5	6.0	14.3	0.0703	0.703	0.0017	8.3
24	2560	78.9	7.1	12.2	0.0468	0.677	0.00107	7.0
25	970	51.9	5.1	6.45	0.0313	0.516	0.00072	9.8
26	2000	421.6	4.7	14.4	0.2079	0.466	0.07	10.6
27	2060	479.7	8.1	8.6	0.2300	0.202	0.16	6.2
28	236	425.5	4.8	1.67	0.2094	0.053	0.075	10.4

附表 4　三门峡水库异重流潜入点原型观测资料

测次	日期	u_p/(m/s)	h_p/m	q_m/(m²/s)	S/(kg/m³)	d_{50}/mm	Fr'_p
1	1961 年 7 月 2 日	0.253	0.6	0.15	49.2	0.013	0.651
2	1961 年 8 月 10 日	0.434	3.7	1.61	49.7	0.007	0.650
3	1962 年 7 月 26 日	0.423	5.9	2.50	52.4	0.007	0.648
4	1962 年 8 月 2 日	0.459	1.2	0.55	50.9	0.013	0.649

附表 5　小浪底水库异重流潜入点原型观测资料

测次	日期	u_p/(m/s)	h_p/m	q_m/(m²/s)	S/(kg/m³)	d_{50}/mm	Fr'_p
1	2001 年 8 月 24 日	0.98	3.7	3.63	141.0	0.009	0.573
2	2002 年 7 月 7 日	1.48	9.4	13.91	291.0	0.027	0.394
3	2002 年 7 月 7 日	1.01	10.4	10.50	132.0	0.020	0.363
4	2002 年 7 月 12 日	0.48	5.9	2.83	10.6	—	0.779
5	2004 年 7 月 8 日	1.26	7.5	9.45	62.3	0.015	0.760
6	2004 年 7 月 8 日	0.95	7.7	7.32	135.0	0.019	0.393
7	2004 年 7 月 9 日	0.95	5.8	5.51	57.8	0.013	0.676
8	2004 年 7 月 10 日	0.59	3.9	2.30	49.3	0.016	0.553
9	2005 年 6 月 27 日	0.96	11.4	10.94	14.9	0.008	0.947
10	2006 年 6 月 25 日	1.00	6.7	6.70	34.0	0.023	0.857
11	2006 年 6 月 28 日	0.40	4.5	1.80	34.8	0.024	0.413
12	2007 年 6 月 27 日	0.61	8.0	4.88	21.0	0.006	0.606
13	2007 年 6 月 27 日	0.55	3.0	1.65	9.2	0.006	1.341
14	2007 年 6 月 28 日	0.75	6.0	4.50	27.3	0.006	0.756
15	2008 年 6 月 28 日	0.41	7.8	3.20	8.0	0.006	0.668
16	2008 年 6 月 29 日	1.28	12.4	15.87	66.6	0.020	0.582
17	2009 年 6 月 29 日	0.19	2.5	0.48	3.2	0.007	0.864
18	2009 年 6 月 30 日	1.10	5.9	6.49	35.1	0.014	0.989
19	2009 年 7 月 1 日	0.70	6.1	4.27	80.9	0.016	0.413
20	2010 年 7 月 5 日	0.32	9.2	2.94	12.1	0.013	0.538
21	2011 年 7 月 4 日	1.50	6.3	9.42	232.0	0.016	0.867
22	2011 年 7 月 6 日	0.86	5.2	4.47	31.6	0.012	0.390
23	2012 年 7 月 4 日	0.81	5.4	4.37	148.0	0.043	1.058
24	2013 年 7 月 4 日	0.39	4.1	1.61	51.7	0.014	1.350
25	2013 年 7 月 6 日	0.98	8.8	8.62	36.6	0.013	0.938
26	2013 年 7 月 7 日	1.10	6.8	7.48	61.2	0.021	0.411
27	2014 年 7 月 5 日	0.28	0.8	0.22	45.0	0.006	0.655
28	2014 年 7 月 6 日	0.72	21.0	15.12	10.5	0.006	0.724
29	2014 年 7 月 7 日	0.35	11.5	4.03	5.0	0.006	0.762
30	2014 年 7 月 8 日	0.42	9.1	3.82	5.0	0.006	0.762

注：h_p 指代潜入点附近浑水层的厚度；d_{50} 指代浑水层悬沙中值粒径；来流单宽流量 $q_m = u_p h_p$。

附表 6　小浪底水库模型异重流潜入点试验资料(Li et al.，2004)

测次	$u_p/$(m/s)	$h_p/$m	$S/$(kg/m³)	S_V	Fr_p^2
1	0.97	4.95	30	0.011321	0.019376
2	0.87	6.3	20	0.007547	0.012247
3	0.77	4.5	23	0.008679	0.013431
4	1.36	5.85	56.1	0.02117	0.032229
5	1.12	3.6	63.1	0.023811	0.035519
6	1.36	5.4	64.6	0.024377	0.034915
7	1.51	5.4	80.7	0.030453	0.043042
8	0.93	12.6	15	0.00566	0.006997
9	0.31	4.05	9.1	0.003434	0.002419
10	1.45	9	50	0.018868	0.023814
11	0.62	3.6	30.4	0.011472	0.010885
12	1.17	6.75	48.8	0.018415	0.020673
13	1.06	6.75	45.1	0.017019	0.016968
14	0.54	5.4	21.7	0.008189	0.005505
15	0.32	5.4	5	0.001887	0.001933
16	0.84	4.5	52.9	0.019962	0.015984
17	0.92	5.4	52.3	0.019736	0.015978
18	1.01	5.4	62.5	0.023585	0.019257
19	0.79	5.4	45.4	0.017132	0.011781
20	1.42	11.25	50.65	0.019113	0.018271
21	0.47	5.4	24.7	0.009321	0.00417
22	0.66	9	23.3	0.008792	0.004934
23	0.84	7.2	40.4	0.015245	0.00999
24	0.69	5.4	42.5	0.016038	0.008987
25	0.85	2.25	144.8	0.054642	0.032733
26	1.13	2.25	219.55	0.082849	0.05785
27	0.77	2.7	46.18	0.017426	0.022385
28	0.51	3.15	43.35	0.016358	0.008417
29	0.63	5.4	36.15	0.013642	0.007492
30	0.92	5.85	50.25	0.018962	0.014749
31	0.88	5.4	80.55	0.030396	0.014618
32	1.23	4.5	99.31	0.037475	0.034271
33	1.19	5.4	110.46	0.041683	0.026732

附表 7　异重流水槽试验资料(Lee and Yu，1997)

测次	$q_m/(\text{cm}^2/\text{s})$	h_p/cm	$S/(\text{kg/m}^3)$	$U_p/(\text{m/s})$	Fr_p^2
1	23.5	6.87	9.83	0.034207	0.001736
2	42.3	9.28	9.83	0.045528	0.002277
3	70.6	13.85	6.65	0.050946	0.00191
4	85.1	17.15	5.30	0.049621	0.001464
5	86.7	13.19	10.23	0.065762	0.003342
6	100.2	16.32	8.67	0.061403	0.002355
7	86.0	12.63	14.87	0.0681	0.003743
8	99.6	14.37	13.20	0.069339	0.003411
9	101.7	13.45	17.49	0.075613	0.004333
10	134.5	18.09	12.85	0.074328	0.003113
11	24.23	6.64	11.554	0.036491	0.002044
12	24.76	5.62	18.974	0.044057	0.003521
13	42.25	8.91	9.6195	0.047419	0.002572
14	41.63	7.17	19.2655	0.058061	0.004793
15	41.78	6.5	28.567	0.064277	0.006479
16	68.01	14.31	6.254	0.047526	0.001609
17	68.22	11.31	11.3155	0.060318	0.003279
18	67.9	10.53	17.6755	0.064482	0.004025
19	68.28	10.02	22.7635	0.068144	0.004724
20	85.27	17.04	5.565	0.050041	0.001498
21	85.45	14.49	10.282	0.058972	0.002447
22	85.21	12.97	14.3895	0.065698	0.003392
23	84.7	11.16	19.5305	0.075896	0.005261
24	97.56	16.51	8.215	0.059091	0.002156
25	97.52	14.29	12.5345	0.068244	0.003322
26	97.4	13.18	15.8735	0.0739	0.004224
27	96.47	11.44	20.6965	0.084327	0.006336
28	116.07	13.47	18.0465	0.086169	0.005619

附表 8　异重流水槽试验资料(赵琴和李嘉，2012)

测次	$u_p/(\text{m/s})$	$q_m/(\text{L/s})$	$S/(\text{g/L})$	h_{in}/m	h_p/m	h_1/m
1	0.020	0.48	0.215	0.113	0.16	0.15
2	0.026	0.59	0.127	0.085	0.15	0.14

续表

测次	$u_p/$ (m/s)	$q_m/$ (L/s)	$S/$ (g/L)	$h_{in}/$m	$h_p/$m	$h_1/$m
3	0.021	0.65	0.089	0.182	0.21	0.2
4	0.024	0.8	0.064	0.173	0.22	0.2
5	0.024	0.9	0.059	0.176	0.25	0.23
6	0.031	0.92	1.133	0.185	0.2	0.18
7	0.035	1.36	0.388	0.183	0.26	0.23
8	0.049	1.62	0.388	0.181	0.22	0.21
9	0.053	1.97	1.313	0.182	0.25	0.24
10	0.053	1.98	2.143	0.183	0.25	0.24

注：h_{in}代表水槽进口处水深；h_1代表异重流潜入后达到均匀流状态的厚度。

第4章 水库异重流的输沙特点与洪水传播规律

尽管水库异重流的输沙特点与洪水传播规律与明流段类似，但由于重力修正系数的影响及交界面的存在对异重流运动水力半径计算的影响，水库异重流的输沙特点与洪水传播规律较为复杂。本章首先总结已有水库异重流输沙期间的水库来沙条件，认为异重流流速与所挟带泥沙平均沉速之间存在较好的指数关系；然后在前人研究的基础上，分析出异重流输沙规律，即异重流的挟沙能力与不平衡输移规律和明流类似，但水沙因子必须按异重流模式计算；最后提出采用水流功率定量表示异重流持续运动的临界条件，这种方法不仅考虑的因素较为全面，而且能够反映水库地形特征对异重流持续运动的影响，还从理论上推导出水库明流段与异重流段洪水波传播速度的计算方法，以及异重流段洪水波传播时间的计算公式。

4.1 异重流平均流速与泥沙沉速的关系

水库异重流的形成条件之一是入库浑水需要一定的含沙量，并且含有一定数量的细颗粒泥沙。从一些少沙河流水库资料看，即使含沙量很低也能产生异重流。例如，丹江口水库实测资料表明，含沙量小于 0.05kg/m^3 时，仍能形成清浑水的密度差，并发生异重流运动。但在另外一些水库，其含沙量远比 1.0kg/m^3 大时，也不形成异重流。其原因就在于颗粒的粗细虽不直接影响浑水的容重，但是如果异重流潜入时的泥沙过粗，则淤积快，含沙量沿程衰减快，从而导致异重流的不稳定，以致逐渐消失。所以要使异重流沿程淤积少，运动稳定，粒径细是必要的。另外水库浑水异重流大多在三角洲前坡段附近潜入或者在常年回水区过水面积迅速增大段，或者水面放宽或水深增大段潜入。这样在潜入之前悬沙已经发生了一定程度的淤积，较粗颗粒泥沙已经淤积了很多，当潜入为异重流时泥沙粒径已经很小。所以在实际水库中，异重流挟带的泥沙粒径通常是很小的。例如，异重流输移泥沙中粒径小于 0.01mm 所占的百分数中，官厅水库约占 80%，红山水库约占 86%，丹江水库约占 73%，美国米德湖水库约占 83%(韩其为，2003)，小浪底水库约占 50%。这些异重流的泥沙级配比较见图 4.1。

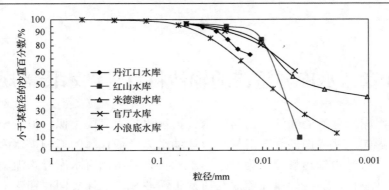

图 4.1 不同水库异重流泥沙级配实测资料(韩其为，2003)

但是上面这些资料只能说明水库中的常见情况，并不能以此作为确定异重流挟沙级配的根据。事实上，中国水利水电科学研究院分析官厅水库的实测资料表明(范家骅，1959)，异重流挟沙粒径的大小与异重流平均流速 U_m 有密切关系，如图 4.2 所示。图 4.2(b)中 d_{90} 表示悬移质颗粒中按重量有 90%的泥沙比它细。从

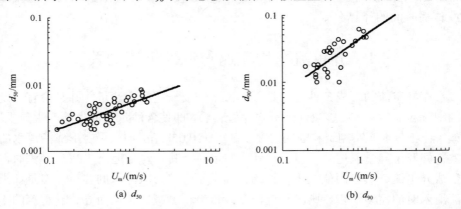

图 4.2 异重流平均流速 U_m 与 d_{50} 及 d_{90} 的关系(范家骅，1959)

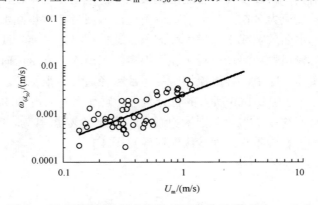

图 4.3 异重流颗粒沉速与平均流速的关系(韩其为，2003)

图 4.2 的资料可以得到 U_m/d_{50} 接近一个常数，而韩其为等（1981）将 d_{50} 换成与 d_{50} 对应的沉速 $\omega_{(d_{50})}$ 后，仍存在 $\omega_{(d_{50})}=0.00225U_m$，其关系如图 4.3 所示。因此，水库异重流挟沙级配相近时，异重流平均流速也应该是相近的。

　　小浪底水库异重流平均流速与所挟带泥沙粒径之间的关系较为复杂，图 4.4 点绘了小浪底水库异重流平均流速 U_m 与 d_{50} 及 d_{90} 的关系。从图 4.4 中可以看出，随着异重流流速的增大，所挟带泥沙粒径也相应增大。另外，从异重流平均流速 U_m 与所挟带泥沙颗粒的沉速 ω_m 关系来看（图 4.5），存在如下关系：$U_m=0.0023\exp(1.3473\omega_m)$，即异重流流速越大，所挟带泥沙的沉速越大。因此，小浪底水库异重流流速与所挟带泥沙中值粒径及沉速的关系与已有水库实测资料得出的结论是类似的。

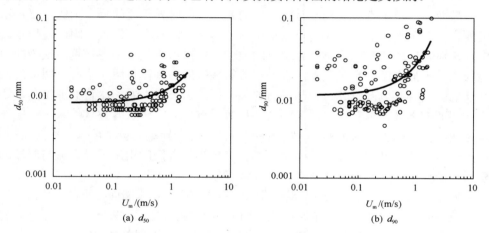

图 4.4　小浪底水库异重流平均流速 U_m 与 d_{50} 及 d_{90} 的关系

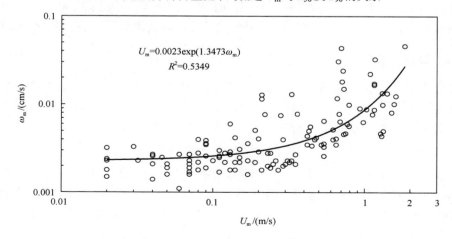

图 4.5　小浪底水库异重流颗粒沉速 ω_m 与平均流速 U_m 的关系

上述资料属于较大的蓄水水库且入库含沙量不是很大的情况。如果水库长度较短，底坡大，入库流速大，则异重流的速度可能较大，因此粒径也可能较大。另外，如果是高含沙水流入库，由于含沙量大，沉速大幅度减小，在明流段难以淤积，潜入时级配较粗，而在异重流中又容易被带走，此时异重流中泥沙级配很粗，如山西小河口水库三次异重流出库级配，其中值粒径相当大，为 0.01～0.05mm(黄河泥沙研究工作协调小组，1976)。

4.2　异重流的输沙规律

水流挟沙力主要取决于紊动扩散与重力之间的矛盾，异重流的流速分布虽有一些改变，但整个紊流结构没有发生质的变化，同时异重流的重力削弱主要对水流而言；至于泥沙的重力作用仍取决于它的容重与浑水容重之差，因此在异重流中这一对矛盾的相互联系不会有明显的改变。所以如果直接考虑异重流挟带的泥沙与紊动扩散之间的数量关系，则异重流的挟沙能力规律与明渠不应有明显的差别(韩其为和向熙珑，1981)。从目前的一些挟沙力公式来看，尽管其理论基础还有值得商榷之处，但其大致能反映紊动扩散与重力之间矛盾的数量关系，一般能满足实际应用的要求，即现有的明流挟沙力公式对于异重流也是可以使用的(韩其为，2003)。事实上沙玉清(1996)在分析挟沙力时，曾同时引用了异重流与明流的资料，结果未发现异重流资料有什么异常现象。

另外，水库形成异重流后，由于浑水集中在底部，过水断面减小，平均流速增加，挟沙力加大。这是在同样条件下异重流排沙比明流排沙效果好的根本原因。另外，若含沙量不是特别高，异重流一般为超饱和输沙，沿程总是发生淤积的，加上异重流在沿程流动过程中能量的损失，异重流排沙比一般不会达到100%。为开展异重流输沙计算，需要确定计算异重流挟沙力的方法以及异重流不平衡输沙的规律。

4.2.1　异重流挟沙力

现有异重流挟沙力的计算方法主要包括韩其为(2003)、焦恩泽(2004)、张俊华等(2007)等提出的方法。这些方法表明：现有明流挟沙力公式同样适用于异重流，但公式中相应水沙条件需要采用异重流模式来计算。

1) 韩其为(2003)方法

由于异重流的特殊条件，它的挟沙力关系在表现形式上与明流有很大的差别，原因是明流中的含沙量基本不影响水流速度，而异重流则不然。异重流均匀流动时的速度公式可写为 $U_m = \sqrt[3]{(8/f_m)\eta_g g q_m J_b}$，将其代入常见的挟沙力公式

$$S_* = k\rho_s \left(\frac{U_m^3}{gh_m\omega_m}\right)^m，则可得到$$

$$S_* = k\rho_s \left(\frac{8}{f_m} \frac{\eta_g q_m J_b}{h_m \omega_m} \right)^m \tag{4.1}$$

当含沙量不是很大时，η_g 与 S 之间的关系可用 $\eta_g = 0.63S / \rho_c$ 近似。则式(4.1)可表示为

$$S_* = k\rho_s \left(\frac{5.04}{f_m} \frac{S}{\rho_c} \frac{q_m J_b}{h_m \omega_m} \right)^m \tag{4.2}$$

这就是异重流的挟沙力公式。按照这种方法导出的异重流的挟沙力与来流含沙量或单宽输沙率有关。例如，取 $m=0.92$，$\dfrac{k\rho_s}{g^{0.92}} = 0.03$，即此处 $k=0.926 \times 10^{-4}$，以及 f_m 取 0.025，则式(4.2)可进一步表示为

$$S_* = 0.0122\rho_s \left(\frac{S}{\rho_c} \frac{q_m J_b}{\omega_m h_m} \right)^{0.92} \tag{4.3}$$

如果 $m=1.0$，则式(4.3)可改写为

$$S_* = 0.0187 \frac{\rho_s}{\rho_c} \frac{q_m J_b}{\omega_m h_m} S = 0.0495 \frac{q_m J_b}{\omega_m h_m} S \tag{4.4}$$

此处取 $\rho_s = 2650\text{kg/m}^3$。式(4.4)表明，当其他条件相同时，异重流挟沙力与其含沙量成正比。这就是含沙量不是很大时异重流多来多排的理论依据。

现在考虑一种特殊情况，即平衡输沙的情况。此时 $S = S_*$，于是式(4.3)可改写为

$$\frac{\omega_m}{U_m} = 0.00832 J_b \frac{\rho_s^{1.087}}{\rho_c S^{0.087}} = 0.0437 J_b S^{-0.087} \tag{4.5}$$

即可认为存在

$$\omega_m / U_m = K_s J_b \tag{4.6}$$

式中，K_s 为某一参数。

式(4.5)和式(4.6)指出，当满足平衡输沙时，水流挟带泥沙的粗细与水力因素有密切关系，但是其含沙量与水力因素无关，即有多少泥沙来就能带走多少泥沙。必须指出，该结论是在平衡输沙条件下得到的。由于异重流，特别是水库异重流输沙一般是超饱和输沙，上述结论一般不成立。但是根据实际资料对比，可以对异重流输沙规律得出一个重要结论(韩其为和何明民，1988)。由式(4.3)可得

$$\frac{\omega_{\mathrm{m}}}{U_{\mathrm{m}}} = 0.00832 J_{\mathrm{b}} \frac{\rho_{\mathrm{s}}^{1.087}}{\rho_{\mathrm{c}} S^{0.087}} \left(\frac{S}{S_*}\right)^{1.087} = 0.0437 \frac{J_{\mathrm{b}}}{S^{0.087}} \left(\frac{S}{S_*}\right)^{1.087} \qquad (4.7)$$

另外，据官厅水库、三门峡水库、红山水库、刘家峡水库等异重流资料，可以得到图 4.6 中的经验关系：

$$\omega_{\mathrm{m}} / U_{\mathrm{m}} = 1.5 J_{\mathrm{b}} \qquad (4.8)$$

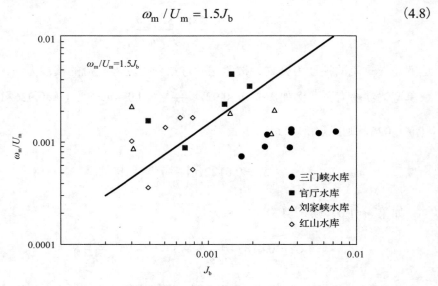

图 4.6　不同水库 $\omega_{\mathrm{m}} / U_{\mathrm{m}}$ 与 J_{b} 的关系

令式 (4.8) 与式 (4.7) 相等，则有

$$\frac{S_*}{S} = 0.0387 S^{-0.08} \qquad (4.9)$$

当 $S = 1 \sim 50 \mathrm{kg/m^3}$ 时，$S_* = (0.0387 \sim 0.0283) S$。这说明水库异重流的挟沙力远低于含沙量，属于较强烈的超饱和输沙。

2) 焦恩泽 (2004) 方法

在自然条件下，水库异重流的运动都是不恒定的、非均匀流的。但是由于在沿程阻力和槽蓄的作用下，流经一定距离和经过一定时间以后，异重流运动逐渐趋向恒定与均匀。如果将运动距离和流动时间看作微小的时间，可以假定这种异重流运动是恒定均匀流。

异重流在恒定均匀流条件下，存在 $\partial U_{\mathrm{m}} / \partial x = 0$。假设异重流水力半径 $R \approx h$，此时异重流的流速与水深可以写成 $U_{\mathrm{m}} = \sqrt[3]{(8 / f_{\mathrm{m}}) \eta_g g q_{\mathrm{m}} J_{\mathrm{b}}}$ 及 $h_{\mathrm{m}} = \sqrt[3]{(f_{\mathrm{m}} / 8) q_{\mathrm{m}}^2 / (\eta_g g J_{\mathrm{b}})}$。在恒定条件下，异重流的单宽输沙率 q_{s} 可写成 $q_{\mathrm{s}} = q_{\mathrm{m}} S$。则水流挟沙力可写成如下

形成：$S_* \approx k\left[U_m^3/(gh_m\omega_0)\right]^m$。因此可以推导出异重流挟沙力公式为

$$S_* = k\left(\frac{8}{f_m}\eta_g\frac{q_mJ_b}{h_m\omega_0}\right)^m \tag{4.10}$$

式中，f_m 为综合阻力系数，可以用水槽试验和水库实测资料计算求得，如水槽试验为 0.025，官厅水库为 0.023，小浪底水库为 0.022。J_b 为水库库底坡降。将群体沉速 ω_m 与单颗粒泥沙沉降 ω_0 的关系 $\omega_m/\omega_0 = \mathrm{e}^{-6.72S_V}$ 代入式（4.10），则可得出单宽输沙率的表达式为

$$q_s = k'\eta_g\frac{q_m^2J_b\mathrm{e}^{6.72S_V}}{h_m\omega_0} \tag{4.11}$$

式（4.11）与天然河道的输沙能力公式基本相同，只是相差一项 η_g。单宽输沙率与单宽流量成正比，$J_b/(\omega_0h_m)$ 表示水流能坡与沉降时间的比值，能坡越大，水流提供的能量越大，相应的输沙能力也越强。k' 为综合系数。根据小浪底水库 2001 年实测异重流资料，按式（4.11）进行计算，如图 4.7 所示。确定综合系数 k' 为 370，指数 m 为 0.63。应当指出的是，这些参数只局限于小浪底水库。因此 k' 有待用更多的实测资料进行验证。

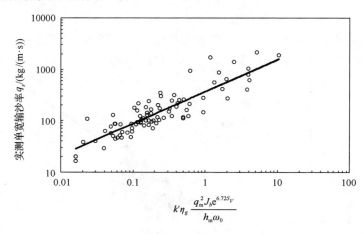

图 4.7　异重流单宽输沙率的计算

3）张俊华等（2007）方法

异重流与明流挟沙力关系实际上表现在明流和异重流的主要差别上，也即异重流在清水中流动，一方面，其受到清浑水交界面阻力的作用，这一差别在异重流流速中可反映出来；另一方面，异重流中含沙量本身就是异重流挟沙力的主要

影响因子，这一方面表现得更为突出。因为对于异重流而言，可将挟沙力综合因子表示为

$$\frac{U_{\mathrm{m}}^3}{gh_{\mathrm{m}}\omega_{\mathrm{m}}} = \frac{1}{gh_{\mathrm{m}}\omega_{\mathrm{m}}}\left(\frac{8}{f_{\mathrm{m}}}\frac{\gamma_{\mathrm{m}}-\gamma_{\mathrm{c}}}{\gamma_{\mathrm{m}}}gR_{\mathrm{m}}J_{\mathrm{b}}\right)^{3/2} \tag{4.12}$$

式 (4.12) 中的浑水容重 $\gamma_{\mathrm{m}} = \gamma_{\mathrm{c}} + S(\gamma_{\mathrm{s}}-\gamma_{\mathrm{c}})/\gamma_{\mathrm{s}}$，随含沙量的增加而增加。因此，水库异重流的挟沙规律与明流并无本质差别，可以在计算异重流挟沙力时将水力因子置换成与浑水相应的因子。为使异重流挟沙力的计算更符合实际，并体现出特殊性，运用能耗原理建立的异重流挟沙力公式可表示为

$$S_* = 2.5\left[\frac{S_V U_{\mathrm{m}}^3}{\kappa\dfrac{\gamma_{\mathrm{s}}-\gamma_{\mathrm{m}}}{\gamma_{\mathrm{m}}}g'h_{\mathrm{m}}\omega_{\mathrm{m}}}\ln\left(\frac{h_{\mathrm{m}}}{eD_{50}}\right)\right]^{0.62} \tag{4.13}$$

式 (4.13) 单位采用 kg、m、s 制，其中，沉速可由式 (4.14) 计算

$$\omega_{\mathrm{m}} = \omega_o\left[\left(1-\frac{S_V}{2.25\sqrt{d_{50}}}\right)^{3.5}(1-1.25S_V)\right] \tag{4.14}$$

借助于黄河三门峡水库、小浪底水库模型的测验资料，对式 (4.13) 进行验证，如图 4.8 所示。由式 (4.13) 可以看出，该式同样能反映异重流多来多排的输沙规律。

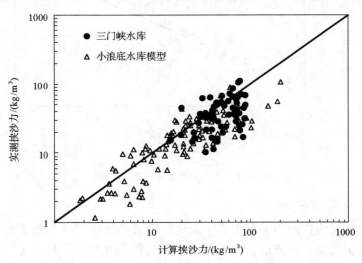

图 4.8　异重流挟沙力公式的验证

4.2.2　异重流的不平衡输沙规律

正如挟沙力计算一样，异重流的不平衡输沙规律在本质上与明流也应是一致的。前面已经指出，异重流总是超饱和输沙，即处于淤积状态下的不平衡输沙(韩其为，2003)。詹义正等(2003)从悬移质运动一般扩散方程出发，考虑到异重流沿程不断淤积，含沙量沿程不断变化，而且粒径沿程也不断细化，通过简化方程，推导出一维非饱和非均匀沙异重流含沙量沿程分布的计算公式，可用式(4.15)表示：

$$S_1 = S_{1*} + (S_0 - S_{0*})\sum_{k=1}^{N}\Delta P_{0k}\exp\left(-\frac{\alpha_k\omega_k\Delta x}{q}\right) + S_{0*}\sum_{k=1}^{N}\Delta P_{0k}\frac{q}{\alpha_k\omega_k\Delta x}\left[1-\exp\left(-\frac{\alpha_k\omega_k\Delta x}{q}\right)\right]$$
$$- S_{1*}\sum_{k=1}^{N}\Delta P_{1k}\frac{q}{\alpha_k\omega_k\Delta x}\left[1-\exp\left(-\frac{\alpha_k\omega_k\Delta x}{q}\right)\right]$$

$$(4.15)$$

式中，ΔP_{0k}、ΔP_{1k}分别为进出口断面第k粒径组悬沙的沙重百分数；S_0、S_1分别为进出口断面的悬移质含沙量；S_{0*}、S_{1*}分别为进出口断面悬移质的水流挟沙力；q为河段长度Δx内的单宽流量；ω_k、α_k分别为第k粒径组悬沙的沉速及恢复饱和系数。从式(4.15)可知，出口断面的含沙量S_1决定于进口断面含沙量S_0、水流挟沙力S_{0*}、出口断面的水流挟沙力S_{1*}及参数$\alpha_k\omega_k\Delta x/q$。一般情况下，$S_1$的大小以式(4.15)中第一项为主，第二项所占分量的大小决定于剩余含沙量S_0-S_{0*}的多少。若断面实际来沙量较大，而该断面的挟沙力较小，则该项所占分量将较大；第三项与第四项之和决定于出、进口非均匀沙的水流挟沙力以及出、进口断面悬移质级配。通过水槽试验资料和实测资料验证，式(4.15)与实际符合较好。

4.3　异重流持续运动条件的定性描述及定量估计

水库形成异重流最重要的条件仍是流体间的密度差。具体要求是，入库水流携带一定数量的细颗粒泥沙。因为只有细颗粒泥沙才能随异重流向下游运动，也只有当细颗粒泥沙到达一定数量时，才能与库中清水构成一定的密度差异。官厅水库的观测表明，异重流中所含泥沙的中值粒径多为 0.0017～0.0030mm(胡春宏等，2008)。小浪底水库的观测结果表明，异重流中所含泥沙的中值粒径多为0.004～0.012mm(张俊华等，2007)。

异重流形成之后，能否持续运动到坝前，还要看它是否满足持续运动条件。持续运动条件就是在一定的水库地形条件下，入库洪水能维持异重流在水库中继续向前运动的条件。其物理意义就是入库洪水形成异重流后供给异重流的能量，能够克服异重流在水库中运动的总能量损失。否则，异重流运行不久即会消失(张瑞瑾等，1989)。

4.3.1　异重流持续运动条件的定性描述

水库浑水异重流的形成需要具备的基本条件：一是形成密度差的两种容重不同的流体，且在水流中有大量细颗粒泥沙；二是异重流运动(一般为两种密度体的相对运动)需要的能量。异重流潜入后，如果要持续向前运动，则需要一定的条件，这些条件大致包括以下几方面(韩其为，2003；张瑞瑾等，1989)。

1)入库流量和洪峰持续时间

入库流量的大小和洪峰持续情况关系到异重流运动的能量来源。异重流持续运动的最基本条件是要有一定的入库流量以便推动整个异重流前进。如果入库流量大，洪峰持续时间长，则异重流就有较快的运行速度，且能保证源源不断地有浑水来流作补充。反之，如果入库流量小，洪峰持续时间短，则异重流或根本不足以形成，或乍生即灭，到达不了坝前。已有水槽试验中观察到，一旦上游来流中断，运动着的异重流很快减速继而停止运动。水库实测资料表明：当入库洪峰流量降低时，异重流运动就逐渐减弱甚至消失。

范家骅等(1963)提出了有效入库水量的概念，概化了异重流持续运动的过程，如图 4.9 所示。当异重流进库洪峰消失时，异重流一般停止运动，在没有形成明显浑水水库的条件下排沙结束。因此，异重流的有效排沙时间等于入库站的洪峰持续时间减去异重流到达坝址的时间。

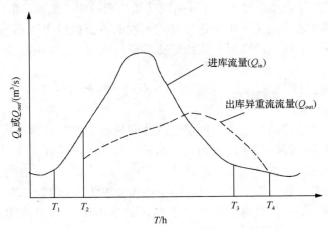

图 4.9　异重流运动的持续时间示意图(范家骅等，1963)

如图 4.9 所示，T_1、T_4 为入库站洪峰起涨与消落的时间；T_4 也是坝前异重流停滞的时间；T_2 为异重流到达坝前的时间，即 $T_2 = T_1 + \Delta t_1 + \Delta t_2$，而排沙之前的水

量为 $W_1 = \int_{T_1}^{T_2} Q_{in} dt$。此处 Δt_1 为水库洪水由进库站运行到异重流潜入点的时间；Δt_2 为异重流潜入点运行到坝址的时间；Q_{in} 为进库站的流量；W_1 为异重流在水库中的体积；T_3 为与坝前异重流停滞时相应的进库站流量过程线上的时间，即进库站 T_3 时刻的水流到达坝前时(T_4)异重流恰好消失。当异重流在水库中的体积没有变化时，显然 T_3 由 $\int_{T_3}^{T_4} Q_{in} dt = \int_{T_1}^{T_2} Q_{out} dt = W_1$ 确定，式中，Q_{out} 为异重流出库流量。这样，异重流入库水量 W 中的有效部分为

$$W_2 = \int_{T_2}^{T_3} Q_{in} dt = \int_{T_1}^{T_3} Q_{in} dt - \int_{T_1}^{T_2} Q_{in} dt = W - W_1 \tag{4.16}$$

只有与这一部分水量相应的沙量才能作为异重流畅流排出的进库部分并用于确定出库沙量。当 $W \leqslant W_1$ 时，即使产生异重流，也将无法排出库外。

2）库底底坡

像天然河道中的一般水流一样，异重流只能凭借势能的消耗克服沿程的阻力损失。因此，要使异重流形成后持续向坝前运动，水库河床必须有一定的纵比降。坡降越大，异重流的运动速度越快，到达坝前的时间越短。

3）地形条件

库面较窄，支流较少，则异重流沿程损失较少。地形条件的变化对异重流的持续运动有很大影响。水库地形局部变化的地方，如弯道段、突然缩窄或扩宽段，将会损失异重流的一部分能量，降低异重流流速，甚至使异重流难以向前运动。库面扩宽，异重流除在主流方向流动外还向两侧扩散。再如，干支流汇口处，异重流常常由于干流向支流倒灌，或者相反，由支流向干流回灌，能量沿程损失加大，干支流之间的异重流倒回灌过程在官厅、刘家峡、小浪底等水库是很典型的。

4）异重流的有效重力

当异重流为均匀流时，从流速公式 $U_m = \sqrt{(8/f_m)\eta_g g R_m J_b}$ 及公式 $\eta_g = 0.0007 S^{0.9545}$ 可以看出，此时如要求 U_m 具有一定值，则 J_b 以及 S 必须具有一定的值。同时异重流持续运动还要求沿程阻力不应太大，在库底已有细颗粒淤积的条件下要使阻力不太大，主要是要求局部阻力损失较小。

5）泄流条件

异重流运行到坝前后，必须有位置恰当的泄水孔并及时开启闸门，才能顺利排出库外。如果坝体未设置适当的泄水孔，或有泄水孔但闸门关闭，则坝前异重流将逐渐壅高，以致在清水下面形成浑水水库，并对其上游异重流输移产生影响。浑水水库内流速很低，泥沙逐渐沉淀下来。浑水水库的淤积属于坝前段淤积。若

上游来沙量较大，则坝前段淤积很严重，处理起来往往很困难。如果有泄水孔并能及时开启，则坝前淤积将大为减轻。例如，2001年6月下旬洪水在小浪底水库形成异重流后运行至坝前时，由于排沙底孔未打开其不能及时排出库外，逐渐形成浑水水库(张俊华等，2007)。因此利用异重流的输移规律进行排沙，是减轻水库淤积和延长其寿命的重要途径，特别是在多沙河流上修建的水库。

　　进一步总结上述异重流持续运动条件，第一、第四方面内容为上游边界条件，第五方面内容为下游边界条件，第二、第三方面内容为库区边界条件。异重流持续运动条件各方面影响因素之间的逻辑关系可用图4.10表示。由于水库中实际发生的异重流既不是恒定的也不是均匀的，上述因素仅给出了产生水库异重流持续运动条件的定性描述，目前定量估计异重流持续运动条件还是比较困难的。

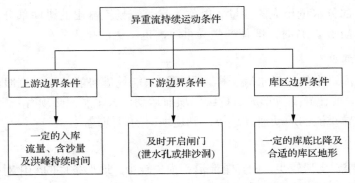

图4.10　异重流持续运动条件各方面影响因素之间的逻辑关系

4.3.2　异重流持续运动条件的定量估计方法

　　尽管目前很难准确地给出异重流持续运动的定量条件，但是还是可以根据近十年来小浪底水库异重流的观测资料，初步建立异重流持续运动条件的定量表达式，如黄委会河南水文局(2005)提出的来流水沙条件与坝前水位的定量关系；黄河水利科学研究院提出的异重流持续运动条件中来水流量与含沙量的分区关系(李书霞等，2006)。以这些研究为基础，此处还提出了基于水流功率与库区平均水深之间的关系，可以定量表示异重流持续运动的临界条件。

　　1) 基于来流流量、含沙量及坝前水位的定量关系

　　黄委会河南水文局(2005)对小浪底水库异重流的演进规律进行了初步分析，认为异重流能否运行至坝前与上述各项水沙因素及边界条件因素有关外，还受坝前水位和异重流泥沙颗粒级配影响较大，为预估异重流是否能够到达坝前，其收集了 2001~2005 年上游不同来水来沙条件下异重流到达坝前附近消失的临界资料，并点绘关系。由于库区地形和比降变化不大，异重流能否到达坝前主要与上

游河段输沙率和库区平均水深关系最为密切。将坝前主槽水深的 1/2（假定能代表潜入点到坝前主槽平均水深）与上游输沙率建立关系，初步认为输沙率与水深为指数关系（图 4.11），或坝前水深的关系与输沙率和流量之积（图 4.12），可由式（4.17）或式（4.18）分别表示：

$$Q_s = 0.42e^{0.12\frac{Z_s - Z_b}{2}} \tag{4.17}$$

$$\frac{Z_s - Z_b}{2} = 4.1\ln(QQ_s/1000) - 7.9 \tag{4.18}$$

式中，Z_s、Z_b 分别为坝前水位及坝前主槽平均高程（m，大沽高程）；Q、Q_s 分别为三门峡或河堤站的流量及输沙率。

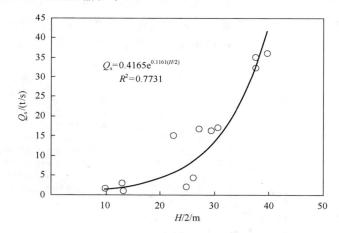

图 4.11　来流输沙率与坝前 $H/2$ 水深关系

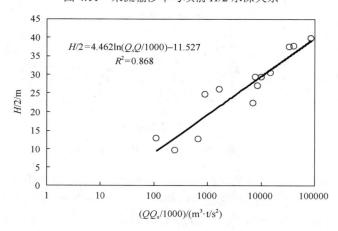

图 4.12　坝前 $H/2$ 水深与来流参数（$Q_sQ/1000$）关系

由以上任一计算公式，只要知道坝前水位和坝前主槽河底高程（暂用 175m），当上游来水来沙值大于计算值时，异重流就会运行至坝前。进一步分析式(4.17)或式(4.18)，可以认为该定量关系式相对简单，仅考虑了来流流量和含沙量大小及坝前水位对异重流持续运动的影响，没有考虑不同坝前水位下库区形态与库底比降对异重流持续运动的影响。而实测资料表明，不同年份及不同坝前水位下的库底比降在 0.05‰～0.12‰ 范围内变化。由于水库运用初期淤积相对较快，应该考虑库区平均水深对异重流持续运动的影响，而不是简单地采用坝前水深表示。在相同坝前水深条件下，随着水库淤积发展，库区平均水深应逐年减小。

2) 基于来流流量、含沙量及组成的定量关系

李书霞等(2006)认为异重流的流速及挟沙力与其含沙量成正比，形成异重流的流速与含沙量具有互补性。图 4.13 为基于 2001～2004 年小浪底水库发生异重流时入库水沙资料点绘的小浪底水库入库流量与含沙量的关系（图中点群边标注的数据为细泥沙，即粒径小于 0.025mm 的沙重百分数），从点群分布状况可大致划分 A、B、C 三个区域。

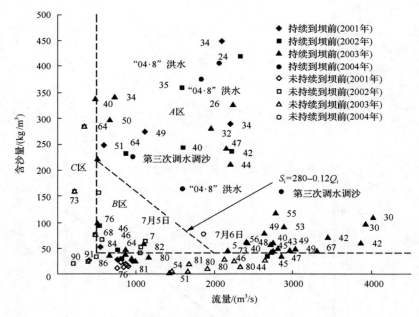

图 4.13　异重流持续运动条件分析(李书霞等，2006)

(1)A 区。A 区为满足异重流持续运动至坝前的区域，即小浪底水库入库洪水过程在满足一定历时且悬移质泥沙中粒径小于 0.025mm 的沙重百分数约为 50% 的前提下：若入库流量 500m³/s≤Q_i<2000m³/s，且满足入库含沙量 S_i≥280 − 0.12Q_i，则出库含沙量 S_o>0；若 Q_i>2000m³/s，且满足 S_i>40kg/m³，则 S_o>0。

(2) B 区。B 区涵盖了异重流可持续运动到坝前与不能到坝前两种情况。其中异重流可持续运动到坝前的资料往往具备以下三种条件之一：一是处于洪水落峰期，此时异重流行进过程中需要克服的阻力小于其前锋所克服的阻力；二是虽然入库含沙量较低，但在水库进口与回水末端之间的库段产生冲刷，使异重流潜入点位置的断面含沙量增大；三是入库细泥沙的沙重百分数基本在 75%以上。

(3) C 区。C 区为 $Q_i<500\text{m}^3/\text{s}$ 或 $S_i<40\text{kg/m}^3$ 的部分，异重流往往不能运行到坝前。当入库流量及相应含沙量较大时，悬移质泥沙中粒径小于 0.025mm 的沙重百分数 dp_i 可略小，三者之间的函数关系基本可用式 $S_i=980\text{exp}^{-0.025dpi}-0.12Q_i$ 描述。

以上各式中，角标 i、o 分别表示入库及出库相关参数。影响异重流输移的条件不仅与水沙条件有关，而且与边界条件关系密切，若边界条件发生较大变化，则上述临界水沙条件也会发生相应变化。上述异重流持续运动临界条件关系图不仅考虑了来水流量大小的影响，而且考虑了含沙量大小及组成对持续运动的影响，不足之处是忽略了坝前水位、库底比降对异重流持续运动过程的影响。因此，现有异重流持续运动临界条件的研究，还有待于进一步的完善。

3) 基于水流功率与库区平均水深的定量关系

上述分析表明，维持异重流持续运动主要包括三个条件，即一定大小的流量、库底比降及含沙量。而以往提出的异重流持续运动条件，通常仅能满足其中 1～2 个条件，而且不能考虑库区地形特征对异重流持续运动的影响。为满足上述三个条件，一般可用水流功率这个概念(Chang，1979)，即单位时间单位河长的能量耗散率来表示异重流持续运动的动力条件。该值越大，表示产生异重流持续运动的条件越强。

此处采用某一水位下的库区平均水深表示库区地形的特征参数。某一水位下的平均水深越大，表示相应库容越大。随着水库淤积，同水位下的库区平均水深会减小。为计算库区平均水深，首先需要知道库区干支流汛前实测断面地形，求出任意坝前水位下的库区水面面积及库容；库区平均水深等于库容与相应水面面积之比。

采用黄委会河南水文局(2005)整理的 2001～2005 年上游不同来水来沙条件下异重流到达坝前附近消失的临界资料，点绘入库水流功率 P 与库区平均水深 H_{av} 的实测数据(图 4.14)，可得出如下关系：

$$H_{av} = 19.77e^{0.052P} \tag{4.19}$$

式中，$P = \rho_{in}Q_{in}J_b$，Q_{in}、ρ_{in} 分别为三门峡水库下泄的流量及浑水密度，J_b 为某一坝前水位下的库底比降。

　　同时点绘入、出库的平均流量 Q_{av} 与库区平均水深之间的关系，如图 4.15 所示，且两者存在如下关系：

$$Q_{av} = 37.718e^{0.0961H_{av}} \tag{4.20}$$

式中，$Q_{av} = (Q_{in} + Q_{out}) / 2$，$Q_{out}$ 为小浪底下泄流量。根据某一水位下的库区平均水深，利用式 (4.20) 即可求出 Q_{av}。在已知入库流量的条件下，便可求出小浪底水库的出库流量。式 (4.20) 说明出库流量应具有一定的大小，实际上反映了异重流持续运动条件中的第五项(需要及时打开坝前闸门)。如果下泄流量偏小，则坝前异重流将持续抬高，以至于会在坝前清水层下面形成浑水水库。如果异重流运动到坝前时及时打开泄水闸门，并下泄一定大小的流量，则不仅能维持异重流持续运动条件，而且还可以有效地排沙出库。这个出库流量初步可按式 (4.20) 估算。

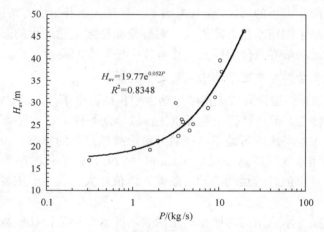

图 4.14　库区平均水深与水流功率的关系

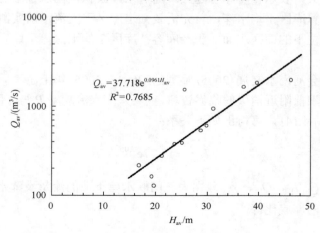

图 4.15　入、出库平均流量与库区平均水深的关系

4.4　库区异重流传播时间计算

分析异重流洪峰在库区内的传播规律，对于预测异重流在库区传播时间并及时打开大坝底孔排沙具有重要意义。三门峡水库下泄洪水进入小浪底水库形成异重流后演进到大坝前，要经历潜入点以上的明流段运动过程和潜入点以下的异重流段运动过程两个阶段的传播。假设三门峡水库下泄洪峰从三门峡站至异重流潜入点之间河段的传播时间为 t_{oc}；异重流洪峰从潜入点到大坝之间河段的传播时间为 t_{dc}。那么，三门峡下泄浑水洪峰到达坝前的时间应为 $t=t_{oc}+t_{dc}$(李宪景等，2007)。在水库的库尾段(天然河流区)，如河底比降较缓且不受库区回水影响，洪水波一般以运动波传播为主；而对于库底比降较陡的山区河段，洪水波一般应以考虑惯性波传播为主。在水库的坝前段(水库的平水区或蓄水区)，河床底坡很小，由于受大坝挡水等因素的作用，如果不发生异重流，则洪水波在传播过程中存在着叠加和反射，洪水波进入该区后，波长较短，而恒定流水深一般很大，此时洪水波的运动以惯性波为主(李记泽，1991)。如果发生异重流潜入，则异重流潜入点以后的运动与缓坡上的明流运动类似，但必须考虑重力修正系数等方面的影响。因此应采用不同方法估计洪水波在小浪底水库内的传播时间。

4.4.1　洪水波波速的计算方法

当流域上发生暴雨后，河槽中流量急剧增加，水位也相应上涨。洪峰过后，流量逐渐减小，水位相应降低，这时在河槽剖面上形成的波即洪水波，它向下游传播(图 4.16)。天然河道中的洪水波属于不稳定流。洪水波的波长通常为波高的数千倍，属于长波，所以洪水波瞬时纵剖面的曲率极其微小。洪水波运动的结果是在河流的沿程各断面位置依次出现水位与流量的涨落过程，洪峰流量比涨洪前的流量可能大数十倍甚至数百倍。洪水波在向出口断面流动的过程中，如果沿途没有旁侧支流加入，而且也没有明显的沿程损失(指大量引水工程)，则体积不会变化，只在运动过程中发生变形。否则，不仅洪水波会变形，而且还会引起洪水波体积的增大或减小。洪水波波前的附加比降大于波后的附加比降，波前的运动速度大于波后的运动速度，使洪水波在运动过程中出现波长不断加大、波高不断减小的现象。

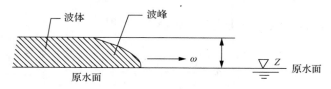

图 4.16　洪水波的传播示意图

　　水库建成后，库区范围内天然河道及其近旁的滩面被淹没，水面增宽，水深加大，形成了一个人工湖泊。资料表明，由入库站到坝址，水库边界条件和动力因素变化很大，洪水波的属性也大不相同。对于不同的水库洪水波，不仅其传播特性有很大差异，而且其计算方法也有很大不同。严格地讲，水库库区洪水波的运动属于一种明渠非恒定渐变流，局部河段可为急变流，可用圣维南方程组描述。对于水库的防洪规划设计和水库的实际控制运行，实际上就是求解圣维南方程组。尽管数值求解完整圣维南方程组已取得了巨大进展，似乎无须再用简化模型来模拟非恒定流，然而对物理原型采用完整的数学描述不仅是一个复杂的、代价昂贵的求解过程，而且对资料的要求非常苛刻，如初始条件、边界条件以及一定数量的库区断面地形、糙率资料等，不易在实际问题中推广应用。这使得简化模型在水库的防洪规划设计和水库的实际控制运行中仍占有重要地位。简化模型能否满足实际要求的精度，完全取决于所选用的模型是否合适。李记泽(1991)提出了一种水库洪水波模型的定量识别方法，为水库的防洪规划设计和水库的实际控制运行提供了合理的理论依据与计算方法。该方法用参数 F 来判别洪水波的属性，即 $F = \overline{h} / (\lambda J_b)$，式中，$\overline{h}$ 为库区平均水深；J_b 为库区平均比降；λ 为洪水波波长，一般为波高的数百到数千倍。如果 $\overline{h} \ll \lambda J_b$，则 $F \ll 1$，此时洪水波以运动波为主，可用运动波模型来描述；如果 $\overline{h} \gg \lambda J_b$，则 $F \gg 1$，此时洪水波以惯性波为主，可用惯性波模型来描述；如果 $\overline{h} \approx \lambda J_b$，则 $F \approx 1$，此时的洪水波属于动力波范畴，兼有运动波及惯性波的特点。对于水库中的库尾段或天然河道中的洪水波，一般满足 $F \ll 1$，因此，其传播可用运动波模拟。

　　1) 明流段洪水波的传播速度计算

　　假定水流运动属于缓变不恒定流，即水流的运动要素随时间 t 和沿河长 x 而变化。就流量而言，存在 $Q = f(x, t)$。当流量为常数时，$\mathrm{d}Q = 0$，即

$$\frac{\partial Q}{\partial x} \mathrm{d}x + \frac{\partial Q}{\partial t} \mathrm{d}t = 0 \tag{4.21}$$

移项可得

$$\frac{\mathrm{d}x}{\mathrm{d}t} = -\frac{\partial Q}{\partial t} \bigg/ \frac{\partial Q}{\partial x} \tag{4.22}$$

式中，$\dfrac{\mathrm{d}x}{\mathrm{d}t} = \omega$，$\omega$ 为洪水波波速。由式(4.21)可得

$$\omega = \frac{\mathrm{d}x}{\mathrm{d}t} = -\frac{\partial Q}{\partial t} \bigg/ \frac{\partial Q}{\partial x} \tag{4.23}$$

一维不恒定圣维南方程组中的连续方程为 $\dfrac{\partial Q}{\partial x} + \dfrac{\partial A}{\partial t} = 0$，式中，$A$ 为过水面积。

结合式 (4.23) 与 $\dfrac{\partial Q}{\partial x} = -\dfrac{\partial A}{\partial t} = -\dfrac{\partial A}{\partial Q}\dfrac{\partial Q}{\partial t}$，洪水波波速 ω 为

$$\omega = \left(\frac{\partial Q}{\partial t}\right)\bigg/\left(-\frac{\partial A}{\partial Q}\frac{\partial Q}{\partial t}\right) = \frac{\partial Q}{\partial A} \tag{4.24}$$

由 $Q = UA$ 可得到：$\mathrm{d}Q = U\mathrm{d}A + A\mathrm{d}U$ 及 $\dfrac{\mathrm{d}Q}{\mathrm{d}A} = \dfrac{U\mathrm{d}A + A\mathrm{d}U}{\mathrm{d}A} = U + A\dfrac{\mathrm{d}U}{\mathrm{d}A}$。因此式 (4.24) 可进一步表示为

$$\omega = U + A\frac{\mathrm{d}U}{\mathrm{d}A} \text{ 或 } \omega = \beta U = U\left(1 + \frac{A}{U}\frac{\mathrm{d}U}{\mathrm{d}A}\right) \tag{4.25}$$

式中，参数 β 为洪水波传播速度的修正值。由式 (4.25) 可知，洪水波波速 ω 主要与断面平均流流速有关，但也与变量 $\dfrac{A}{U}\dfrac{\mathrm{d}U}{\mathrm{d}A}$ 相关。目前可采用不同的断面平均流速公式，确定式 (4.25) 的具体表达式。

(1) 流速用 Chezy 公式表示。如果采用 Chezy 公式，即 $U = C\sqrt{R_o J}$，则有 $\dfrac{\mathrm{d}U}{\mathrm{d}R_o} = C\dfrac{1}{2}\dfrac{\sqrt{J}}{\sqrt{R_o}} = \dfrac{1}{2}\dfrac{U}{R_o}$，式中 R_o 为水力半径；J 为能坡。β 的具体表达式为

$$\beta = 1 + \frac{A}{U}\frac{\mathrm{d}U}{\mathrm{d}A} = 1 + \frac{A}{U}\frac{\mathrm{d}U}{\mathrm{d}R_o}\frac{\mathrm{d}R_o}{\mathrm{d}A} \tag{4.26}$$

假设断面为宽浅断面，存在 $R = A/B$（B 为水面宽度），则可确定：

$$\frac{\mathrm{d}R_o}{\mathrm{d}A} = \frac{\mathrm{d}(A/B)}{\mathrm{d}A} = \frac{1}{B} - \frac{A}{B^2}\frac{\mathrm{d}B}{\mathrm{d}A} = \frac{1}{B} - \frac{R_o B}{B^2}\frac{\mathrm{d}B}{B\mathrm{d}z} = \frac{1}{B} - \frac{R_o}{B^2}\frac{\mathrm{d}B}{\mathrm{d}z} \tag{4.27}$$

将式 (4.27) 代入式 (4.26) 可得

$$\beta = 1 + \frac{A}{U}\frac{\mathrm{d}U}{\mathrm{d}A} = 1 + \frac{A}{U}\frac{1}{2}\frac{U}{R_o}\left(\frac{1}{B} - \frac{R_o}{B^2}\frac{\mathrm{d}B}{\mathrm{d}z}\right) = 1 + \frac{1}{2}\left(1 - \frac{R_o}{B}\frac{\mathrm{d}B}{\mathrm{d}z}\right) \tag{4.28}$$

式 (4.28) 表明，洪水波波速 ω 的大小不仅与断面平均流速有关，而且与所在河段的断面形态有关。

(2) 流速用 Manning 阻力公式表示。如果采用 Manning 阻力公式 $U = \dfrac{1}{n}R_o^{2/3}J^{1/2}$，式中 n 为 Manning 阻力系数，则有 $\dfrac{\mathrm{d}U}{\mathrm{d}R_o} = \dfrac{J^{1/2}}{n}\dfrac{2}{3}R_o^{-1/3} = \dfrac{2}{3}\dfrac{U}{R_o}$。又因为 $\dfrac{\mathrm{d}R_o}{\mathrm{d}A} = \dfrac{1}{B} - \dfrac{R_o}{B}\dfrac{\mathrm{d}B}{\mathrm{d}A} =$

$\dfrac{1}{B} - \dfrac{R_o}{B^2}\dfrac{\mathrm{d}B}{\mathrm{d}z}$，则 β 可表示为

$$\beta = \frac{5}{3} - \frac{2}{3}\frac{R_o}{B}\frac{\mathrm{d}B}{\mathrm{d}z} \tag{4.29}$$

当 $\mathrm{d}B/\mathrm{d}z=0$ 时，$\beta = 5/3$（河槽形态为矩形）；当 $\dfrac{B}{R_o} > \dfrac{\partial B}{\partial z} > 0$ 时，$\beta = 1 \sim 5/3$（河槽形态为三角形或抛物线型）；当 $\dfrac{\partial B}{\partial z} > \dfrac{B}{R_o} > 0$ 时，$\beta < 1$（宽浅型）。

(3)流速用 Darcy-Weisbach 阻力公式表示。如果采用 Darcy-Weisbach 阻力公式，则有 $U = \sqrt{\dfrac{8gJ}{f}}R_o^{1/2}$，$f$ 为阻力系数，所以 $\beta = 1 + \dfrac{1}{2}\left(1 - \dfrac{R_o}{B}\dfrac{\mathrm{d}B}{\mathrm{d}z}\right)$。

对于窄深河槽，洪水波传播的速度均大于断面平均流速，且越窄深 β 值越大，洪水波的传播速度越快；只有宽浅型河槽 β 值小于 1，洪水波的传播速度慢，洪峰削减幅度大。当流量变化时，波速也随之发生变化。因此在天然河道中，洪水波的传播速度不仅与所选用的阻力公式有关，而且与河道比降、断面平均流速、断面形态等参数有关。不过一般情况下洪水波的传播速度大于断面平均流速，β 值通常在 $1 \sim 2$ 范围内变化。

2) 异重流段洪水波的传播速度计算

异重流段洪水波传播速度的计算与明流段基本类似，即 $\omega = \beta U_m$。但必须考虑重力修正系数的影响以及采用异重流运动的综合阻力系数，同时在计算水力半径时还必须考虑交界面部分的水面宽度，即需修正异重流水力半径的大小。异重流洪水波传播速度的计算过程可用如下公式描述。

假设均匀异重流的流速可表示为 $U_m = \sqrt{8/f_m}\sqrt{\eta_g g R_m J_b} = C\sqrt{R_m J_b}$，则有

$$\frac{\mathrm{d}U_m}{\mathrm{d}R_m} = C\frac{1}{2}\frac{\sqrt{J_b}}{\sqrt{R_m}} = \frac{1}{2}\frac{U_m}{R_m} \tag{4.30}$$

式中，$C = \sqrt{8\eta_g g J_b/f_m}$。对于宽浅河流，假设异重流运动的水力半径可由下式计算，即 $R_m = B_m h_m/(2B_m + 2h_m) \approx h_m/2$，则有 $\dfrac{\mathrm{d}R_m}{\mathrm{d}A_m} = \dfrac{\mathrm{d}(h_m/2)}{\mathrm{d}(B_m h_m)} = \dfrac{1}{2B_m}$，式中 A_m、B_m 为异重流的过水面积及水面宽度。因此，由式(4.25)可得

$$\beta = 1 + \frac{A_m}{U_m}\frac{\mathrm{d}U_m}{\mathrm{d}R_m}\frac{\mathrm{d}R_m}{\mathrm{d}A_m} = 1 + \frac{A_m}{U_m}\frac{U_m}{2R_m}\frac{1}{2B_m} \approx \frac{3}{2} \tag{4.31}$$

所以对于宽浅断面，异重流洪水波的传播速度近似为 $\omega = \dfrac{3}{2}U_{\mathrm{m}}$。由于重力修正系数的影响，$U_{\mathrm{m}}$ 比一般明流小。实际计算中因库区断面形态较为复杂，异重流段洪水波的传播速度可按 $\omega = (1 \sim 2)U_{\mathrm{m}}$ 估算。

4.4.2　库区异重流传播时间的估算方法

假设三门峡水库下泄洪水，运行到小浪底水库坝前时间为 $T_{总}$，该时间包括在库尾段天然河道内运行时间（运行至异重流潜入点时间）T_{op} 和潜入点起至坝前的运行时间 T_{dc}，即 $T_{总} = T_{\mathrm{op}} + T_{\mathrm{dc}}$；相应长度为 $L_{总} = L_{\mathrm{op}} + L_{\mathrm{dc}}$。设库尾天然河道段的长度为 L_{op}，洪水波的平均传播速度为 ω_{op}，相应于某一流量级及坝前水位，则由三门峡至小浪底大坝的距离计算出 $T_{\mathrm{op}} = L_{\mathrm{op}}/\omega_{\mathrm{op}}$。设坝前异重流运行段的长度为 L_{dc}，相应洪水波的平均传播速度为 ω_{dc}，则 $T_{\mathrm{dc}} = L_{\mathrm{dc}}/\omega_{\mathrm{dc}}$。

假设异重流清浑水交界面处的水面宽度为 B_{m}，相应该水面宽度下的平均水深为 h_{m}。对于宽浅断面上形成的异重流，存在 $B_{\mathrm{m}} \gg h_{\mathrm{m}}$，所以可得异重流的水力半径 $R_{\mathrm{m}} = (B_{\mathrm{m}}h_{\mathrm{m}})/(2B_{\mathrm{m}} + 2h_{\mathrm{m}}) \approx h_{\mathrm{m}}/2$。这样均匀流的异重流流速可化简为 $U_{\mathrm{m}} = \sqrt{8/f_{\mathrm{m}}}$ $\sqrt{g'R_{\mathrm{m}}J_{\mathrm{m}}} = \sqrt{(4/f_{\mathrm{m}})\eta_g g J_{\mathrm{b}}h_{\mathrm{m}}}$。假设异重流运动的流量为 $Q = B_{\mathrm{m}}h_{\mathrm{m}}U_{\mathrm{m}}$，因此可得异重流流速与流量之间的关系为 $U_{\mathrm{m}} = \sqrt{(4/f_{\mathrm{m}})\eta_g g J_{\mathrm{b}}\dfrac{Q}{B_{\mathrm{m}}U_{\mathrm{m}}}}$，所以可得

$$U_{\mathrm{m}} = \sqrt[3]{(4/f_{\mathrm{m}})\eta_g g J_{\mathrm{b}}\frac{Q}{B_{\mathrm{m}}}} \tag{4.32}$$

在第 3 章中，当含沙量 S 小于 $400\mathrm{kg/m^3}$ 时，已得到 η_g 与 S 之间存在如下关系：$\eta_g = 0.0007S^{0.9545}$，代入式（4.32）进一步可得

$$U_{\mathrm{m}} = \sqrt[3]{(4/f_{\mathrm{m}})0.0007g}(J_{\mathrm{b}}S^{0.9454}Q/B_{\mathrm{m}})^{1/3} \tag{4.33}$$

令异重流运动的单宽流量 $q = Q/B_{\mathrm{m}}$，$K_{\mathrm{s}} = \sqrt[3]{(4/f_{\mathrm{m}})0.0007g}$，则可得异重流流速与单宽流量、含沙量之间的关系式：

$$U_{\mathrm{m}} = K_{\mathrm{s}}(J_{\mathrm{b}}S^{0.9454}q)^{1/3} \tag{4.34}$$

因此异重流的运行时间可按式（4.35）计算，即

$$T_{\mathrm{dc}} = \int_0^{L_{\mathrm{dc}}} \frac{1}{\omega_{\mathrm{dc}}}\mathrm{d}x = \int_0^{L_{\mathrm{dc}}} \frac{1}{\beta_{\mathrm{m}}U_{\mathrm{m}}}\mathrm{d}x \tag{4.35}$$

式中，ω_{dc} 为异重流段的洪水传播速度；β_m 为异重流洪水波的修正系数。将式(4.34)代入式(4.35)可得

$$T_{dc} = \int_0^{L_{dc}} \frac{1}{\beta_m K_s (J_b S^{0.9454} q)^{1/3}} dx \qquad (4.36)$$

詹义正等(2003)从悬移质运动一般扩散方程出发，推导出一维非饱和非均匀沙异重流含沙量的沿程分布方程式。由于异重流泥沙输移一般为超饱和输沙，可以忽略其水流挟沙力的影响，则该方程式可进一步化简为

$$S_1 = S_0 \sum_{k=1}^{N} \Delta P_{0k} \exp\left(-\frac{\alpha_k \omega_k \Delta x}{q}\right) \qquad (4.37)$$

式中，α_k、ω_k 分别为第 k 粒径组泥沙的恢复饱和系数及分组沉速；ΔP_{0k} 为进口断面非均匀沙的级配；N 为非均匀沙分组数；S_0、S_1 为进出口断面的含沙量。将简化后的非均匀沙异重流含沙量的沿程分布方程代入计算异重流运行时间的关系式，可得

$$T_{dc} = \int_0^{L_{dc}} \frac{1}{\beta_m K_s (J_b S^{0.9454} q)^{1/3}} dx$$
$$= \frac{L_{dc}}{(J_b S_0^{0.9454} q)^{1/3}} \frac{1}{\beta_m K_s} \int_0^1 \frac{1}{\left[\sum_{k=1}^{N} \Delta P_{0k} \exp\left(-\frac{\alpha_k \omega_k L_{dc}}{q} \frac{\Delta x}{L_{dc}}\right)\right]^{0.9454}} d\left(\frac{\Delta x}{L_{dc}}\right) \qquad (4.38)$$

式中，L_{dc} 为异重流段的长度。根据韩其为(2003)的假设：考虑到由于 q 大，潜入点的水深也大，在坝前水位和含沙量变化不大的条件下，潜入点至坝址的距离 L_{dc} 短，所以在一定范围内可以近似认为式(4.38)中指数项 $\exp(-\alpha_k \omega_k L_{dc}/q)$ 变化很小。这样再加上潜入点及 q 不变的假定，则存在

$$\frac{1}{\beta_m K_s} \int_0^1 \frac{1}{\left[\sum_{k=1}^{N} \Delta P_{0k} \exp\left(-\frac{\alpha_k \omega_k L_{dc}}{q} \frac{\Delta x}{L_{dc}}\right)\right]^{0.9454}} d\left(\frac{\Delta x}{L_{dc}}\right) = 常数 = a \qquad (4.39)$$

因此潜入点至坝前异重流段洪水波运行时间 T_{dc} 可表示为

$$T_{dc} = a \frac{L_{dc}}{(J_b S_0^{0.9454} q)^{1/3}} \qquad (4.40)$$

实际计算中，还可将式(4.40)进一步改写为

$$T_{dc} = a\left[\frac{L_{dc}}{(J_b S_0^{0.9454} q)^{1/3}}\right] + b \tag{4.41}$$

式中，参数 a、b 可由实测资料率定。引入参数 b 更能考虑库区复杂地形与断面形态对异重流传播速度的影响。为建立 T_{dc} 与变量 $L_{dc}/(J_b S_0^{0.9454} q)^{1/3}$ 之间的关系，需要收集小浪底水库不同年份异重流段运行的实测资料，包括实际运行时间、潜入点至大坝距离、相应运行水位下的库底比降、平均河宽等资料。如果忽略异重流段运行宽度的沿程变化，则式中单宽流量 q 可近似用入库流量表示。李宪景等(2007)采用小浪底异重流 2001～2003 年的实测资料进行分析后(图 4.17)得到

$$T_{dc} = \frac{1.21 L_{dc}}{(J_b S_{in} Q_{in})^{1/3}} + 10.91 \tag{4.42}$$

式中，Q_{in}、S_{in} 分别为三门峡站下泄的流量及含沙量；T_{dc} 为异重流段的洪水传播时间。应当指出，对于式(4.41)中的参数率定，还需要收集整理更多的库区异重流实测资料。

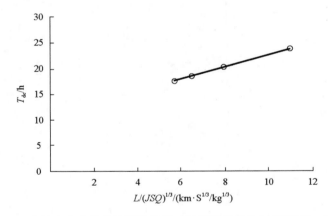

图 4.17　小浪底水库异重流洪峰传播时间经验关系线(李宪景等，2007)

4.5　本　章　小　结

本章论述了水库异重流所携带的泥沙的特性，介绍了几种基于理论和实测资料分析得出的异重流挟沙力公式，然后提出了异重流持续运动条件的定量估计方法，最后根据洪水波传播相关理论提出了库区异重流传播时间的计算方法。主要结论如下。

(1)实际水库中，异重流挟带的泥沙通常是很细的，异重流平均流速与所挟带

泥沙的 d_{50} 比值接近一个常数或与平均沉速间存在指数关系，即异重流流速越大，所挟带泥沙的沉速越大。

(2)现有明流挟沙力公式同样适用于异重流，但公式中相应水沙条件需要采用异重流模式来计算。当满足平衡输沙时，异重流含沙量与水力因素无关，即具有多来多排的特点，但水库异重流一般是超饱和输沙，泥沙在输移过程中总是淤积的。

(3)异重流持续运动条件主要包括三个，即一定大小的流量、库底比降及含沙量。基于库区实测资料建立水流功率与库区平均水深的定量关系，可以较全面地反映这三方面因素的影响。

(4)库区异重流传播时间可以运用洪水波传播理论分两段计算，潜入点以上可按照天然河道中的洪水波计算，潜入点以下需要考虑异重流含沙量沿程分布对波速的影响，在潜入点至坝前的长度范围内对波速的倒数求积分来计算。

第5章　库区干支流倒回灌过程计算方法

许多水库淹没范围内存在较多的支流，如永定河上的官厅水库、汉江上的丹江口水库、黄河上的小浪底水库等。以小浪底水库为例，其共有大小支流 50 余条，且支流库容约占库区总库容的 41.3%。水库的运用使干支流的水沙运动特性发生改变，并且在干支流之间出现新的水沙交换形式，即库区干支流之间的倒回灌过程。本章将首先介绍三种适用于不同类型库区干支流倒回灌的计算方法，然后进一步提出异重流倒灌时支流含沙量和倒灌长度的计算方法，最后结合一个水库实例说明如何根据具体水库的运行特点采用合适的干支流倒回灌计算方法。如何在非恒定水沙数学模型中考虑库区干支流倒回灌的计算将在后续章节中讨论。

5.1　干支流倒回灌的影响

干支流倒回灌能影响库区淤积泥沙的空间分布，其水沙运动方向主要取决于水库的调度方式以及干支流流量大小。本书主要考虑支流本身来水很少的倒灌现象，在这一前提下约定以干流作为主体，即干流水沙进入支流的过程称为倒灌，支流水沙进入干流的过程称为回灌。以上是从水沙运动的方向对库区干支流倒回灌所做的分类。根据是否存在异重流还可以将库区干支流倒回灌分为明流倒回灌和异重流倒回灌两类。表 5.1 是对库区干支流倒回灌类型的细分，从表中可知：明流倒回灌产生的主要动力是干支流间的水面比降；异重流倒回灌的动力是干支流水体间的密度差异，其发生时干流既可以是浑水明流也可以是异重流。

表 5.1　库区干支流倒回灌过程分类

干流流态	库水位变化	种类
清水明流	上升	清水明流倒灌
清水明流	下降	清水明流回灌
浑水明流	上升	浑水明流倒灌
浑水明流	不变	异重流倒灌
异重流	上升、下降或不变	下层异重流倒灌，上层清水倒灌或回灌

在支流本身来水来沙较少的情况下，浑水明流倒灌或异重流倒灌是引起支流淤积的主要原因。当支流口门处于淤积三角洲顶点以下时，多发生异重流倒灌，浑水进入支流的动能较大，相应支流淤积量较大。当支流口门处于淤积三角洲顶

点以上时，河床塑造出明显的滩槽，支流拦门沙相当于干流的滩地，多发生浑水明流倒灌，相应支流淤积量较小(王远见等，2016)。清水明流倒回灌的影响则主要表现在坝前水位升降过程中对干流流量的削减或增强作用。

5.2　基于分流比概念的倒灌计算方法

对于恒定明流分流问题，许多理论分析和实验研究结果均表明：分流比与主流分流前后的水深比以及分流前或分流后的弗劳德数有关(Ramamurthy et al.，1990；Hsu et al.，2002)，因此分流比的概念对于库区倒灌计算具有一定的借鉴意义。对于库区干支流间的分流比研究还较少，黄河水利科学研究院(张俊华等，2007；2002)提出了以下两种分流比计算模式。

(1)若支流位于三角洲顶坡段，则干支流均为明流，则有

$$Q_m = B_m h_m \frac{1}{n_m} h_m^{2/3} J_m^{1/2}$$

$$Q_t = B_t h_t \frac{1}{n_t} h_t^{2/3} J_t^{1/2}$$

假设干支流糙率相等，即 $n_t = n_m$，则支流分流比 DR 为

$$DR = C_{mt} \frac{B_t h_t^{5/3} J_t^{1/2}}{B_m h_m^{5/3} J_m^{1/2}} \tag{5.1}$$

式中，Q、B、h、n 及 J 分别为流量、水面宽度、平均水深、糙率及比降，下标 m、t 分别表示干流和支流；C_{mt} 为考虑干支流的夹角而引入的修正系数。

(2)若支流位于干流异重流潜入点下游，则干支流均为异重流，干支流的流量分别为

$$Q_{dm} = B_{dm} h_{dm} \sqrt{\frac{8}{\lambda_{dm}} g h_{dm} J_{dm} \frac{\Delta \gamma_{mm}}{\gamma_{mm}}}$$

$$Q_{dt} = B_{dt} h_{dt} \sqrt{\frac{8}{\lambda_{dt}} g h_{dt} J_{dt} \frac{\Delta \gamma_{mt}}{\gamma_{mt}}}$$

式中，Q_d、B_d 及 h_d 分别为异重流的流量、宽度及水深，下标 m、t 分别表示干流、支流；λ_d 为阻力系数；$\Delta \gamma$ 为清浑水容重差；γ_m 为浑水容重。假设干支流交汇处的阻力系数 λ_d 及水流含沙量相等，即 $\lambda_{dm} = \lambda_{dt}$、$\Delta \gamma_m = \Delta \gamma_t$、$\gamma_{mm} = \gamma_{mt}$，则支流分流比 DR 为

$$DR = C_{mt} \frac{B_{dt} h_{dt}^{3/2} J_t^{1/2}}{B_{dm} h_{dm}^{3/2} J_m^{1/2}} \tag{5.2}$$

由此可计算出支流的分流量，假定进入支流水流的含沙量与干流相同，则可计算出进入支流的沙量。通过支流输沙率计算可得到沿程淤积量及淤积形态。该方法的优点是分流比计算具有一定的理论基础，但是式(5.1)和式(5.2)推导时使用的是均匀流流量公式，水库中受壅水影响流态已经偏离了均匀流。对于倒灌入支流的水流，其运动方向是沿着倒坡(向支流上游)的，倒坡上不存在均匀流。该方法的另一个缺点是仅考虑干流向支流倒灌的过程(涨水阶段)，没有考虑支流向干流回灌的过程(落水阶段)。当然，在某些情况下式(5.1)和式(5.2)也是可以用来进行初步估算的，主要理由如下：①库区壅水区只对清水而言，异重流有可能近似于均匀流；②随着库区淤积，支流口门的河底高程有可能大于内部，即相对于倒灌方向又形成正坡；③回灌过程中一般是清水，对于库区的冲淤变化影响较小。库区各支流形态及大小、入汇角度均不同，很难确定各支流的修正系数 C_{mt}，因此基于分流比概念的计算方法仅适合于库区上段受壅水影响较小的干支流交汇区。

5.3　基于动量方程的异重流倒灌计算方法

基于动量方程的支流倒灌计算方法主要用于异重流倒灌。无论水库中干流是浑水明流还是浑水异重流，当其向下运行时，如果遇上支流口门较大的清水水体，就会以异重流形式倒灌入支流。反之，如果支流浑水明流或异重流下泄，遇上干流的静止水体，也会形成异重流回灌。在一般情况下，干流流量相对较大，支流异重流回灌即使对干流有较大的破坏作用也较难表现出来，因此异重流倒回灌研究多限于倒灌计算方法。异重流倒灌造成的危害有很多，如水库内干支流交汇处发生的倒灌，容易形成倒锥体淤积，严重时形成拦门沙坎导致支流库容损失(韩其为，2003；张俊华等，2013)。例如，官厅水库的支流妫水河，其拦门沙坎高程从 20 世纪 80 年代中期至 1995 年累计淤高 5m，使拦门沙坎以下无效库容达到 2.6 亿 m³。为了利用被拦截在妫水河库区内的水量，在 2002 年不得不在妫水河口拦门沙坎上开通一条长约 4.5km 的人工渠道引水。小浪底水库运用以来各大支流也相继出现了不同程度的拦门沙坎，其中最大的支流畛水河的拦门沙坎近年来发展迅速，2014 年沙坎高度(相对于支流内部最低点)已达 4.7m，且有继续增大的趋势。此外在内河港口、船闸引航道和引水渠内也广泛存在异重流倒灌现象(范家骅，2011a)。本节首先总结现有的几种异重流倒灌流量公式；然后通过在倒灌异重流的动量方程中加入底坡上的压力项，推导考虑底坡影响的异重流倒灌流量公式；最后使用小浪底水库四条支流的异重流测验数据对公式进行验证。

5.3.1　已有倒灌流量计算公式总结

大部分倒灌流量的分析针对潜入前后两断面间的浑水水体,通过联立能量(伯努利)方程和动量方程得到倒灌流量计算公式,其一般形式可概括为

$$Q = K(\eta g)^{1/2} h_0^{3/2} \tag{5.3}$$

式中,Q 为倒灌流量;K 为流量系数;η 为重力修正系数;g 为重力加速度;h_0 为支流口门的浑水厚度。

表 5.2 总结了现有倒灌流量计算公式中流量系数 K 的计算方法,其中 K_1 为异重流潜入前后的厚度比;ξ 为阻力损失系数;α 为流速分布不均匀系数。韩其为(2003)和秦文凯等(1995)提出的倒灌流量计算公式中将 K_1 和 ξ 联系起来;金德春(1981)在推导过程中使用阻力损失最小假设得到 $K_1 = 2/3$。上述三个公式中流量系数比较如图 5.1 所示。金德春(1981)提出的公式中流量系数(取 α 为 1)最大,秦文凯等(1995)提出的流量系数对 ξ 的变化最不敏感,而韩其为(2003)公式对于接近 1 的 ξ 值变化非常敏感。以上公式中流量系数均为与干支流河床形态特征无关的常数,从分流比的观点来看,干支流的河宽、底坡以及交汇角度都会影响倒灌流量计算。在实际使用中,以上公式计算的流量往往比实测值大很多,需要将阻力损失系数取到很大值才能使计算流量与实测结果相当(见 5.3.3 节和 5.6.2 节的讨论)。秦文凯等(1995)认为这是由于忽略了支流来流的影响,并在其原始的倒灌流量计算公式中引入了支流来流流速,但是大部分水库支流本身流量很小且来流时间短,这显然不是主要原因之一。另外,以上公式推导时均假设支流河底水平,并且在率定流量系数时使用的是水槽和盲肠河段等平底或小底坡情况下的观测资料。而对水库异重流倒灌而言,在支流淤积还不严重时其纵剖面呈明显的倒坡(相对于异重流前进方向)。为此,本书以支流底坡作为支流河床形态特征的一个代表因素,推导考虑支流底坡影响的异重流倒灌流量公式。

表 5.2　现有异重流倒灌流量系数计算方法比较

计算公式	流量系数计算方法
金德春(1981)	$K = K_1 \sqrt{\dfrac{2}{3(\alpha + \xi - K_1^2)}}, \quad K_1 = \dfrac{2}{3}$
秦文凯等(1995)	$K = \sqrt{(1 - K_1)^3}, \quad 2 = \dfrac{(2 - K_1)^2}{4 K_1^2}(1 + \xi) - (1 - K_1)^2$
韩其为(2003)	$K = K_1 \sqrt{\dfrac{2}{1 + \xi}(1 - K_1)}, \quad K_1 = \dfrac{1 + \xi}{3 - \xi}$

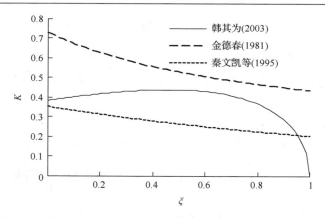

图 5.1　已有的倒灌流量计算公式比较

5.3.2　异重流倒灌流量公式推导

典型的异重流倒灌图形如图 5.2 所示，图中 h_0 为干支流交汇处的干流异重流厚度，h_1 为潜入后的异重流厚度。以往推导中均假设支流底部为水平，本书在推导中令支流底坡为 J，潜入段长度为 L。忽略来流行近流速的影响，可写出 AB 及 CD 两断面间的伯努利方程：

$$\gamma_{m}h_0 = \gamma_{f}h_2 + \gamma_{m}(h_0 - h_2) + \gamma_{m}(1+\xi)\frac{U_1^2}{2g} \tag{5.4}$$

式中，γ_{f}、γ_{m} 分别为清、浑水容重；U_1 为潜入后异重流流速。

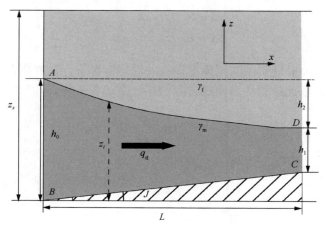

图 5.2　异重流倒灌过程示意图

令 $K_2 = h_2/h_0$，$\eta = (\gamma_{m} - \gamma_{f})/\gamma_{m}$，将式（5.4）变形为

$$\frac{U_1^2}{\eta g h_0} = \frac{2K_2}{1+\xi} \tag{5.5}$$

令潜入段的交界面方程为 $z_t = f(x)$，坐标原点位于 B 点，对于浑水体 $ABCD$ 列出动量方程：

$$\frac{\gamma_m}{2} h_0^{\ 2} = \frac{\gamma_f}{2} h_2^{\ 2} + \int_{JL}^{h_0 - h_2} [\gamma_f h_2 + \gamma_m (h_0 - h_2 - z)] \mathrm{d}z$$
$$+ \int_0^L [\gamma_f (h_0 - z_t) + \gamma_m (z_t - Jx)] J \mathrm{d}x + \frac{\gamma_m}{g} U_1^2 h_1 \tag{5.6}$$

式中，等号右边第一项为 AD 面上的压力在 x 方向的分量；第二项为 CD 面上的压力；第三项为底坡 BC 上的压力在 x 方向的分量。引入参数 K_2 和 η，则式(5.6)可写为

$$\frac{U_1^2}{\eta g h_0} \left(1 - K_2 - J \frac{L}{h_0} \right) = J \frac{L}{h_0} + K_2 - \frac{K_2^2}{2} - J \frac{L}{h_0} K_2 - J \frac{\int_0^L z_t \mathrm{d}x}{h_0^{\ 2}} \tag{5.7}$$

关于潜入段的交界面曲线方程，Benjamin(1968)曾对于无能量损失的理想情况给出了近似解，但解的形式为非常复杂的参数方程。下面的推导过程将用更简单的曲线形式近似拟合交界面 z_t。

如果用二次曲线近似拟合交界面，即 $z_t = ax^2 + bx + c$，首先需要满足以下两个条件：

$$\begin{aligned} x = 0, \quad & z_t = h_0 \\ x = L, \quad & z_t = h_0 - h_2 \end{aligned} \tag{5.8}$$

Benjamin(1968)证明了在无能量损失的理想情况下，交界面在 A 点与 z 轴的夹角为 $\theta = \pi/6$，以此结论作为曲线方程的第三个边界条件，即

$$z_t'(0) = b = -\tan\left(\frac{\pi}{2} - \theta \right) = -\sqrt{3} \tag{5.9}$$

可以得到交界面的表达式为

$$z_t = \frac{\sqrt{3} L - h_2}{L^2} x^2 - \sqrt{3} x + h_0 \tag{5.10}$$

将式(5.10)代入式(5.7)可得到

$$\frac{U_1^2}{\eta g h_0}\left(1-K_2-J\frac{L}{h_0}\right)=K_2-\frac{K_2^2}{2}-\frac{2}{3}J\frac{L}{h_0}K_2+\frac{\sqrt{3}}{6}J\left(\frac{L}{h_0}\right)^2 \tag{5.11}$$

将式(5.11)与式(5.5)结合，经整理后得到

$$\frac{3-\xi}{2}K_2^2+\left[\xi-1+\left(\frac{4}{3}-\frac{2}{3}\xi\right)J\frac{L}{h_0}\right]K_2+\frac{\sqrt{3}}{6}(1+\xi)J\left(\frac{L}{h_0}\right)^2=0 \tag{5.12}$$

求解该二次方程并将解代入式(5.5)，即可得到异重流潜入支流后的流速。

由于式(5.12)解的表达式较为复杂且不能保证有实数根，可将交界面近似为连接 AD 的直线，易知：

$$\int_0^L z_\mathrm{t}\mathrm{d}x=\frac{2h_0-h_2}{2}L \tag{5.13}$$

代入式(5.7)后得到

$$\frac{U_1^2}{\eta g h_0}\left(1-K_2-J\frac{L}{h_0}\right)=K_2-\frac{1}{2}K_2^2-\frac{1}{2}J\frac{L}{h_0}K_2 \tag{5.14}$$

联立式(5.5)和式(5.14)得到 K_2 的表达式：

$$K_2=\frac{\left(J\frac{L}{h_0}-2\right)\xi-3J\frac{L}{h_0}+2}{3-\xi} \tag{5.15}$$

由式(5.5)及关系式 $h_1=(1-K_2)h_0-JL$，可确定倒灌流量 Q 的表达式：

$$Q=U_1h_1=\left[(1-K_2)h_0-J\frac{L}{h_0}h_0\right]\sqrt{\frac{2K_2}{1+\xi}\eta g h_0} \tag{5.16}$$

将式(5.15)代入并整理后可以得到与式(5.3)形式相同的异重流倒灌公式，即倒灌流量与口门异重流厚度的 3/2 次方以及有效重力加速的 1/2 次方成正比，其流量系数 K 为

$$K=\sqrt{\frac{1+\xi}{(3-\xi)^3}\left[\left(2J\frac{L}{h_0}-4\right)\xi-6J\frac{L}{h_0}+4\right]} \tag{5.17}$$

当 $J=0$ 时，式(5.17)与韩其为(2003)倒灌流量计算公式中的流量系数相同。由 $K>0$ 可知 ξ 与 J 的大小是相互制约的，如 $J=0$ 时，ξ 最大值为 1；ξ 一定时，应满足：

$$J < 2\frac{\xi-1}{\xi-3}\frac{h_0}{L} \tag{5.18}$$

L/h_0 的取值可参考 Li 等(2011)在推导异重流潜入条件时的做法，即取 L/h_0=9。J 取不同值时 K 随 ξ 的变化见图 5.3。从图 5.3 中可以看出，阻力损失系数 ξ 一定时，底坡 J 越大，倒灌流量系数 K 越小，反映了支流河床底坡大小对倒灌流量计算的影响。

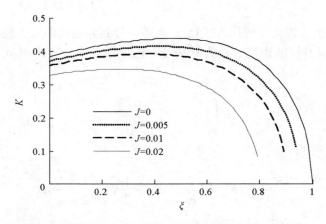

图 5.3　流量系数 K 与底坡 J 和阻力损失系数 ξ 的关系

5.3.3　倒灌流量公式验证

前面已经提到小浪底水库中支流众多，这些支流的最大河底比降可达到 12‰，远大于干流平均比降 1.1‰。2003~2005 年以及 2010~2011 年在支流沇西河、西阳河、畛水河及大峪河的河口进行了异重流倒灌测验。这些支流水库形态的特征值统计见表 5.3。其中畛水河和大峪河在所测验年份累积淤积量已经很大，两者的比降根据当年的支流地形测量数据重新计算。

表 5.3　小浪底水库部分支流形态特征值

支流河名	距坝里程/km	河道长度/km	流域面积/km²	原始库容/亿 m³	口门宽度/m	纵比降/‰
沇西河	56.3	72	576	4.07	1467	11
西阳河	40.8	53	404	2.353	577	10.6
畛水河	18	53.7	431	17.671	525	3.1
大峪河	4.4	55	258	5.797	690	6.7

异重流测验时在断面上布设 5~7 条垂线，表 5.4 中是用于公式验证的测验数据，其中厚度、含沙量是由各垂线测量数据计算得到的断面平均值。图 5.4 给出

了采用韩其为(2003)建议的阻力损失系数 $\xi=0.8$ 得到的韩其为(2003)公式的计算结果，以及本书提出的考虑底坡影响的倒灌流量公式的计算结果。

表 5.4　小浪底水库典型支流上异重流倒灌测验数据

支流河名	测次	日期	厚度/m	含沙量/(kg/m³)	单宽流量/(m²/s)
沇西河	1	2003 年 8 月 2 日	6.19	51.29	1.36
	2	2003 年 8 月 3 日	3.68	45.92	0.40
	3	2003 年 8 月 3 日	0.98	51.30	0.14
	4	2003 年 8 月 4 日	5.05	31.61	1.01
	5	2003 年 8 月 4 日	1.71	48.31	0.29
	6	2003 年 8 月 5 日	2.40	50.10	0.36
	7	2003 年 8 月 8 日	1.03	36.38	0.21
	8	2003 年 8 月 8 日	0.94	37.57	0.15
	9	2004 年 7 月 6 日	10.09	3.95	0.78
西阳河	10	2005 年 6 月 28 日	4.91	104.52	0.64
	11	2005 年 6 月 28 日	1.08	4.82	0.06
	12	2005 年 6 月 28 日	1.18	75.10	0.36
	13	2005 年 6 月 29 日	4.86	35.26	0.53
	14	2005 年 6 月 29 日	1.50	20.80	0.31
	15	2005 年 6 月 29 日	1.35	39.32	0.11
畛水河	16	2010 年 7 月 4 日	7.81	105.73	3.14
	17	2010 年 7 月 5 日	6.69	11.24	1.56
	18	2010 年 7 月 5 日	4.58	74.82	0.89
	19	2010 年 7 月 6 日	2.61	27.00	1.14
	20	2010 年 7 月 6 日	2.81	13.33	0.67
	21	2010 年 7 月 7 日	1.05	12.44	0.52
	22	2010 年 8 月 13 日	5.19	90.35	1.18
	23	2010 年 8 月 14 日	4.52	77.75	1.06
大峪河	24	2010 年 8 月 17 日	10.89	18.96	0.85
	25	2010 年 8 月 18 日	5.09	48.23	0.18
	26	2010 年 8 月 19 日	11.41	23.86	1.19
	27	2010 年 8 月 19 日	12.31	11.90	0.99
	28	2010 年 8 月 20 日	10.51	14.92	0.50
	29	2010 年 8 月 21 日	10.43	18.33	0.58

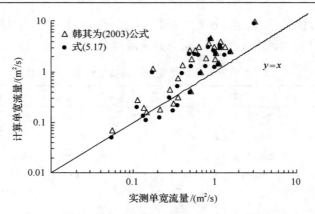

图 5.4　计算与实测倒灌流量的结果比较($\xi=0.8$)

在 29 个测次中有 25 次韩其为(2003)公式计算的倒灌流量大于实测值，这一整体性的预测值偏大的趋势说明，不考虑底坡的异重流倒灌公式忽略了某些抑制倒灌强度的因素。而图 5.3 显示支流底坡正是引起倒灌流量削减的一个显著因素。根据表 5.3 中的支流底坡和本书提出的公式，考虑底坡后沇西河、西阳河、畛水河和大峪河四条支流上的流量系数相对于平底时分别减小了 32.5%、31.1%、8.2% 和 18.3%。采用韩其为(2003)公式计算得到的均方根误差(root-mean-square error，RMSE)为 1.923m²/s，相关系数(R^2)为 0.884，而本书提出的公式计算的均方根误差为 1.555m²/s，$R^2=0.890$。

在 2010 年的测验中，为了研究异重流在干支流的分流比，在紧邻交汇区的上下游增设干流测验断面与支流断面进行同时观测。检查韩其为(2003)公式的计算结果发现，测次 26 计算的单宽流量折合成断面流量为 2745m³/s，而同时间上游干流的来流流量为 2560m³/s，这显然是不合理的。

当阻力损失系数进一步增大时，韩其为、金德春以及秦文凯等提出的公式对于不同支流倒灌流量系数只是同比例缩小，相关系数没有变化。本书提出公式的相关系数会有微幅的减小，但均方根误差减小速度比韩其为(2003)公式更快，如当 $\xi=0.86$ 时，两公式的 R^2 均为 0.884，韩其为(2003)公式的均方根误差为 1.581m²/s，本研究公式的均方根误差为 1.130m²/s。式(5.18)和小浪底水库四条支流的底坡数据决定了验证过程中阻力损失系数允许范围为 $\xi<0.896$，图 5.5 绘制了 $0.765<\xi<0.895$ 范围内两公式计算误差的变化。本书提出公式达到的最小均方根误差为 0.906m²/s，对应的 ξ 为 0.89。金德春(1981)提出的公式的流量系数最大(图 5.1)，计算的倒灌流量均方根误差比韩其为(2003)公式还大。秦文凯等(1995)提出的公式经过参数率定后 $\xi=0.6$，均方根误差为 1.056m²/s 仍略大于本书公式的计算误差。

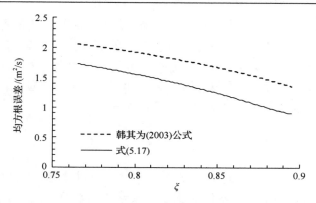

图 5.5　不同公式中阻力损失系数与均方根误差的关系

　　因此，本书提出的异重流倒灌流量公式相比已有公式做出了一定的改进与提高，但与小浪底水库中的实测结果还有一定差距。造成误差的原因来自两方面。

　　(1)水库异重流测量难度大，造成实测结果自身的不确定性。单条垂线测验用时大约为 1h，一次横断面测验总历时为 3～5h，在如此长的时间内，异重流的厚度、流速、含沙量等可能发生了很大的变化。异重流的横向边界是在断面图上，由交界面的平均高程线与岸坡的交点确定的，这也对异重流流量、输沙率的计算精度造成很大影响。对于异重流交界面的确定目前也没有统一的方法，有的定义零流速面为交界面(陈惠泉，1962)，有的定义为含沙量垂向分布的转折点，还有的以某一含沙量临界值来判定清浑水层交界面，依据不同的临界值计算的异重流厚度可能有较大的差异，小浪底水库中的异重流测量一般以 3kg/m^3 或 5kg/m^3 为临界值。

　　(2)水库异重流的流速、含沙量横向变化较大，而本书提出的公式中假定交汇区干流含沙量等于支流进口含沙量。对小浪底 2001～2013 年异重流实测资料的统计表明(李树森等，2014)，干流不同断面的含沙量横向分布最大值与最小值之比的变化范围为 6.7～2.3，在后续研究中如果能找到反映含沙量横向分布规律的修正系数并引入公式中，则会使倒灌流量的预测精度进一步提高。

5.4　基于水库蓄泄关系的干支流倒回灌计算方法

　　当干流水位处于起涨阶段时，干流洪水将会向支流倒灌，因此支流在 Δt 时段 (t_2-t_1) 内库容增加，水位上涨；当干流洪水处于落水阶段时，会引起支流回灌干流，因此支流库容减少，水位下降。所以干支流的倒回灌可以设想为一个具有一定库容的水库蓄泄问题，并由此建立支流水库的蓄泄关系。

　　对于非恒定流问题，可以依据干支流交汇处水流的连续性建立干支流联结条件，联结支流水库的蓄泄关系和干流非恒定流方程组，运用迭代法即可同时求解支流倒回灌问题和干流洪水波向下游演进问题(伍超等，2000；冯小香等，2005)。

对于恒定流问题，上述计算过程相对简单。设支流在干流断面 i 处与其交汇，如图 5.6 所示，将支流视作一个小水库，支流的汇入视作干流的集中旁侧入流，其流量称为干支流交换流量，记为 $Q_{tj}(t)$，并约定干流倒灌入支流时为正，反之为负；$Q_t(t)$ 为支流上游原有的来流量。这两个流量的汇入将使支流的库容和水位发生变化，依据水量平衡，可得如下支流水库的蓄泄关系：

$$\Delta V_t = \int_{t_1}^{t_2} Q_{tj}(t)\mathrm{d}t = \int_{z_1}^{z_2} F(z)\mathrm{d}z \tag{5.19}$$

式中，ΔV_t 为 Δt 时段内支流库容的变化；z_1 和 z_2 分别对应于 t_1 和 t_2 时刻干支流交汇处的水位；$F(z)$ 为对应于水位 Z 时的支流水库的水面面积。交换流量 $Q_{tj}(t)$ 的存在会影响干流向下游的演进流量。在实际计算中，一般可以假设干支流交汇处干流断面水位 Z_{mi} 等于支流断面水位 Z_{tj}。由于将整个支流看做零维水库，可认为整个库区的水位等于 Z_{mi}。所以式(5.19)可写为

$$\int_{t_1}^{t_2} Q_{tj}(t)\mathrm{d}t = \int_{z_1}^{z_2} F(z_{mi})\mathrm{d}z \tag{5.20}$$

该方法适用于计算明流倒灌和回灌过程，且适用于计算干流水位变化较为明显、支流河段不太长，类似于湖泊型水库的倒回灌过程。

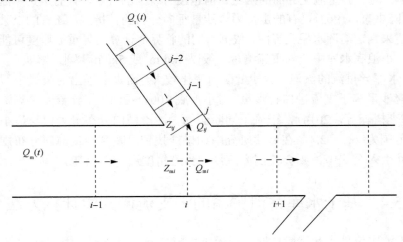

图 5.6 干支流交汇示意图

5.5 支流异重流沿程变化及倒灌长度计算

1) 异重流流量沿程变化及倒灌长度计算

干流明流浑水或异重流倒灌入支流库区口门后，将沿着与支流水流相反的方

向流动。在流动过程中，由于异重流输沙是超饱和输沙，沿程将不断发生淤积，在上层水体不断析出清水。这是因为根据水量连续条件，为了与浑水进入流量相平衡，在异重流上部必定有清水流出。如果异重流运行和淤积是稳定的，则在支流异重流上部流出的清水或低含沙量水流的流量应与异重流的流量相等。这样异重流及清水运行的概化过程如图 5.7 所示，图中绘出了异重流沿程运行的流线。由于淤积，异重流流量逐渐减少，并析出一部分清水，穿过界面 AC，而由上层返回干流。由于交界面掺混和异重流中尚未淤下的细颗粒存在，返回的水流中并不完全是清水，而是一些低含沙量水流。这样异重流倒灌的流量(在 AC 面以下)沿着倒灌方向是逐渐是减少的，直到 $x=L$，流量消失，L 称为异重流的倒灌长度。

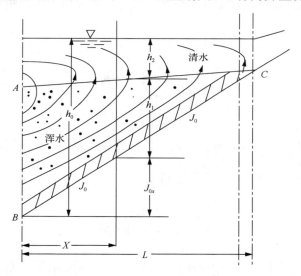

图 5.7　异重流倒灌时异重流及清水运行概化示意图(韩其为，2003)

由于异重流中泥沙很细，现假设其粒径及沉速变化可以忽略；而且为简单起见，假设异重流上升速度 V_0 沿程不变，即 $V=V_0$。沿 AC 方向的河宽 B 是随着 x 而减小的，假定其减少量 ΔB 与 Δx 成正比。这样存在 $\Delta B = -\beta B \Delta x$，即 $\dfrac{\mathrm{d}B}{\mathrm{d}x} = -\beta B$，其中 β 为由实际资料确定的系数。假设 βL 很大，则 x 处剩下的异重流流量为

$$Q = Q_1 \mathrm{e}^{-\beta x} \tag{5.21}$$

在潜入断面 $B\text{-}B$ 存在 $Q_1 = B_1 U_1 h_1$。从前面得到异重流进口速度 U_1 可知，只要 h_0 变化平缓，支流内异重流的流动就可近似地当作恒定的。它的速度沿程衰减，浓度变化不大，流量是沿程减小的。这说明异重流在运动过程中，有一部分浑水传输到上层水体中。这是一种恒定均匀变量流。金德春(1981)根据倒灌异重流的动量方程，推导出异重流流速的沿程变化公式，即

$$U / U_0 = \exp\left(-\frac{x}{2C_{0m}^2 h}\right) \tag{5.22}$$

式中，C_{0m} 为综合阻力系数。在式(5.22)的计算中已隐含一个假定，即支流内异重流深度沿程不变，则相应异重流流量为

$$Q = B_1 h_1 U_0 \exp\left(-\frac{x}{2C_{0m}^2 h_1}\right) \tag{5.23}$$

韩其为(2003)根据一维流管的伯努力方程，推导出支流异重流的倒灌长度 L 可表示为

$$L = \frac{1 + \frac{1}{2}F_{r,1}^2}{J_0 + \frac{\lambda_0}{2}F_{r,1}^2} h_1 \tag{5.24}$$

式中，$F_{r,1}^2 = \dfrac{U_1^2}{g\eta_g h_1}$ 为支流异重流潜入后的密度弗劳德数。如果近似取 $F_{r,1}^2 = 0.247$ 及 $\lambda_0 = 0.03$，则式(5.24)可进一步改写成

$$L = \frac{1.13h_1}{J_0 + 0.000926} \tag{5.25}$$

从式(5.24)可看出，异重流的倒灌长度取决于潜入后的密度弗劳德数 $F_{r,1}^2$、潜入后的水深 h_1 以及底坡 J_0 和阻力系数 λ_0，特别是与 h_1 及 J_0 有关，即倒灌距离与底坡关系很密切，底坡越大，距离越短；当底坡 J_0 很小时，干流浑水向支流倒灌的距离可以很远。

2)异重流含沙量沿程变化计算

韩其为(2003)假设异重流在支流内的倒灌流动是恒定的，在某一个时间步长内所有参数不随时间而变，同时假设异重流中泥沙很细，不考虑淤积时颗粒分选及沉速变化，且认为异重流挟沙力 $S_* \ll S$。根据沙量平衡方程可以推导出异重流含沙量沿程变化的计算公式：

$$S = S_1 e^{-\frac{a\omega}{U_0}\beta x} \tag{5.26}$$

式中，S_1 为潜入点($x = 0$)处异重流的含沙量。注意式(5.26)是在式(5.21)成立的条

件下得出的，即同样采用了 $\dfrac{\mathrm{d}B}{\mathrm{d}x} = -\beta B$ 的假设，实际支流形态可能很难用仅一个参数 β 概化。

潜入点处含沙量 S_1 的大小，与汇流口门处干支流的河底高程有关。在河道与支流平接的情况下，中国水利水电科学研究院的试验成果认为支流异重流进口含沙量等于河道平均含沙量(范家骅，1959)。当干流河底低于支流河底时，根据野外实测资料，进口含沙量 S_1 一般小于河道平均含沙量。因此，根据不同情况，进口含沙量 S_1 与河道平均含沙量 S_0 之间有如下关系：

$$S_1 = \zeta S_0 \tag{5.27}$$

式中，系数 $\zeta \leqslant 1$。金德春(1981)认为异重流含沙量沿程变化是一个很复杂的物理现象，不但流速沿程变化，而且泥沙粒径也沿程细化，并且传输出去的流量也挟带出少量泥沙。这可从试验测量的含沙量分布资料得到证实。根据野外实测资料，在上层水体含沙量和下层异重流含沙量之间，可建立如下关系：$S_{上} = 0.35 S_{下}$。根据输沙平衡原理，可推导出支流内异重流含沙量沿程变化的计算公式：

$$S / S_1 = \exp(-\varphi x / L) \tag{5.28}$$

式中，φ 为某一参数，需由实测资料率定。

李义天(1990)在范家骅(1959)研究的基础上，得出异重流流速与含沙量沿程变化的计算公式：

$$\frac{u}{u_1} = \exp\left(-\frac{\lambda x}{16h}\right), \quad \frac{S}{S_1} = \exp\left\{\frac{f_{\mathrm{d}} x}{16h} - \frac{16\eta\omega_1}{f_{\mathrm{d}} u_1}\left[\exp\left(\frac{f_{\mathrm{d}} x}{16h}\right) - 1\right]\right\} \tag{5.29}$$

式中，u 为流速；S 为含沙量；ω 为泥沙沉速；h 为异重流厚度；f_{d} 为阻力系数；x 为距支流口门的距离；下标"1"表示异重流潜入断面(或支流口门)；$\zeta = 1.4$。李义天(1990)采用式(5.29)计算了葛洲坝工程三江下引航道内的淤积，与实测值能比较好地吻合。

5.6　干支流倒回灌水沙过程计算的新方法

干支流的倒回灌过程与水库特定的运用方式、上游来水来沙等条件密切相关。小浪底水库是按照满足黄河下游防洪、减淤、防凌、防断流等为主要目标，兼顾供水、灌溉、发电，从而进行防洪、春灌蓄水、调水调沙及供水等一系列调度运用的。下面将以 2008 年、2006 年小浪底水库的水沙输移过程为例，提出分时段干支流倒回灌水沙过程的计算方法。

5.6.1　库区典型水沙过程

2008 年小浪底水库日均最高水位达到 252.9m（12 月 20 日），相应蓄水量为 54.35 亿 m³，坝前水位及蓄水量变化过程见图 5.8。2008 年水库运用可划分为三个时段。

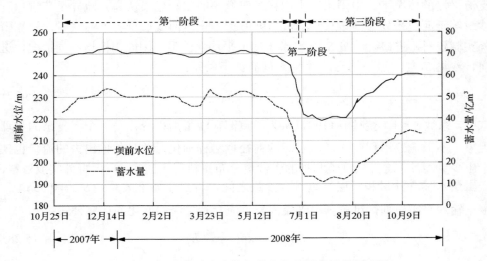

图 5.8　2008 年小浪底水库坝前水位及蓄水量变化过程

第一阶段为 2007 年 11 月 1 日～2008 年 6 月 19 日，坝前水位变化不大，一直保持 250m 左右，水库蓄水量维持 42 亿 m³ 以上。其中 5 月 28 日～6 月 19 日开始了维持将近 1 个月的补水期，6 月 19 日坝前水位下降至 244.90m，向下游补水 8.56 亿 m³，相应蓄水量减至 40.60 亿 m³，保证了下游用水及河道不断流。

第二阶段为 2008 年 6 月 19 日～7 月 3 日，为汛前调水调沙生产运行期。根据 2008 年汛前小浪底水库蓄水情况和下游河道现状，该时段调水调沙生产运行分为两个时段：第一时段 6 月 19 日～6 月 28 日为调水期；第二时段 6 月 28 日～7 月 3 日为水库排沙期。6 月 29 日 18 时，小浪底水库人工塑造异重流排沙出库，6 月 30 日 12 时，高含沙异重流出库，小浪底排沙出库含沙量达 350m³/s，排沙一直持续到 7 月 3 日 8 时，共排沙 0.462 亿 t，排沙比为 61.86%。7 月 3 日调水调沙试验结束，坝前水位下降至 222.30m，相应水库蓄水量减至 13.40 亿 m³。

第三阶段为 2008 年 7 月 3 日～10 月 31 日。8 月 20 日之前，坝前水位一直维持在汛限水位 225m 以下。8 月 20 日之后，水库运用以蓄水为主，坝前水位持续抬升，最高坝前水位一度上升至 241.60m（10 月 19 日），相应水库蓄水量为 34.33 亿 m³。至 10 月 31 日，坝前水位为 240.90m，相应水库蓄水量为 33.24 亿 m³。

经过小浪底水库调节，出库流量及含沙量过程发生了较大的改变。图 5.9、图 5.10 分别为进出库流量、含沙量过程。

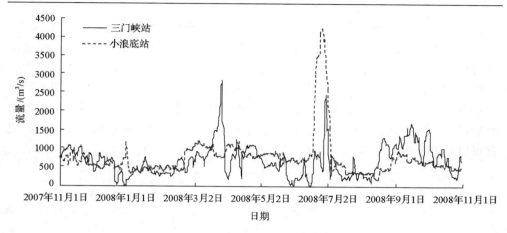

图 5.9　2008 年小浪底水库进出库流量过程对比

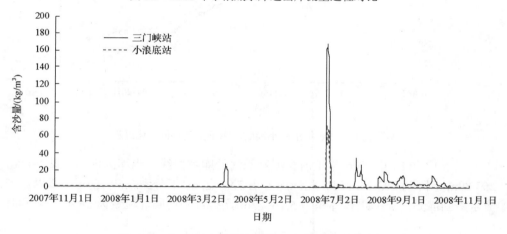

图 5.10　2008 年小浪底水库进出库含沙量过程对比

5.6.2　库区干支流水位变化

　　在目前小浪底水库水文测验中，对干流水位变化过程观测较多，缺少对各支流水位、流量变化过程的观测。因此只能基于汛前实测的支流库容曲线，粗略地分析干支流的倒回灌过程。限于实测资料的限制，此处采用 2006 年汛前调水调沙期间的实测资料，说明库区干支流水位的同步变化过程。图 5.11 为汛前干流（以桐树岭站为代表或库区上段河堤站为代表）、支流（以畛水西庄站为代表）的水位变化过程。由图 5.11 可知，在汛前调水调沙期，库区水位急剧下降，日均水位降幅高达 1.5m/天。坝前水位由 253.89m（6 月 10 日）下降到 223.54m（6 月 30 日），坝前水位在 20 天内累计下降幅度超过 30m。由于支流畛水河距坝不到 20km，且位于三角洲顶点的下游，支流畛水河内的水位变化过程基本与坝前水位变化同步。

从图 5.11 还可看出,距大坝近 65km 处河堤站水位变化过程与坝前水位变化类似,但变化幅度略小。由于库区较大的支流均位于距坝 60 余千米的河段内,在汛前落水阶段,可以认为这些支流内的水位变化过程与坝前水位类似。而且可以认为,在汛末蓄水阶段,支流内的涨水过程应与坝前水位的涨水过程类似。在汛前调水调沙期,支流内水位急剧下降,必然将这部分水体回灌到库区干流内;在汛末蓄水阶段,干流内水位逐渐抬升,必然会将干流内的一部分水量倒灌入支流内。通常可以根据支流的库容曲线,大致估计这一时段倒回灌过程的水量或平均流量。

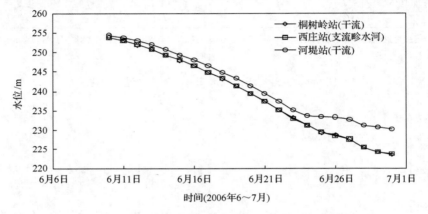

图 5.11　2006 年汛前小浪底水库干支流水位变化过程

图 5.12 给出了 2006 年汛前支流畛水河的库容曲线,当库区内西庄站水位由 253.89m 下降到 223.74m 时,相应库容由 7.85 亿 m^3 下降到 2.69 亿 m^3,所以该支流水库回灌到干流的水体体积为 5.16 亿 m^3,折合平均回灌流量为 285m^3/s。同时

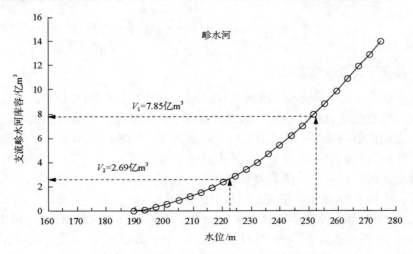

图 5.12　支流畛水河的库容曲线(2006 年汛前)

假设库区其他支流的水位变化与干流相同，则可得出该时段内支流的全部库容将由 20.27 亿 m³ 下降到 5.82 亿 m³(图 5.13)，即该时段内由支流回灌到干流内的总水量高达 14.45 亿 m³，折合平均回灌流量为 796m³/s。该时期小浪底水库平均下泄流量为 3110m³/s，所以支流回灌到干流的流量约占下泄流量的 26%。上述计算表明，在小浪底水库的汛前落水阶段(一般为调水调沙期)，支流回灌到干流的流量相对较大，一般需要采用合适的方法计算这个回灌流量。

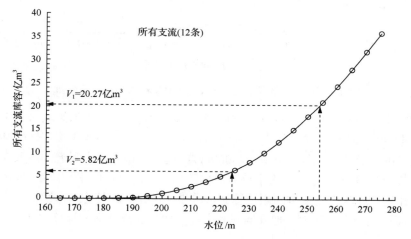

图 5.13　库区 12 条较大支流的库容曲线(2006 年汛前)

相对于汛前的落水阶段而言，小浪底水库汛末的蓄水过程比较缓慢，如图 5.14 所示，其水位日均涨幅不到 0.40m。由于较大支流均位于库区下段，在库区水位上涨较为缓慢的情况下，可以认为支流内的水位变化基本与干流坝前水位变化同步。此处因为实测资料限制，坝前水位暂以距坝 22.4km 处的陈家岭站水位代替。由图 5.14 可知，8 月 27 日之后，水库运用以蓄水为主，坝前水位由 225.15m 开始持续抬升，在 10 月 14 日上升至一较大值 244.43m。根据这一时刻所有支流的库容曲线(图 5.13)，可以大致估计出干流倒灌入支流的总水量为 8.30 亿 m³，折合平均倒灌流量为 457m³/s。同样可求出这一时期倒灌入支流畛水河的平均流量为 168m³/s。实测资料表明，这一时期平均进库流量(三门峡下泄流量)仅为 1170m³/s。因此干流倒灌入支流的总流量约占水库来流量的 40%。上述计算表明，在小浪底水库的汛末蓄水阶段，干流倒灌入支流的流量较大，同样需要采用合适的方法计算这一倒灌流量。

如果采用 5.3.1 节中介绍过的韩其为(2003)公式估计干流倒灌入支流的异重流流量，以支流畛水河为例，所得结果明显偏大，具体计算过程简述如下。由图 5.14 可知，小浪底水库蓄水阶段的平均水位为 236.8m，支流畛水河口门附近的平均河宽约为 611m，即可近似取 $Q_1 = B_1 K(\eta g)^{1/2} h_0^{3/2}$ 中的 B_1=611m。由汛前实测地

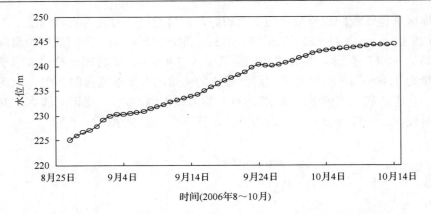

图 5.14　2006 年汛末小浪底水库干流(陈家岭站)水位变化过程

形可知，支流口门高程为 195.8m，因此可得 h_0=41m。计算中如果取来流平均含沙量为 20kg/m^3，则重力修正系数 η =0.0123。取阻力损失系数 ξ=0.8，则 K=0.45，由韩其为(2003)公式可估算得到 Q_1=25060m^3/s，远大于该时段内干流倒灌入支流畛水河的平均流量(168m^3/s)，也大于该时段内三门峡水库下泄的平均流量(1170m^3/s)。因此，在进行库区干支流倒回灌计算时，需要结合分析时段的水库运行特点确定产生倒回灌过程的主要动力，把握倒回灌类型，然后选择合适的计算方法。

5.6.3　分时段计算干支流倒回灌水沙过程

上述分析表明，小浪底水库的坝前水位变化过程一般可分为以下四个时段描述。

(1)在非汛期(上一年 11 月~本年 6 月初)坝前水位一般较高，且变化幅度小。此阶段由于三门峡水库下泄流量较小，且含沙量很小或接近清水，干支流倒回灌过程概率较小。

(2)汛前 6 月份开始调水调沙运用，坝前水位急剧下降，一般到调水调沙结束时，坝前水位下降到汛期控制水位。该阶段一般可产生异重流，且存在支流向干流回灌的现象。

(3)7 月~9 月初(或 8 月末)的主汛期，坝前水位一般在汛期限制水位上下波动，且变化幅度较小，该阶段三门峡水库下泄流量及含沙量一般较大。因此，干流一般可通过浑水明流或异重流倒灌入支流。浑水明流倒灌入支流一般发生在潜入点以上河段，而潜入点以下河段一般产生异重流倒灌入支流河段。

(4)9 月初~10 月末，小浪底水库开始蓄水，坝前水位一般由汛期控制水位逐步抬高到非汛期的正常运用水位。该阶段通常会产生干流倒灌入支流的过程。

根据小浪底水库坝前水位的变化规律及 5.6.2 节中对不同时段干支流倒回灌过程的初步估算，在此提出干支流倒回灌水沙过程计算的新方法(图 5.15)，不同阶段简述如下。

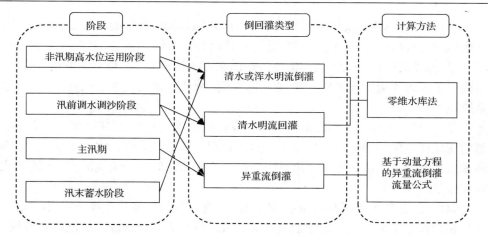

图 5.15　不同阶段干支流倒回灌流量的计算方法

　　(1)在非汛期高水位运用阶段，因为含沙量较低，可以不考虑异重流的产生。如果某一时段内库区水位变化较大，可以采用 5.4 节中的方法，根据水量平衡原理，按零维水库方法计算干支流的倒回灌流量。干流倒灌入支流的含沙量可近似取干流的含沙量；而支流回灌入干流的含沙量，近似按清水处理。

　　(2)在汛前调水调沙阶段，因为坝前水位急剧降低，一般会产生支流向干流回灌的过程。可近似认为支流内的水位下降过程与坝前水位同步，因此支流回灌入干流的流量，可根据支流的库容曲线，按水量平衡原理计算得到。暂时仅考虑清水回流过程。

　　(3)在主汛期，坝前水位变化幅度不大，在三门峡水库下泄流量及含沙量均较大时，库区干支流内会产生异重流。此时可按考虑底坡的异重流倒灌流量公式(5.3)、式(5.17)及金德春(1981)的方法计算倒灌异重流的流量与含沙量，但相关参数必须通过实测资料进一步率定。

　　(4)在汛末蓄水阶段，三门峡水库下泄的流量及含沙量减小，但坝前水位逐步抬高，一般会产生干流倒灌支流过程。此时也可近似认为支流内的水位上涨过程与坝前水位同步。因此，干流倒灌入支流的流量可根据支流的库容曲线，按水量平衡原理计算得到。倒灌入支流的含沙量，可近似取附近干流河段的平均含沙量。

5.7　本　章　小　结

　　本章首先阐述了库区干支流倒回灌的原因、分类及对水库运行的影响；其次提出了基于分流比、动量方程以及水库蓄泄关系的干支流倒回灌计算方法，指明了各自适于计算的倒回灌类型；最后介绍了几种异重流倒灌流量(或流速)、含沙量沿程变化公式，可以用来计算支流淤积厚度。本章主要结论如下。

(1)在进行库区干支流倒回灌计算时,需要结合分析时段的水库运行特点确定产生倒回灌过程的主要动力,然后选择合适的计算方法。

(2)异重流倒灌流量不仅与支流沟口的水沙条件有关,也与支流地形有关,本章提出了考虑支流底坡影响的异重流倒灌流量公式,该公式表明底坡越大则流量系数越小。

(3)当水库水位有明显涨落时,可以将支流视为一个零维水库,通过支流蓄水量的变化计算倒回灌流量。以小浪底水库典型水沙过程为例,水库泄水时,支流回灌入干流流量可达水库下泄流量的26%;水库蓄水时,干流倒灌支流流量可达入库流量的40%。

(4)大部分异重流倒灌的流量(或流速)与含沙量沿程变化计算公式表明,倒灌流量和含沙量随倒灌长度的增加呈指数衰减,这是异重流倒灌形成倒锥体淤积甚至拦门沙的原因。

第6章 水库溯源冲刷规律及计算方法

溯源冲刷过程因为时间短、效率高，已经作为一种水库减淤措施在国内外一些水库中采用。普通的挟沙力或输沙率公式很难准确地计算溯源冲刷过程中的床面变形，因此需要对溯源冲刷机理进行深入的分析。本章首先给出实验室和实际水库中观察到的不同冲刷模式，指出影响纵剖面形态演化的各种因素；然后介绍不同分析方法得出的各种溯源冲刷输沙率计算公式；最后是应用这些公式和冲刷变形关系得出的溯源冲刷纵剖面演化方程及计算方法。

6.1 水库溯源冲刷模式

水库溯源冲刷是当坝前水位迅速下降或连续大幅度下降以至坝前水深或三角洲顶点以上一段水深远小于平衡水深时产生的自下而上的冲刷(韩其为，2003)。水库溯源冲刷的形成的前提条件有两个：一是河床纵剖面存在坡折点，坡折点下游坡面突然变陡；二是坡折点附近有足够的水面比降，因此水库溯源冲刷常出现在降水冲刷或泄空冲刷时段。

张跟广(1993)根据原型观测和室内水槽试验观测结果，提出水库溯源冲刷具有全程剥蚀与局部跌坎两种形式。全程剥蚀式溯源冲刷的特点是：冲刷在全程内均有发生，只是冲刷强度不一，比降大时，冲刷强度高；比降小时，冲刷强度低。在冲刷过程中，水流流线明显存在坡折点，坡折点下游坡陡流急、冲刷强烈，因此坡折点的位置不断后移；与此同时，坡折点上游也在刷深，但其强度较低。随着坡折点的上移，坡折点下游段比降逐渐变缓，而其上游段比降则逐渐变陡，最后形成一个统一的比降。图6.1(a)为官厅水库溯源冲刷过程中实测河床纵剖面形态。

局部跌坎式溯源冲刷的特点是：集中水流势能，借助于跌落水流的冲击作用和紊动作用，对淤积体跌坎坎角和坎唇进行淘刷和推动，促使坎壁崩解坍塌，从而使跌坎间歇性地溯源推进。随着跌坎的推进，其冲刷规模逐渐减小，直至跌坎消失。在溯源冲刷过程中，跌坎破坏后形成的比降即冲刷平衡比降，见图6.1(b)。

张跟广(1993)通过选用三种不同级配和干容重的沙样进行溯源冲刷试验，基于试验结果提出：当淤积物干容重小于$1.20\sim1.25\text{t/m}^3$时，溯源冲刷呈全程剥蚀式；当淤积物干容重大于$1.20\sim1.25\text{t/m}^3$时，溯源冲刷则呈局部跌坎式。此外，在淤积物级配变化较大时，两种模式的形成条件也将发生变化。在淤积物粒径变细或黏性颗粒含量加大时，前述的分界干容重值将减小，特别是在淤积物大部分为黏性颗粒时，分界干容重值将大大降低。反之，在淤积物级配变粗时，淤积体不易固结成整体，泥沙起动仍以个体起动为特征，前述的分界干容重值将增大。

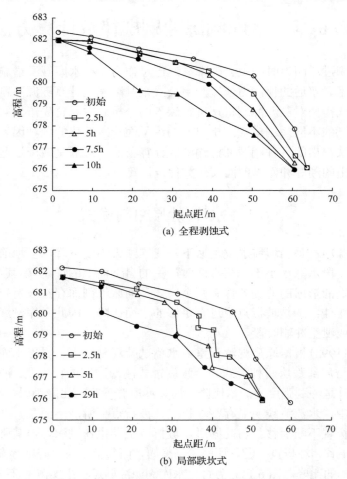

图 6.1　官厅水库溯源冲刷过程中纵剖面变化(张跟广，1993)

Chen 和 Chen(2006)在矩形水槽中进行了不同进口流量条件下非黏性沙的溯源冲刷试验，试验中床沙中值粒径为 0.6mm，铺沙厚度为 11cm。试验结果表明溯源冲刷过程分为两个阶段(图 6.2)。第一个阶段可以看到一个明显的跌坎以近似恒定的速度向上游移动，移动过程中跌坎的坡度几乎不变，但高差逐渐减小，直到跌坎消失，这一阶段的溯源冲刷的长度随进口流量的增大而增大。跌坎消失后，溯源冲刷进入第二个阶段，冲刷段剖面呈旋进式发展，这一阶段溯源冲刷向上游发展的速度近似与时间的 1/2 次方成反比。

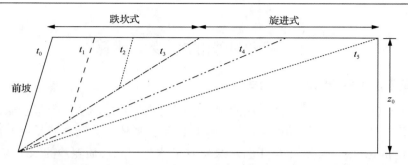

图 6.2　溯源冲刷发展的两阶段示意图（Chen and Chen, 2006）

通过对试验结果回归分析，Chen 和 Chen（2006）提出了溯源冲刷长度 l 的计算公式：

$$l = \begin{cases} 1.13t, & \dfrac{z_0}{l} \geqslant 2\left(\dfrac{z_0}{y_c}\right)^{0.66} \\[3mm] K_2\sqrt{t}, & \dfrac{z_0}{l} < 2\left(\dfrac{z_0}{y_c}\right)^{0.66} \end{cases} \tag{6.1}$$

$$K_2 = 11.7y_c^{0.45}, \quad y_c = \sqrt[3]{\dfrac{q^2}{g}}$$

式中，z_0 为初始床面高差；q 为来流单宽流量。

王艳平等（2009）在观察小浪底水库实体模型时发现跌坎处有泥块整体滑塌，并认为可以通过土力学中的岸坡稳定理论计算冲刷面的形态发展。从以上不同研究者的试验结果可知，溯源冲刷过程中纵剖面的演化模式既与床沙组成有关，也与水流动力条件有关，目前还没有一个全面的判别标准概括以上各种模式的产生条件。

从横断面形态的变化来看，水库溯源冲刷一般只能冲出一条主槽，主槽宽度比实际过水宽度小得多。在黄河水利科学研究院（2015）所开发的一维水库模型中，通过一般河相关系限定溯源冲刷的宽度：

$$B_s = E\frac{Q^{0.5}}{J^{0.2}}$$

式中，B_s 为主槽宽度；Q 为流量；J 为河床比降；E 为河岸不稳定系数，其值越大，河岸越不稳定，官厅水库取 1.7，三门峡水库取 1.7~2.3。

6.2　溯源冲刷的输沙率计算

6.2.1　基于能量平衡的输沙率公式

曹叔尤(1983)开展了细沙淤积的溯源冲刷试验，并提出了一个基于能量平衡的输沙率公式。应用悬浮功概念，令单位床面悬移质依靠紊动涡旋悬浮所需功率为 $E_f = G_s' \omega$（式中，G_s' 为单位床面水深为 H 的水柱中悬移质泥沙的水下重量，ω 为沉速），水流功率为 $E = qJ\gamma$（J 为河床比降，γ 为水的容重）。令 E_f 与 E 的比值为 η，同时考虑到以有效重力计的单宽输沙率 $g_s' = G_s' \overline{u}_s$，可得到 $g_s' = (\overline{u}_s / \omega) qJ\gamma\eta$（$\overline{u}_s$ 为深度平均的悬移质流速）。设 $\overline{u}_s / u = \delta H / D$，得出 $g_s' = K' \dfrac{q^2 J}{\omega D}$，式中，$K' = \delta\gamma\eta$，其中 δ 为系数，u 为深度平均的水流速度，H 为水深，D 为粒径。按实际重力计的单宽输沙率为

$$g_s = K \frac{q^2 J}{\omega D} \tag{6.2}$$

式中，$K = K'\gamma_s / (\gamma_s - \gamma)$，其中 γ_s 为泥沙颗粒容重；K 为冲刷系数。K 中的参数 δ、η 难以通过理论分析确定，曹叔尤(1983)通过因次分析和逐步回归分析方法，得出冲刷系数表达式为

$$K = 0.33 Rd^{0.73} Re^{-0.1} \tag{6.3}$$

式中，$Rd = \omega D / v$、$Re = q / v$ 分别为含有沉速的颗粒雷诺数和用单宽流量表示的水流雷诺数。回归分析中使用了 52 组水库原型观测资料和 12 组室内水槽试验资料。这些资料的范围如下：单宽流量为 0.044～13.7 m^2/s，d_{50} 为 0.038～0.18 mm，水温为 1～26℃，含沙量为 11～380kg/m^3。

韩其为(2003)在研究溯源冲刷纵剖面演化方程时，认为含沙量恢复很快，可用挟沙力代替含沙量，流速可用谢才公式表示，即有如下两式：

$$S \approx S^* = k \left(\frac{u^3}{gh\omega} \right)^{0.92}$$

$$u = \frac{1}{n} h^{\frac{2}{3}} J^{\frac{1}{2}}$$

式中，k 为挟沙力系数；u 为断面平均流速；n 为糙率。这两式联立可得溯源冲刷

时的含沙量表达式：

$$S = k\frac{h^{0.92}J^{1.38}}{(n^3 g\omega)^{0.92}}、 \tag{6.4}$$

彭润泽等（1981）同样基于能量平衡，推导了推移质溯源冲刷的输沙率方程。在推移底沙的水流中减小的水流位能，一部分消耗在克服水流流动阻力而做功，一部分用于推移泥沙前进而做功。近似地略去动能改变，对一维水流微元可以写出如下能量平衡方程式：

$$\varphi\frac{\gamma_s - \gamma}{\gamma_s}G\mathrm{d}x + \gamma q\mathrm{d}z' = \gamma q\mathrm{d}z \tag{6.5}$$

式中，φ 为推移质泥沙向前运动的摩擦系数；$\mathrm{d}z'$ 为水流阻力所消耗的落差；$\mathrm{d}z$ 为在 $\mathrm{d}x$ 河段上水流总落差。把式（6.5）整理改写如下形式：

$$G = \frac{\gamma_s\gamma}{\varphi(\gamma_s - \gamma)}q\left(\frac{\mathrm{d}z}{\mathrm{d}x} - \frac{\mathrm{d}z'}{\mathrm{d}x}\right) \tag{6.6}$$

式（6.6）在应用时近似认为 $\dfrac{\mathrm{d}z}{\mathrm{d}x}$ 与河床比降相等，即和韩其为（2003）提出的处理方法一样，采用了均匀流假设，φ 和 $\dfrac{\mathrm{d}z'}{\mathrm{d}x}$ 则需要通过试验确定。

6.2.2　以床面切应力为主要参数的输沙率方程

van Rijn（1984）通过水槽试验得到如下以切应力为主要参数的床沙上扬通量（或称侵蚀速率）公式：

$$\begin{aligned}\Phi &= \frac{E}{\rho_s(\Delta g D_{50})^{0.5}} = 0.00033\left(\frac{\tau_b}{\tau_c} - 1\right)^{1.5}D_*^{0.3} \\ D_* &= D_{50}\left(\frac{\Delta g}{\nu^2}\right)^{1/3}\end{aligned} \tag{6.7}$$

式中，E 为床沙上扬通量，Φ 为它的无量纲形式；$\Delta = (\rho_s - \rho)/\rho$，$\rho_s$ 为泥沙密度，ρ 为水的密度；τ_b 和 τ_c 分别为作用于床面的水流切应力和床面泥沙的起动切应力；ν 为运动黏滞系数。

Winterwerp 等（1992）研究阶梯状跌坎的溯源冲刷时，提出了与式（6.7）形式近似的侵蚀速率公式：

$$\Phi\left(1 - \frac{\tan\alpha}{\tan\phi}\right) = 0.012\left(\theta^{0.5} - 1.3\right)D_*^{0.3}$$

$$\theta = \frac{u_*^2}{\Delta g D_{50}} = \frac{u^2}{\Delta g D_{50}}\frac{f_0}{8}$$

(6.8)

式中，θ 为无量纲切应力参数；f_0 为达西-魏斯巴赫阻力系数；u_* 为摩阻流速；u 为平均流速；α 为底坡；ϕ 为休止角。式(6.8)中修正因子 $1 - \tan\alpha/\tan\phi$ 考虑了坡面陡峭时泥沙颗粒失稳对侵蚀速率的影响，当坡度接近休止角时，式(6.8)计算的侵蚀速率可以达到很大。

有了侵蚀速率后，就可以得到输沙率的微分方程：

$$\frac{\mathrm{d}G}{\mathrm{d}x} = \frac{E - S}{\rho_s}$$

(6.9)

式中，S 为淤积速率，Winterwerp 等(1992)将其表示为 $S = \omega_0 c_b (1 - c_b)^4 \rho_s$，$\omega_0$ 是清水中泥沙沉速；c_b 是近底含沙量，$(1 - c_b)^4$ 表示浑水对单颗粒泥沙下沉速度的减小作用。根据单位时间内床沙冲淤量与床面变形量之间的关系，可以写出溯源冲刷时纵剖面向上游移动的速度：

$$V_{\mathrm{bar}} = \frac{E - S}{\rho_s(1 - n)\sin\alpha}$$

(6.10)

式中，n 为床沙孔隙率。Winterwerp 等(1992)使用水槽试验数据和原型观测数据对式(6.10)进行了验证，见图6.3。

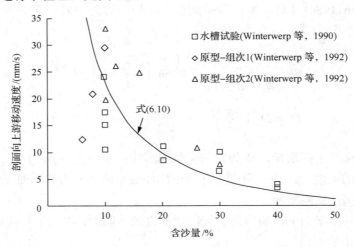

图 6.3　溯源冲刷时剖面向上游移动速度(Winterwerp et al.，1992)

式(6.8)中的因子 $1 - \tan\alpha / \tan\phi$ 虽然考虑了陡坡时堆积体的不稳定性，但是由于其形式过于简单，当坡度接近休止角时计算出的侵蚀速率会接近无穷大，这不符合实际。非黏性堆积体坡面坡度大于休止角时，泥沙颗粒沿坡面的重力分量大于颗粒间剪切力，从而发生侵蚀，这种侵蚀即使在没有水流流速的情况下也能发生，国外学者将其发生时坡面向上游移动的水平速度为称"wall velocity"，其表达式为

$$V_{\text{wal}} = \frac{(1 - n_0)\Delta \dfrac{\sin(\varphi - \alpha)}{\sin\varphi}}{\Delta n / k_l} \tag{6.11}$$

式中，Δn 为床沙从无扰动状态变为起动时的松散状态时(这一过程称为剪切膨胀)孔隙率的增量，定义为 $\Delta n = \dfrac{n_l - n_0}{1 - n_l}$，$n_l$ 是剪切膨胀后的孔隙率；k_l 为剪切膨胀后床面的渗透能力。对于未受扰动的床面，Kozeny-Carman 公式给出其渗透能力为(Carman，1939)：

$$k_0 = \frac{gD_{15}^2}{160\nu} \frac{n_0^3}{(1 - n_0)^2} \tag{6.12}$$

将式(6.12)中的 n_0 替换为 n_l，即可得到 k_l。

Mastbergen 和 van den Berg (2003)将 V_{wal} 引入式(6.8)中，得到新的侵蚀速率方程：

$$\Phi \frac{\sin(\varphi - \alpha)}{\sin\varphi} \left(1 - \frac{V_{\text{e}}}{V_{\text{wal}}}\right) = A(\theta - \theta_{\text{cr}})^m D_*^n \tag{6.13}$$

式中，θ_{cr} 为临界希尔兹数；V_{e} 为垂直于床面的侵蚀速度净值，表达式为

$$V_{\text{e}} = \frac{E - S\cos\alpha}{\rho_{\text{s}}(1 - n_0)} = \frac{\Phi\sqrt{\Delta g D_{50}}}{1 - n_0} - \frac{S\cos\alpha}{\rho_{\text{s}}(1 - n_0)} \tag{6.14}$$

由式(6.13)和式(6.14)可知，新的侵蚀速率方程是关于 V_{e} 的二阶方程，当底坡趋近于休止角时，Φ 右边的因子 $\dfrac{\sin(\varphi - \alpha)}{\sin\varphi}\left(1 - \dfrac{V_{\text{e}}}{V_{\text{wal}}}\right)$ 趋近于一个定值而不再是0，从而避免了 Φ 趋向于无穷大，所以式(6.14)可以用于底坡大于 φ 的情况。当侵蚀速率很大或泥沙较细时，$V_{\text{e}} / V_{\text{wal}}$ 远大于 1，同时忽略淤积速率，可以得到 V_{e}

的解析表达式：

$$V_e = \sqrt{\frac{A(\theta - \theta_{cr})^m D_*^n k_1 \sqrt{\Delta^3 g D_{50}}}{\Delta n}}$$ (6.15)

图6.4中给出了式(6.15)计算曲线以及由其他研究者试验结果得到的数据点，从图中看出，在给定流速$\bar{u}$下，侵蚀速率随床沙粒径变化有一个极大值。在极值点右侧，侵蚀速率随粒径的增大而减小，这与经典的侵蚀速率理论一致。在极值点左侧，泥沙粒径越小，侵蚀速率也越小，这反映了剪切膨胀效应的影响。

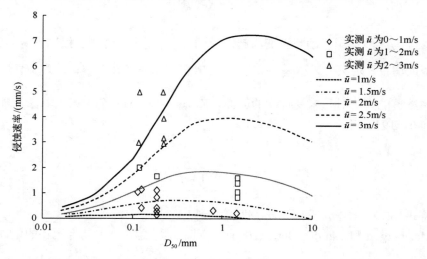

图6.4　考虑剪切膨胀的侵蚀速率计算结果与实测值比较(Mastbergen and van den Berg，2003)

6.2.3　其他经验公式

茹玉英等(2000)采用三门峡水库溯源冲刷观测数据对清华大学、陕西省水利科学研究所等单位提出的六个溯源冲刷公式进行了验证。这些公式可以统一写成如下形式：

$$Q_{so} = \psi S_Q^m Q^n J^p B^q$$ (6.16)

式中，Q_{so}为冲刷段下游断面的输沙率，以 t/s 计；B 为冲刷宽度；S_Q 为来沙系数；参数 ψ、m、n、p、q 的取值见表6.1。

表 6.1　各溯源冲刷经验公式的参数取值

参数 公式来源	ψ	m	n	p	q
清华大学水利系 a	180～650	0	1.6	1.2	−0.6
清华大学水利系 b	700～2700	0	1.43	5/3	0
陕西省水利科学研究所	10	0	1.6	1.2	0
水利电力部第十一工程局	250	0	2	2	0
清华大学水利系 c	143	0.52	2	5/3	0
黄河水利委员会规划设计大队	D_{50}=0.083～0.146mm 时，取 1700～2500 D_{50}=0.037～0.086mm 时，取 13000～38000	0.7	D_{50}<0.045mm 时，取 2 D_{50}>0.045mm 时，取 1.5	D_{50}<0.045mm 时，取 2 D_{50}>0.045mm 时，取 1.5	0

　　验证资料来自三门峡库区 30 场降水冲刷资料、81 次洪水冲刷资料、51 场洪水资料及 1964 年溯源冲刷资料。结果表明，以上各式在泄空冲刷较强烈、出库含沙量较大时计算值系统性偏小。茹玉英等（2000）进一步以 $Q_{so}=\psi Q^{1.6}J^{1.2}/B^{0.6}$ 为输沙率公式形式，以实测资料为基础研究系数 ψ 的影响因素，结果发现 ψ 与入库含沙量 S_{in} 有较强的相关性，见表 6.2。1964 年日均资料中，S_{in} 较小，冲刷比较强烈，S_{in} 对出库沙量影响较小，而对于其他三组资料，S_{in} 与 ψ 的相关性均达到了 0.94 以上。

表 6.2　ψ 取值分析表

资料来源	ψ 取值范围	ψ 均值	$\psi=f(S_{in})$
1964 年溯源冲刷资料	483～1113	779	关系散乱
81 场洪水冲刷资料	230～3407	864	$\psi=9S_{in}+270$（R=0.94）
51 场洪水资料	279～3407	1067	$\psi=8.71S_{in}+324$（R=0.94）
30 场降水冲刷资料	234～3459	1024	$\psi=9.7S_{in}+274$（R=0.95）

　　基于水库原型观测资料对溯源冲刷输沙率的分析还是比较粗略的，因为水库溯源冲刷是一个短时非恒定的过程，进出库流量、含沙量的观测频率可以达到每小时或若干分钟一次，而水下地形的观测时间往往间隔数月，不同变量观测时间与频率的不匹配，对于提出的输沙率公式的率定和验证带来了很大困难。此外溯源冲刷也是一个局部过程，在缺乏详细地形资料的条件下，只能通过进出库含沙量的差值来判断库区内是否发生了冲刷，对于是溯源冲刷还是溯源冲刷与沿程冲刷并存，以及溯源冲刷产生的位置，也只能做出粗略的判断。

　　李涛等（2016）开展的小浪底水库溯源冲刷效率评估试验中，将冲刷段下游断面输沙率分为两部分计算，即 $Q_{so}=Q_{sm}+Q_{st}$，其中 Q_{sm} 是上游断面干流流量对应的输沙率，Q_{st} 是水位下降过程中从支流回灌入干流的流量对应的输沙率，这两部分都通过式（6.16）计算，式中参数取值分别为 $\psi=650$，$m=0$，$n=1.6$，$p=1.2$，

$q = -0.6$。由输沙率公式计算的逐日冲刷量与试验结果对比如图 6.5 所示。

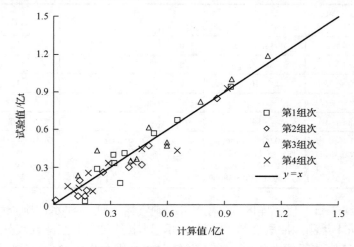

图 6.5　小浪底水库溯源冲刷模型试验结果与计算值比较 (李涛等, 2016)

6.3　溯源冲刷纵剖面演化计算

6.3.1　给定纵剖面曲线类型的计算方法

给定纵剖面曲线类型是指假定任意时刻纵剖面可以用直线、二次曲线, 或更高次多项式方程近似, 然后通过对整个冲刷段内沙量守恒的分析求出曲线方程中的参数。这方面的研究以韩其为 (2003) 的成果最为突出, 下面介绍其对二次曲线纵剖面的推导。

如图 6.6 所示, 当坝前水位突然下降 Z_0 后, 溯源冲刷开始。在冲刷前 ($t=0$),

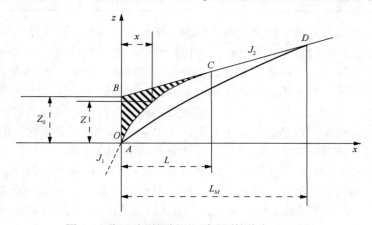

图 6.6　溯源冲刷纵剖面示意图 (韩其为, 2003)

淤积面为 BCD；水位下降后，冲刷基面为 A；在时刻 t 冲刷剖面为曲线 AC，冲刷长度为 L。设剖面 AC 上的坡降 J 线性变化，且在 $x = L$ 处冲刷剖面与原淤积剖面相切。

冲刷前纵剖面可表示为

$$Z(x,0) = Z_0 + J_2 x \tag{6.17}$$

设冲刷后的底坡为

$$J(x,t) = ax + b \tag{6.18}$$

$J(x,t)$ 需满足 $x=0$，$J=J_1(t)$ 以及 $x = L(\mathrm{t})$，$J=J_2$，求出 a、b 后代入式(6.18)可得

$$J = J_1 - \frac{J_1 - J_2}{L} x \tag{6.19}$$

对式(6.19)中 x 积分并代入边界条件 $x =0$，$Z = 0$ 可得

$$Z(x,t) = J_1 x - \frac{J_1 - J_2}{2L} x^2 \tag{6.20}$$

式(6.17)与式(6.20)在 $x = L$ 相交，所以有

$$Z_0 + J_2 L = J_1 L - \frac{J_1 - J_2}{2} L$$

即

$$J_1 = J_2 + 2\frac{Z_0}{L} \tag{6.21}$$

$0\sim t$ 时刻总的冲刷体积(图 6.6 中阴影部分面积)的表达式为

$$W = B \int_0^L [Z(x,0) - Z(x,t)]\mathrm{d}x \tag{6.22}$$

将式(6.17)、式(6.20)和式(6.21)代入式(6.22)可得

$$W = \frac{1}{3} B Z_0 L \tag{6.23}$$

下面从沙量平衡的角度分析冲刷体积。假设溯源冲刷时，含沙量恢复很快，可用挟沙力代替含沙量，这里采用张瑞瑾等(1989)的公式表达形式，其中指数取

韩其为(2003)率定的结果(m=0.92)，公式中的流速用谢才公式代入，那么在进口断面有

$$S_2 \approx S_2^* = K\left(\frac{V_2^3}{gh_2\omega}\right)^{0.92} = K\frac{h_2^{0.92}J_2^{1.38}}{(n^3g\omega)^{0.92}} \tag{6.24}$$

在出口断面同样有

$$S_1 = K\frac{h_1^{0.92}J_1^{1.38}}{(n^3g\omega)^{0.92}} \tag{6.25}$$

另外由流量方程：

$$Q = \frac{h^{5/3}J^{1/2}B}{n}$$

可得当流量不变时，有

$$1 = \frac{Q_2}{Q_1} = \frac{h_2^{\frac{5}{3}}J_2^{\frac{1}{2}}}{h_1^{\frac{5}{3}}J_1^{\frac{1}{2}}} \tag{6.26}$$

式(6.24)～式(6.26)联立可得

$$\frac{S_1}{S_2} = \frac{J_1^{1.1}}{J_2^{1.1}} \approx \frac{J_1}{J_2} \tag{6.27}$$

因此单位时间内冲刷体积为

$$\frac{dW}{dt} = \frac{Q(S_1 - S_2)}{\rho_m'} = \frac{QS_2}{\rho_m'}\left(\frac{S_1 - S_2}{S_2}\right) = \frac{QS_2}{\rho_m'}\left(\frac{J_1}{J_2} - 1\right) \tag{6.28}$$

式中，ρ_m'为床沙干密度。将式(6.21)代入式(6.28)可得

$$\frac{dW}{dt} = \frac{QS_2}{\rho_m'}\frac{2Z_0}{J_2L} \tag{6.29}$$

将式(6.23)中的L代入得

$$\frac{dW}{dt} = \frac{2}{3}\frac{QS_2B}{\rho_m'J_2}\frac{Z_0^2}{W} \tag{6.30}$$

在 $t=0$，$W=0$ 条件下积分得到

$$W = \sqrt{\frac{4}{3}\frac{QS_2 B}{\rho'_m J_2}Z_0^2 t} = BZ_0\sqrt{\frac{4}{3}\frac{qS_2}{\rho'_m J_2}t} \tag{6.31}$$

式中，q 为单宽流量。

将式(6.23)代入式(6.31)得

$$L = \sqrt{12}\sqrt{\frac{qS_2}{\rho'_m J_2}t} \tag{6.32}$$

再将式(6.21)代入式(6.32)得

$$J_1 = J_2 + Z_0\sqrt{\frac{\rho'_m J_2}{3qS_2 t}} \tag{6.33}$$

　　式(6.20)、式(6.32)、式(6.33)刻画了二次曲线型的冲刷剖面演化过程。从后两个公式可以看出，随着冲刷时间的增加，冲刷距离越来越长，前坡段底坡逐渐减小。溯源冲刷的长度和时间的 1/2 次方成正比，这一点与 Chen 和 Chen(2006)通过水槽试验得到的公式(6.1)也是一致的。但是对于跌坎式冲刷，此类计算方法还没有相关成果。第 10 章水库溯源冲刷的数值模拟研究中，还将比较式(6.33)计算的小浪底库尾淤积三角洲溯源冲刷过程与数学模型预测结果。

6.3.2　纵剖面偏微分方程的解析计算

　　床面高程 $Z(x, t)$ 随时间变化最基本的控制方程为

$$\rho'_m \frac{\partial Z}{\partial t} = \frac{\partial g_s}{\partial x} \tag{6.34}$$

　　另外，6.2.1 节和 6.2.3 节中介绍的两类输沙率公式均可以写为 $g_s = AJ^p = A\left(\frac{\partial Z}{\partial x}\right)^p$ 的形式，其中 A 包含了多个表征水力要素和泥沙特性的变量。对于 $p=1$ 的输沙率公式，带入式(6.34)可以得到关于 Z 的形式较简单的偏微分方程：

$$\frac{\partial Z}{\partial t} = a^2\frac{\partial^2 Z}{\partial x^2} \tag{6.35}$$

　　例如，对于曹叔尤(1983)提出的输沙率公式(6.2)，式(6.35)中对应的 a^2 等于 $Kq^2/\gamma'_s \omega D$ 。

式 (6.35) 在数学物理方程研究中被称为扩散方程或热传导方程,已有现成的求解结果,曹叔尤 (1983)、彭润泽等 (1981)、巨江 (1991) 均给出了在不同边界条件下的解,下面以曹叔尤 (1983) 所提出的一类定解问题为例,具体说明求解过程。

初始条件为冲刷前的床面高程 $\psi(x)$,边界条件的下游端为侵蚀基准降落函数 $\mu(t)$,上游端为无界,定解问题可列为

$$\begin{cases} \dfrac{\partial Z}{\partial t} = a^2 \dfrac{\partial^2 Z}{\partial x^2} \\ Z(x,0) = \psi(x) \\ Z(0,t) = \mu(t) \end{cases} \tag{6.36}$$

由于方程为齐次方程,根据解的叠加原理,可知式 (6.36) 的解可以写为

$$Z(x,t) = Z_1(x,t) + Z_2(x,t) \tag{6.37}$$

式中,Z_1、Z_2 分别为下面两个定解问题的解:

$$\begin{cases} \dfrac{\partial Z_1}{\partial t} = a^2 \dfrac{\partial^2 Z_1}{\partial x^2} \\ Z_1(x,0) = \psi(x) \\ Z_1(0,t) = 0 \end{cases} \tag{6.38}$$

$$\begin{cases} \dfrac{\partial Z_2}{\partial t} = a^2 \dfrac{\partial^2 Z_2}{\partial x^2} \\ Z_2(x,0) = 0 \\ Z_2(0,t) = \mu(t) \end{cases} \tag{6.39}$$

对于问题 (6.38) 使用傅里叶积分变换法,由于 $\psi(x)$ 的自变量范围是 $(0,+\infty)$,首先将 $\psi(x)$ 进行奇延拓得到

$$\Psi(x) = \begin{cases} \psi(x), & x > 0 \\ 0, & x = 0 \\ -\psi(-x), & x < 0 \end{cases}$$

所以原问题 (6.38) 的解即如下问题在 $(0,+\infty)$ 范围的解:

$$\begin{cases} \dfrac{\partial Z_1}{\partial t} = a^2 \dfrac{\partial^2 Z_1}{\partial x^2} \\ Z_1(x,0) = \varPsi(x) \\ Z_1(0,t) = 0 \end{cases} \tag{6.40}$$

对控制方程两边进行傅里叶积分可得

$$\frac{1}{\sqrt{2\pi}} \frac{\partial}{\partial t} \int_{-\infty}^{\infty} Z_1(x,t) \exp(-\mathrm{i}kx)\mathrm{d}x = \frac{a^2}{\sqrt{2\pi}} \int_{-\infty}^{\infty} \frac{\partial^2 Z_1(x,t)}{\partial x^2} \exp(-\mathrm{i}kx)\mathrm{d}x \tag{6.41}$$

式(6.41)左侧已根据莱布尼茨法则将偏导符号提到了积分外面。记 $Z_1(x,t)$ 的傅里叶变换为 $\tilde{Z}_1(k,t)$ ，则左侧可以写为 $\dfrac{\partial \tilde{Z}_1(k,t)}{\partial t}$ 。根据傅里叶变换的基本性质 $\mathscr{F}[f''(x)] = -k^2 \tilde{f}(k)$ ，可以将右侧写为 $-a^2 k^2 \tilde{Z}_1(k,t)$ ，这样式(6.41)变为

$$\frac{\partial \tilde{Z}_1(k,t)}{\partial t} = -a^2 k^2 \tilde{Z}_1(k,t)$$

将该式视为关于 t 的一阶常微分方程，易得解为

$$\tilde{Z}_1(k,t) = \tilde{Z}_1(k,0) \exp(-a^2 k^2 t) \tag{6.42}$$

根据初始条件可知:

$$\begin{aligned} \tilde{Z}_1(k,0) &= \frac{1}{\sqrt{2\pi}} \int_{-\infty}^{\infty} Z_1(k,0) \exp(-\mathrm{i}kx)\mathrm{d}x \\ &= \frac{1}{\sqrt{2\pi}} \int_{-\infty}^{\infty} \varPsi(x) \exp(-\mathrm{i}kx)\mathrm{d}x = \tilde{\varPsi}(k) \end{aligned} \tag{6.43}$$

所以式(6.42)可以写为

$$\tilde{Z}_1(k,t) = \tilde{\varPsi}(k) \exp(-a^2 k^2 t) = \sqrt{2\pi}\,\tilde{\varPsi}(k) \tilde{G}(k,t) \tag{6.44}$$

式中， $\tilde{G}(k,t) = (\sqrt{2\pi})^{-1} \exp(-a^2 k^2 t)$ 。由式(6.44)可知， $\tilde{Z}_1(k,t)$ 可以用两个傅里叶变换的乘积表示，根据卷积定理可知:

$$Z_1(x,t) = \int_{-\infty}^{\infty} G(x-\xi,t)\varPsi(\xi)\mathrm{d}\xi \tag{6.45}$$

这里 $G(x,t)$ 是 $\tilde{G}(k,t)$ 的傅里叶逆变换，其表达式为

$$G(x,t) = \frac{1}{2\pi} \int_{-\infty}^{\infty} \exp(-a^2 k^2 t) \exp(ikx) \mathrm{d}k$$

$$= \frac{1}{2\pi} \int_{-\infty}^{\infty} \exp\left[-a^2 t \left(k^2 - \frac{ix}{a^2 t} k\right)\right] \mathrm{d}k$$

$$= \frac{1}{2\pi} \exp\left(-\frac{x^2}{4a^2 t}\right) \int_{-\infty}^{\infty} \exp\left[-a^2 t \left(k - \frac{ix}{2a^2 t}\right)^2\right] \mathrm{d}k$$

$$= \frac{1}{2\pi} \exp\left(-\frac{x^2}{4a^2 t}\right) \int_{-\infty}^{\infty} \exp\left[-a^2 t k'^2\right] \mathrm{d}k'$$

$$= \frac{1}{\sqrt{4\pi a^2 t}} \exp\left(-\frac{x^2}{4a^2 t}\right)$$

$$(6.46)$$

在式(6.46)推导过程中，倒数第二行进行了一次积分变量的替换，最后一行使用了标准积分结果 $\int_{-\infty}^{\infty} \mathrm{e}^{-x^2} \mathrm{d}x = \sqrt{\pi}$ 。将式(6.46)代入式(6.45)得到

$$Z_1(x,t) = \frac{1}{\sqrt{4\pi a^2 t}} \int_{-\infty}^{\infty} \exp\left[-\frac{(x-\xi)^2}{4a^2 t}\right] \Psi(\xi) \mathrm{d}\xi$$

$$= \frac{1}{\sqrt{4\pi a^2 t}} \left\{ \int_{-\infty}^{0} \exp\left[-\frac{(x-\xi)^2}{4a^2 t}\right] \Psi(\xi) \mathrm{d}\xi + \int_{0}^{+\infty} \exp\left[-\frac{(x-\xi)^2}{4a^2 t}\right] \Psi(\xi) \mathrm{d}\xi \right\}$$

$$= \frac{1}{\sqrt{4\pi a^2 t}} \left\{ \int_{-\infty}^{0} -\exp\left[-\frac{(x-\xi)^2}{4a^2 t}\right] \psi(-\xi) \mathrm{d}\xi + \int_{0}^{+\infty} \exp\left[-\frac{(x-\xi)^2}{4a^2 t}\right] \psi(\xi) \mathrm{d}\xi \right\}$$

$$= \frac{1}{\sqrt{4\pi a^2 t}} \int_{0}^{+\infty} \psi(\xi) \left\{ \exp\left[-\frac{(x-\xi)^2}{4a^2 t}\right] - \exp\left[-\frac{(x+\xi)^2}{4a^2 t}\right] \right\} \mathrm{d}\xi$$

$$(6.47)$$

式(6.47)即式(6.38)的解，接下来求式(6.39)的解。

对式(6.39)中控制方程两边进行拉普拉斯变换：

$$\int_{0}^{\infty} \frac{\partial Z_2(x,t)}{\partial t} \exp(-st) \mathrm{d}t = \int_{0}^{\infty} a^2 \frac{\partial^2 Z_2(x,t)}{\partial x^2} \exp(-st) \mathrm{d}t \qquad (6.48)$$

记对 $Z_2(x,t)$ 进行拉普拉斯变换的结果为 $\overline{Z}_2(x,t)$ ，根据拉普拉斯变换的性质 $\mathscr{L}\left[\dfrac{\mathrm{d}f}{\mathrm{d}t}\right] = -f(0) + s\overline{f}(s)$ ，可将左边写为 $s\overline{Z}_2(x,s) - Z_2(x,0)$ 。对于等式右边仍然用莱布尼茨法则将偏导符号提到积分符号外面，这样式(6.48)变为

$$s\overline{Z}_2(x,s) - Z_2(x,0) = a^2 \frac{\partial^2 \overline{Z}_2(x,s)}{\partial x^2} \tag{6.49}$$

式(6.49)可看做一个关于 x 的常微分方程，根据初始条件左边第二项为 0，解方程得

$$\overline{Z}_2(x,s) = A\exp\left(\sqrt{\frac{s}{a^2}}x\right) + B\exp\left(-\sqrt{\frac{s}{a^2}}x\right) \tag{6.50}$$

式中，A、B 为待定参数。令 $Z_2(\infty,t)=0$，易知必然有 $\overline{Z}_2(\infty,t)=0$，因此 A 为 0。当 $x=0$ 时，$\overline{Z}_2(0,s) = B$。又对式(6.39)的边界条件进行拉普拉斯变换可得

$$\overline{Z}_2(0,s) = \overline{\mu}(s)$$

因此 $B = \overline{\mu}(s)$，带入式(6.50)可得

$$\overline{Z}_2(x,s) = \overline{\mu}(s)\exp\left(-\sqrt{\frac{s}{a^2}}x\right) = \overline{\mu}(s)\overline{g}(x,s) \tag{6.51}$$

对式(6.51)进行拉普拉斯逆变换，同时运用卷积定理得

$$Z_2(x,t) = \int_0^t \mu(\tau)g(x,t-\tau)\mathrm{d}\tau \tag{6.52}$$

式中，$g(x,t)$ 为 $\overline{g}(x,s)$ 进行拉普拉斯逆变换的结果，$g(x,t) = \dfrac{x}{2\sqrt{\pi a^2 t^3}}\exp\left(-\dfrac{x^2}{4a^2 t}\right)$。代入式(6.52)可得

$$Z_2(x,t) = \frac{x}{2\sqrt{\pi a^2}}\int_0^t \frac{\mu(\tau)}{(t-\tau)^{3/2}}\exp\left[-\frac{x^2}{4a^2(t-\tau)}\right]\mathrm{d}\tau \tag{6.53}$$

最后将式(6.53)和式(6.47)代入式(6.37)，即得问题(6.36)的解。如果将初始条件和边界条件简化，令 $\psi(x)=Z_0 + Jx$，$x>0$，令 $\mu(t)=0$，则可以得到 $Z(x,t)$ 的表达式：

$$\begin{aligned}
Z(x,t) &= Jx + \frac{2Z_0}{\sqrt{\pi}}\int_0^{\frac{x}{2\sqrt{a^2 t}}} \mathrm{e}^{-y^2}\mathrm{d}y \\
&= Jx + Z_0 Erf\left(\frac{x}{2\sqrt{a^2 t}}\right)
\end{aligned} \tag{6.54}$$

Begin 等(1980)、巨江(1991)曾分别从简化的初始条件和边界条件出发得到

式(6.54)的结果,Chen 和 Chen(2006)、吴秋诗等(2013)在溯源冲刷水槽试验中验证了该式,取得了较好的预测结果。图 6.7 是 Chen 和 Chen(2006)通过水槽试验对式(6.54)的验证,可以看出当进口流量改变时需要对参数 a 重新率定,目前关于 a 的理论表达式的研究还比较缺乏。对于其他定解条件下纵剖面偏微分方程的解(如增加对上游端高程或底坡的限制),可以参考曹叔尤(1983)和韩其为(2003)给出的一些求解结果。

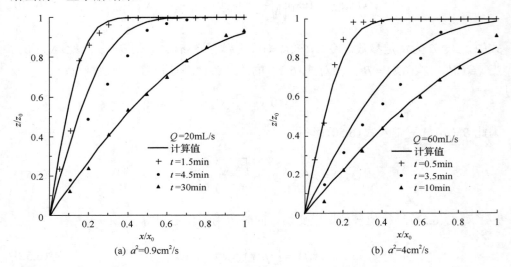

图 6.7　式(6.54)验证结果(Chen and Chen,2006)

6.3.3　数值求解方法

虽然目前计算的水沙动力模型已经可以模拟剧烈冲刷作用下的水沙输移过程,但针对实际发生的水库溯源冲刷过程的数值模拟研究很少见。

Mastbergen 和 van den Berg(2003)采用恒定流水沙模型和式(6.13)模拟了 Scripps 海底峡谷内淤积体的溯源冲刷以及随之形成的异重流。值得注意的是,其模拟过程中坡折点后退的速度是人为制定的,每个时间步只对坡折点以下进行模拟,这个做法与其采用的数值格式较为简单有关。如果要对坡折点上下游一起模拟,需要使用能够处理跨临界流的数值格式。刘茜(2015)使用非恒定水流模型和推移质输沙率公式模拟了河道中采砂坑跌坎上游的溯源冲刷,并研究了跌坎冲刷平衡值的影响因素,采用的数值格式是 Godunov 类型的有限体积法(Toro,1998),较好地模拟了坡折点上下游逐渐达到统一比降的过程。一般的不平衡输沙模式也能用来模拟旋进式的溯源冲刷过程(韩其为和何明民,1987)。

以上对于溯源冲刷的数值模拟研究均基于一维模型,而在实际水库中,如果断面较宽,溯源冲刷作用往往是在淤积体上拉出一个较窄的深槽,显然一维模拟是难以展现这种形态特征的。第 10 章将采用水沙完全耦合的控制方程分别进行一维及二维溯源冲刷模拟。

6.4 本 章 小 结

本章首先总结了溯源冲刷水槽试验及水库原型观测中所出现的纵剖面变形模式，这些模式基本上分为无跌坎和有跌坎两类；然后介绍了可用于溯源冲刷输沙率计算的三类公式，即基于能量平衡的输沙率公式、以床面切应力为主要参数的输沙率公式，以及由回归分析得到的经验公式。第二类公式可以用于存在陡峭坡面(类似于跌坎)的纵剖面演化过程计算，其余两类公式中有一些可以用来推导床面高程随时间变化的解析表达式。本章主要结论如下。

(1)不同溯源冲刷模式的形成条件既和来水来沙与地形条件有关，也和床沙性质有关。在一次溯源冲刷过程中也可能两种模式先后出现。

(2)基于能量平衡的输沙率公式在推导时采用了均匀流假设，公式中冲刷系数的确定比较困难。以床面切应力为主要参数的输沙率公式真正从床面与水流间的泥沙交换机理上将溯源冲刷与一般浑水明流中的冲刷区别开。

(3)目前还没有一种溯源冲刷纵剖面计算方法能同时完成对有无跌坎两种模式的计算，数值模拟方法的优点在于各节点或单元格上的计算步骤不会因边界条件提法的不同发生较大的改变，但是如何确定床沙上扬通量仍是难题，这需要对床面冲刷机理开展更深入的研究。

第7章 多沙河流水库水沙调度模型的建立及其应用

三门峡水库于 1960 年 9 月开始蓄水运用，由于当时的泄流能力不足，水库运用方式不当，运用初期库区发生严重淤积，潼关高程(潼关断面 1000m³/s 流量相应的水位)急剧抬升，回水影响到渭河下游的赤水河口附近，后经两次改建并于1973 年底开始采取蓄清排浑的运用方式。1974～1985 年水沙条件与水库运用方式比较适应，潼关高程保持相对稳定。1986 年以后由于龙羊峡、刘家峡水库投入运用，工农业用水增加及降雨偏少等，黄河水量特别是汛期水量大幅度减少，年内水量过程趋于均匀，潼关以下库区河段发生累积性淤积，潼关高程再次呈上升趋势，1995 年以后潼关高程在 328.1～328.3m 范围内。潼关断面位于黄河和渭河汇流区下游，是渭河下游的侵蚀基准面。潼关高程的抬升给渭河下游防洪带来了一系列问题。因此，长期以来，潼关高程一直被人们所关注，寻求降低潼关高程的有效途径则成为一项十分重要的任务。

本章首先建立多沙河流水库水沙调度的一维模型，并用实测资料对模型进行率定与验证；然后分析黄河小北干流、潼关至大坝段以及渭河咸阳以下河段的来水来沙特性与河床演变特点；最后采用验证后的数学模型研究枯水少沙系列条件下三门峡水库不同运用方式对潼关高程变化及库区各河段冲淤过程的影响。

7.1 水库水沙调度模型研究进展

水库调度根据各用水部门的合理需要，参照水库每年蓄水情况与预计的可能天然来水及来沙情况，有计划地合理控制水库在各个时期的蓄水和放水过程，即控制其水位升降过程。在水库调度设计规范中，水库调度设计的方法是针对防洪、发电、灌溉等开发任务，依据各自的调度原则给出调度图。随着计算机技术的发展，水库调度模型的应用越来越广泛，研究也越来越深入。水库调度模型的应用主要分为两方面：一是与目标函数和各种优化算法相结合，寻求使开发目标得到最大满足的泄流过程；二是模拟给定的调度方案下，库区内(有时也包括水库下游)的水沙输移过程和河床演变过程，用来评估调度方案的效益和环境影响。

对于第一方面的应用，研究的重点是对优化算法的不断改进，扩大其寻优空间，避免落入局部最优，采用的方法有动态规划法(谭维炎等，1982)、人工神经网络(刘宇等，2013)、遗传算法(Chang et al.，2005)等。对于梯级水库群的联合调度和相互冲突的多目标规划问题(黄草等，2014)也是该方向的研究重点。

在第一方面的应用中对于水库状态的描述往往只采用最简单的水量平衡方程和水位库容关系。而在第二方面的应用中，选择合适复杂度的水沙数学模型是解决问题的关键。对于多沙河流水库，不同的水库调度方案会影响到库区冲淤演变发展方向、库区防洪形势，甚至是水库使用寿命，因此水库水沙调度模型的精度既要考虑对水动力过程、水库淤积总量和分布、河床高程变化的预测，也要考虑长时段（几年或几十年）的计算效率。水库水沙调度模型是河流动力学模型在水库管理中的应用与发展，它与一般的河流动力学模型的区别源自对水库淤积问题的关注。水库水沙调度模型对水库泥沙输移与冲淤过程的描述越来越贴近实际物理过程，其发展主要表现在以下几个方面。

（1）从平衡输沙到不平衡输沙模式。早期的河流动力学模型常采用平衡输沙模式，即将泥沙输移方程简化为一个输沙率公式，然而水库变形的特点往往是大幅度冲淤，此时悬移质泥沙不平衡输移程度很高，表现为含沙量与挟沙力之间差别很大。如果用挟沙力代替含沙量，将使含沙量普遍偏低，而如果用进口断面平均沉速代替其余各断面平均沉速，则将使沉速普遍偏高（韩其为，2003）。悬移质不平衡输移方程中的关键参数是恢复饱和系数，目前对其物理含义仍存在不同的解释（窦国仁，1963；韩其为，1979），在实际模型应用中常常需要根据研究河段积累的资料对其进行率定。

（2）从均匀沙输移到非均匀沙输移。早期水库水沙调度模型中用一个平均粒径来表征浑水中与河床上的泥沙属性（Carriaga and Mays, 1995），而实际上泥沙级配对分组泥沙的起动条件和挟沙力均有显著影响。一般认为粗颗粒受暴露作用的影响，相对较易起动，细颗粒受隐蔽作用影响，相对较难起动，等于平均粒径的颗粒比同粒径的均匀沙易于起动。谢鉴衡和陈媛儿（1988）提出的非均匀沙起动流速公式和 Hayashi 等（1980）提出的起动拖曳力公式均反映了以上特性。非均匀沙的挟沙力计算目前主要通过总的挟沙力乘以挟沙力级配得到（韩其为，1980；李义天，1987）。当考虑对含沙量进行分组计算后，床沙级配的调整也要加以考虑，因为床沙级配的变化会反过来影响挟沙力级配以及水流运动所受到的阻力，这使得水流与泥沙运动之间的耦合关系更为复杂。

（3）断面形态不规则的影响及模型处理方法。天然河道断面形态的不规则会造成流速、含沙量、挟沙力在横向的不均匀分布，在计算时需要加以考虑。一维模型中常采用的方法是将一个大断面划分为多个子断面，在子断面上将某些关键模型参数取不同值（如滩槽糙率），建立水沙要素的断面平均值与子断面上相应值之间的关系。断面冲淤量的横向分配也有几种不同的方法，一般根据高含沙洪水淤滩刷槽的规律，在冲刷时将冲刷面积完全分配在主槽，淤积时则在整个湿周上分配淤积面积。

通过水库水沙调度模型的不断发展，其能够实现的功能有：库区内冲淤量与冲淤分布计算、库区地形变化过程及淤积平衡状态预测、库区回水曲线计算、进入下游水沙过程预测等。本章建立的多沙河流水库水沙调度模型基于一维恒定流方程、非均匀沙不平衡输沙模式，适用于长河段、长时间计算。

7.2 水库水沙调度一维模型的建立

模型模拟范围包括黄河小北干流河段(龙门至潼关段)、三门峡库区潼关以下河段(潼关至大坝段)、渭河下游河段(咸阳以下)，如图 7.1 所示。黄河小北干流段布设有断面 HY68～HY42，三门峡库区潼关以下河段布设有断面 HY41～HY1，渭河下游段布设有断面 WY37～WY1、WL10～WL1，以及 WL11 和 WL12。针对各库段的断面形态特征与河床冲淤特点，建立模型时对以下几个问题进行了相应的处理。

(1)黄河小北干流、三门峡库区潼关以下、渭河下游三河段的水沙输移及河床变形过程联合计算。

(2)断面形态复杂，滩槽阻力和冲淤横向分布变化大：采用在大断面上划分子断面进行计算，各子断面的基本形状为矩形断面，且滩和槽分别用不同的代码值表示，主槽为 0、低滩为 1、高滩为 2；主槽糙率随流量与床面冲淤状况而变化；低滩与高滩的糙率根据不同的河段，取一个固定值。

(3)含沙量大，河床处于冲淤交替状态：采用不平衡输沙模式，考虑支流入汇区间的引水引沙、来水来沙变化等。

(4)来沙组成变化大：采用非均匀沙分组粒径计算模式。

(5)考虑冲淤过程中的床沙级配调整：用床沙活动层与分层记忆层表示。

(6)计算时间长：采用分时段恒定流计算模式，根据河床冲淤幅度的大小，计算时间步长可自动调整。

(7)考虑复式断面的水沙输移能力：如对槽高滩低的"二级悬河"地形，计算中优先满足主槽区域过流，只有在满足主槽过流，且水位大于主槽两侧滩唇高程的情况下，才使两侧滩地过水。当水流刚漫滩时，水面宽度会急剧增大，而断面平均流速变化不大，但断面平均水深减小时，将引起断面挟沙力大大增加。为避免这种情况，先计算出各子断面的挟沙力，然后根据子断面的过水流量，加权计算得出大断面的水流挟沙力。

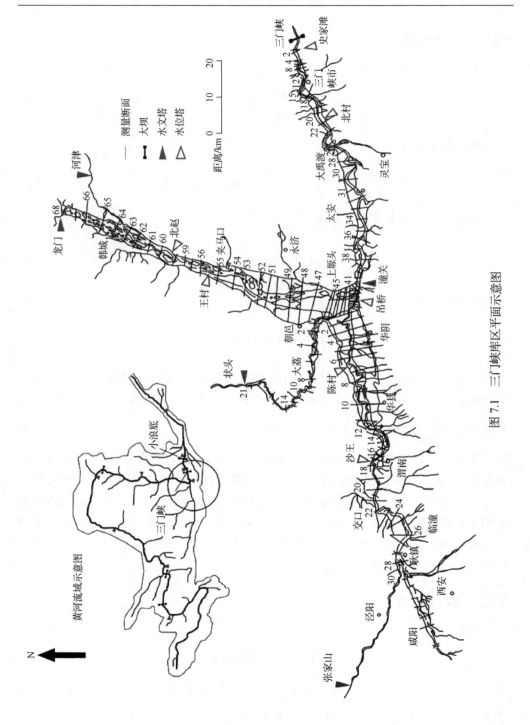

图 7.1　三门峡库区平面示意图

7.2.1 模型控制方程

水流连续方程：

$$\frac{\mathrm{d}Q}{\mathrm{d}x} = q_{\mathrm{L}} \tag{7.1}$$

水流运动方程：

$$\frac{\mathrm{d}}{\mathrm{d}x}\left(\alpha_{\mathrm{f}}\frac{Q^2}{A}\right) + gA\frac{\mathrm{d}Z}{\mathrm{d}x} + gA(J_{\mathrm{f}} + J_{\mathrm{l}}) = 0 \tag{7.2}$$

悬移质泥沙不平衡输移方程：

$$\frac{\mathrm{d}(QS_k)}{\mathrm{d}x} + \alpha_k\omega_{sk}B(f_{sk}S_k - S_{*k}) = q_{\mathrm{SL}(k)} \tag{7.3}$$

河床变形方程：

$$\rho'\frac{\partial Z_{\mathrm{b}}}{\partial t} = \sum_{k=1}^{N}\alpha_k\omega_{sk}(f_{sk}S_k - S_{*k}) \tag{7.4}$$

式中，Q 为断面流量；q_{L} 为单位流程的侧向出入流量，以入流为正；Z、A、B 分别为断面平均水位、过水面积、水面宽度；J_{l} 为断面扩张与收缩引起的局部阻力，其值等于 $\frac{\xi}{2g\Delta x}\left|u_{\mathrm{下}}^2 - u_{\mathrm{上}}^2\right|$，$u_{\mathrm{上}}$、$u_{\mathrm{下}}$ 分别为上断面与下断面的平均流速，ξ 为一系数，下游断面收缩时取 0.1～0.3，扩张时取 0.5～1.0；J_{f} 为断面能坡；α_{f} 为动量修正系数；$q_{\mathrm{SL}(k)}$ 为单位流程的第 k 粒径组悬移质泥沙的侧向输沙率，以输入为正；S_k、S_{*k} 为第 i 断面第 k 粒径组悬移质泥沙的含沙量和水流挟沙力；ω_{sk} 为第 i 断面第 k 粒径组泥沙的浑水沉速；α_k、f_{sk} 分别为第 i 断面第 k 粒径组泥沙的恢复饱和系数与泥沙非饱和系数；ρ' 为床沙干密度；g 为重力加速度(取 9.81m/s²)；x、t 为距离及时间(谢鉴衡，1989)。

7.2.2 控制方程离散

(1)水流连续方程离散：

$$Q_{i+1} = Q_i + \Delta x_i q_{\mathrm{L}(i)} \tag{7.5}$$

式中，Q_i 为第 i 断面的流量；Δx_i 为第 i～第 $i+1$ 断面之间的距离；$q_{\mathrm{L}(i)}$ 为第 i～第 $i+1$ 断面之间的单位河长的侧向流量，以入流为正，出流为负。

(2) 水流运动方程离散：

$$\frac{\left(\alpha_{\mathrm{f}}\dfrac{Q^2}{A}\right)_{i+1}-\left(a_{\mathrm{f}}\dfrac{Q^2}{A}\right)_i}{\Delta x_i}+g\overline{A}\frac{Z_{i+1}-Z_i}{\Delta x_i}+g\overline{A}(\overline{J}_{\mathrm{f}}+J_1)=0 \tag{7.6a}$$

式 (7.6a) 整理可得

$$Z_i=Z_{i+1}+\frac{\left(a_f\dfrac{Q^2}{A}\right)_{i+1}-\left(a_f\dfrac{Q^2}{A}\right)_i}{g\overline{A}}+\Delta x_i(\overline{J}_{\mathrm{f}}+J_1) \tag{7.6b}$$

式中，$\overline{A}=A_i(1-\theta)+A_{i+1}\theta$；$\overline{J}_{\mathrm{f}}=J_{\mathrm{f}(i)}(1-\theta)+J_{f(i+1)}\theta$，$J_{\mathrm{f}(i)}=Q_i^2/K_i^2$，$J_{\mathrm{f}(i+1)}=Q_{i+1}^2/K_{i+1}^2$；假设各子断面能坡相同，均为 $J_{\mathrm{f}(i)}$，则有 $K_i=\sum\limits_{j=1}^{j_{\max}}K_{i,j}$，$K_{i,j}=h_{i,j}^{2/3}A_{i,j}/n_{i,j}$；$\alpha_{\mathrm{f}(i)}=\sum\limits_{j=1}^{j_{\max}}(K_{i,j}^3/A_{i,j}^2)/(K_i^3/A_i^2)$；$\theta$ 为数值离散权重因子，$0<\theta<1$。

(3) 悬移质泥沙不平衡输移方程离散。由于需要考虑区间的来水来沙过程，求解悬移质含沙量的沿程变化，采用下面的差分形式 (杨国录，1993)：

$$\begin{aligned}S_{(i+1,k)}=&\frac{Q_iS_{(i,k)}-\Delta x_i(1-\theta)\alpha_{(i,k)}\omega_{\mathrm{s}(i,k)}B_i(f_{\mathrm{s}(i,k)}S_{(i,k)}-S_{*(i,k)})}{\Delta x_i\theta\alpha_{(i+1,k)}\omega_{\mathrm{s}(i+1,k)}B_{i+1}f_{\mathrm{s}(i+1,k)}S_{(i+1,k)}+Q_{i+1}}\\&+\frac{\Delta x_i\theta\alpha_{(i+1,k)}\omega_{\mathrm{s}(i+1,k)}B_{i+1}S_{*(i+1,k)}+\Delta x_iq_{\mathrm{SL}(i,k)}}{\Delta x_i\theta\alpha_{(i+1,k)}\omega_{\mathrm{s}(i+1,k)}B_{i+1}f_{\mathrm{s}(i+1,k)}S_{(i+1,k)}+Q_{i+1}}\end{aligned} \tag{7.7}$$

(4) 河床变形方程离散：

$$\Delta Z_{\mathrm{b}(i,k)}=\frac{\Delta t}{\rho'}\alpha_{(i,k)}\omega_{\mathrm{s}(i,k)}(f_{\mathrm{s}(i,k)}S_{(i,k)}-S_{*(i,k)}) \tag{7.8a}$$

$$\Delta Z_{\mathrm{b}(i)}=\sum_{k=1}^{N}\Delta Z_{\mathrm{b}(i,k)} \tag{7.8b}$$

式中，$\Delta Z_{\mathrm{b}(i,k)}$ 为第 i 断面第 k 粒径组泥沙的冲淤厚度；$\Delta Z_{\mathrm{b}(i)}$ 为第 i 断面总的冲淤厚度。

7.2.3 模型中关键问题的处理

1) 断面概化处理

黄河中游，尤其是小北干流河段，滩地较宽，滩槽阻力和泥沙冲淤横向分布很复杂，不同的处理方式对计算的整体结果影响很大。因此，采用复合断面的处理方式，将各个断面概化为若干个子断面，同一断面上各个子断面的糙率和冲淤厚度可以不同。设各子断面的河床高程为 Z_{bij}，宽度为 B_{ij}，糙率为 n_{ij}，其中角标 i 代表断面号，j 代表子断面号(图 7.2)。已知某一断面流量为 Q_i、水位为 Z_i，假定能坡沿断面变化不大，曼宁阻力公式适用于各个子断面。

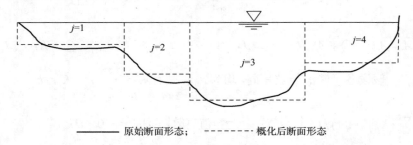

————原始断面形态；　- - - - - - 概化后断面形态

图 7.2　断面形态概化示意图

(1) 若 $Z_i > Z_{bij}$，则有：①各子断面宽度 $B_{ij} = B_{ij}$；②各子断面水深 $h_{ij} = Z_i - Z_{bij}$；③各子断面面积 $A_{ij} = B_{ij}h_{ij}$；④各子断面流量模数 $K_{ij} = A_{ij}h_{ij}^{2/3} / n_{ij}$。

(2) 若 $Z_i \leqslant Z_{bij}$，则有：① $B_{ij} = 0$；② $h_{ij} = 0$；③ $A_{ij} = 0$；④ $K_{ij} = 0$。第 i 断面的水力要素为：水面宽度 $B_i = \sum_j B_{ij}$；过水面积 $A_i = \sum_j A_{ij}$；流量模数 $K_i = \sum_j K_{ij}$；各子断面能坡和断面平均能坡分别为 $J_{ij} = Q_{ij}^2 / K_{ij}^2$、$J_i = Q_i^2 / K_i^2$；各子断面的流量和平均流速分别为 $Q_{ij} = Q_i K_{ij} / K_i$、$u_{ij} = Q_{ij} / A_{ij}$。

2) 复式断面水流要素计算

复式断面水流要素的计算存在两个问题：一是水流流态(缓流与急流)的判别；二是"二级悬河"断面地形的特殊处理。

当滩地宽度远大于主槽宽度时，尤其在黄河小北干流河段，滩槽高差较小，一般仅为 1~2m，水流上滩后，滩地水面宽度远大于主槽，但主槽过流量较大，若大断面的平均水深按 $h_{cs} = A / B$（A、B 分别为大断面的过水面积与水面宽度）计算，水流刚漫滩时，水面宽度急剧增加，导致断面平均水深太小，极有可能导致整个断面的流态变为急流，即 $Fr = u_{cs} / \sqrt{gh_{cs}} > 1$。目前在水沙数学模型中用到的水流控制方程组仅适用于缓流情况。因此，在求解水流运动方程时，必须判断各断面的水流流态，保证各大断面的 Fr 小于 1。若直接按大断面的平均水深来计算大断面的弗劳德数，此时有可能出现水流刚漫滩时，大断面的 Fr_i >1，但实际情况并非如此。因此，在实际计算中可分别判断各个子断面的水流流态，若各子断面的 Fr_{ij} 均小于 1，则整个大断面的 Fr_{ij} 必小于 1。

近年来黄河小北干流河段、渭河下游部分河段的主槽淤积严重，导致部分断面的主槽高程大于生产堤后的滩地高程。在一维水流计算中，若不考虑这一差别，就会出现主槽内水位较低，而滩地已经过流的现象。因此在程序中，必须对这种"二级悬河"地形进行特殊处理。一般可在计算前，根据实际地形与过水情况，将各计算断面划分为若干个滩和槽，同时给定滩槽的代码特征值。计算中优先满足主槽区域过流，只有在满足主槽过流，且水位大于主槽两侧滩顶高程的情况下，才使两侧滩地过水。

3）含沙量沿横向分布

根据需要，本模型可计算含沙量在断面上的横向分布。由于目前对滩槽水沙交换模式的确切描述与实际情况存在相当的距离，现有的方法还存在较多的不足之处。一类方法是在不平衡输移方程中增加滩槽交换项，如王士强（1996）、梁志勇等（1994）采用的计算模式；另一类方法是直接用河床变形方程式计算滩槽冲淤，根据实测资料建立滩槽含沙量间的经验关系式，如韦直林等（1997a）、曲少军等（1994）采用的计算模式。因此，本书直接参考韦直林和谢鉴衡（1990）的研究成果，认为子断面含沙量 $S_{i,j,k}$ 和断面平均含沙量 $S_{i,k}$ 之间可用以下经验关系式表示：

$$\frac{S_{i,j,k}}{S_{i,k}} = C_{i,k}\left(\frac{S_{*i,j,k}}{S_{*i,k}}\right)^{\beta} \tag{7.9}$$

式中，$C_{i,k}=QS_{*i,k}^{\beta}\Big/\sum_{j=1}^{j_{max}}q_{i,j}S_{*i,j,k}^{\beta}$，参数 β 由实测资料求出。韦直林取参数 β 为：当 $\frac{S_{*i,j,k}}{S_{*i,k}}<0.2$ 时，β=0.05；当 $\frac{S_{*i,j,k}}{S_{*i,k}}\geqslant 0.2$ 时，β=0.30。

4）滩槽糙率取值

河道糙率是河流动力学研究的重要问题之一，它不仅与河道的过流能力、水位变化密切相关，而且还影响河道水流的挟沙力、冲淤状况计算等。许多学者对这一问题进行了大量研究，取得了很大进展。但冲积河道的水流属动床挟沙水流，不同于定床明渠水流，因此糙率问题比较复杂（钱宁和麦乔威，1959；王士强，1990；Karim，1995；Wu and Wang，1999）。

目前，存在两类方法确定河道糙率。一类是建立糙率与各水沙要素、河床形态等之间的经验关系式，如可建立综合糙率与断面流量、断面形态、床沙粒径等之间的计算关系(王士强，1990；赵连军和张红武，1997)。这种方法能较为详细地反映沙波消长对糙率的影响，但无法考虑天然河道的各种附加阻力。另一类是根据糙率随流量变化的一般规律，利用水文站同流量下的水位资料试算糙率，从而确定各河段不同流量级下的糙率变化规律(韦直林和谢鉴衡，1990；郭庆超等，1995；王新宏，2000)。这种做法能充分考虑各附加糙率对综合糙率的影响，从而使计算结果更加符合实际。缺陷是当水流流态、河床形态等发生显著的变化时，由经验公式计算的河床综合阻力不一定能反映实际情况(谢鉴衡，1993)。

　　在目前的条件下，唯一可靠的途径是通过实测资料来率定糙率的值，但在不同的水沙条件下，糙率值变化很大，与流量、水深等关系都不是十分密切。对于黄河中游、渭河下游这样复杂的河床形态，糙率值只能从大尺度、长时间平均上确定。对于长时间的水沙过程与河床变形计算而言，要给出它的精确变化过程，既不可能，也没有必要。因此，较为实用的方法是根据经验，给出各个河段不同流量级下糙率的基本值，再通过水面线验证计算进行适当的调整。 一般情况下，床面冲刷，床沙粗化，则糙率增大；床面淤积，床沙细化，则糙率减小。因此，在计算中还可根据河床的冲淤状况，适当调整糙率的大小。

　　5)悬移质水流挟沙力

　　悬移质水流挟沙力公式及其参数选取的合理与否直接影响到河床冲淤变形计算的精度。长期以来，国内外众多学者对它进行了深入的研究，或从理论出发，或从不同的河流实测资料和水槽试验资料出发，推导出经验的、半经验半理论的公式(张瑞瑾，1996；王士强等，1998)。此外，也有从悬移质分布公式推求水流挟沙力公式的。

　　本模型可选择两种挟沙力公式。

　　一是目前在泥沙数学模型中应用较广、考虑因素较全面的张红武水流挟沙力公式(张红武和吴昕，1993)。该公式通过对二维水流单位水体的能量平衡方程式沿垂线积分，经分析整理得出包括全部悬移质泥沙在内的水流挟沙力公式，即

$$S_* = 2.5\left[\frac{(0.0022+S_V)u^3}{\kappa\dfrac{\rho_s-\rho_m}{\rho_m}gh\omega_m}\ln\left(\frac{h}{6D_{50}}\right)\right]^{0.62} \tag{7.10}$$

式中，单位均为 kg-m-s 制，ρ_s、ρ_m 分别为泥沙和浑水密度；κ 为卡门常数，与含沙量有关；S_V 为体积比含沙量；ω_m 为混合沙的群体代表沉速；D_{50} 为床沙的中值粒径。式(7.10)不仅适用于一般挟沙水流，而且更适用于高含沙紊流，其充分考虑了含沙量对挟沙力的影响。其他人分别开展的验证结果表明，式(7.10)计

算精度明显优于其他公式(舒安平，1993)。式(7.10)中的其他参数分别为

$$K = 0.4[1 - 4.2\sqrt{S_V}(0.365 - S_V)]$$

$$\omega_{sk} = \omega_{0k}[1 - \frac{S_V}{2.25\sqrt{d_{50}}}]^{3.5}(1 - 1.25S_V)$$

$$\omega_m = \sum_{k=1}^{N} \omega_{sk}\Delta P_{*k}$$

$$\rho_m = \rho_f + \left(1.0 - \frac{\rho_f}{\rho_s}\right) \times S$$

上面各式中，ρ_f 为水流密度；S_V 为断面平均含沙量；ω_{0k} 为第 k 粒径组泥沙在清水中的沉速；d_{50} 为悬移质泥沙中径。对于某一粒径组泥沙在清水中的沉速，采用张瑞瑾等(1989)提出的公式计算，即

$$\omega_{0k} = \sqrt{\left(13.95\frac{v}{d_k}\right)^2 + 1.09\frac{\gamma_s - \gamma_f}{\gamma_f}gd_k} - 13.95\frac{v}{d_k} \tag{7.11}$$

式中，d_k 为某一粒径组泥沙的代表粒径；v 为水体的运动黏滞系数；γ_s、γ_f 分别为泥沙与水的容重。

二是吴保生和龙毓骞(1993)提出的挟沙力计算公式。该公式参照武汉水利电力学院的公式，引入 $\gamma_m / (\gamma_s - \gamma_m)$，$\omega_m$ 采用 $\sum(\Delta P_{*k}\omega_{sk})^m$ 计算，根据 1160 组实测资料回归得到如下水流挟沙力计算公式：

$$S_* = k\left(\frac{\gamma_m}{\gamma_s - \gamma_m}\frac{u^3}{gh\omega_m}\right)^m \tag{7.12}$$

式中，$k=0.4515$，$m=0.7414$。在本模型中，暂采用式(7.12)计算水流挟沙力。

在复式断面的挟沙力计算中发现，当水流漫滩后，水面宽度急剧增加，断面平均流速变化不大，但平均水深会减小较多，引起断面挟沙力急剧增加，这与实际情况不太符合。为避免这种现象，先不考虑混合沙的代表沉速与含沙量的横向变化，计算出各子断面的挟沙力大小 S_{*ij}。然后根据各子断面的挟沙力大小 S_{*ij} 和流量 Q_{ij}，确定出大断面的挟沙力 $S_{*i} = (\sum_j Q_{ij}S_{*ij}) / Q_i$。

对于粗沙、少沙河流，通过区分床沙质与冲泻质，就能解决实际问题。对于像黄河那样的多沙河流，特别是宽浅河段，滩面水流流速很小，河槽中的冲泻质

在滩面上具有造床作用，滩地淤积后，滩槽关系发生变化，进而影响整个断面的造床过程(张红武等，1994)。因此，本书在计算三门峡库区三个河段的河床冲淤时，不再人为地区分床沙质与冲泻质。

6) 分组悬移质挟沙力级配

均匀沙的挟沙力研究比较成熟，而天然河流中挟带的泥沙往往为非均匀沙，因此常用均匀沙的方法来处理非均匀沙问题。当前对非均匀沙的挟沙力研究不够深入，影响非均匀沙挟沙力的因素一般为水流条件、床沙条件和来沙条件。前两者对挟沙力的影响机理已经比较明确，而来沙条件如何影响水流挟沙力尚不清楚。目前对非均匀沙分组挟沙力的计算大致有以下几种方法。

(1) 仅考虑床沙级配的 Hec-6 模型方法(Feldman，1981)。该方法认为分组挟沙力级配 (ΔP_{*k}) 与床沙级配及该粒径组沉速和平均沉速的比值有关，而与水力因素无任何关系。

(2) 考虑悬移质来沙级配的韩其为方法(韩其为，1980)。按照该计算模式，当河道淤积时，各粒径组的泥沙均发生淤积；当河道冲刷时，各粒径组的泥沙均发生冲刷。这与天然河道的实际情况不符。在天然河道中，当河床发生冲淤变形时，某些粒径组的泥沙可发生冲刷，而某些粒径组的泥沙可发生淤积，如黄河下游河道(艾山—利津河段)，在汛期泥沙粒径 $D=0.05\sim0.01\text{mm}$ 是淤积的，而其他粒径组是冲刷的。

(3) 考虑水流条件和床沙级配的李义天方法(李义天，1987)。

本模型采用水流条件和床沙级配推求分组挟沙力(李义天，1987)。这种做法的原理是首先假定输沙平衡，即第 k 粒径组泥沙在单位时间内沉降在床面上的总沙量等于冲起的总沙量，然后根据垂线平均含沙量和河底含沙量之间的关系，确定悬移质挟沙力级配(ΔP_{*k}) 和床沙级配(ΔP_{bk}) 的关系：

$$\Delta P_{*k} = \Delta P_{bk} \frac{\dfrac{1-A_k}{\omega_{sk}}(1-e^{-\frac{6\omega_{sk}}{\kappa u_*}})}{\sum\limits_{k=1}^{N} \Delta P_{bk} \dfrac{1-A_k}{\omega_{sk}}(1-e^{-\frac{6\omega_{sk}}{\kappa u_*}})} \tag{7.13}$$

式中，$A_k = \omega_{sk}/[(\delta_v/\sqrt{2\pi})\exp(-0.5\omega_{sk}^2/\delta_v^2)+\omega_{sk}\Phi(\omega_{sk}/\delta_v)]$，$\delta_v$ 为垂向紊动强度，通常取 $\delta_v = u_*$，$\Phi(\omega_{sk}/\delta_v)$ 为正态分布函数。

因此，该方法的特点是同时考虑了水流条件和床沙组成对挟沙力的影响，虽然形式复杂，但无须试算，使用比较方便。式(7.13)表明，水流挟沙力级配除与床沙级配有关外，还与断面水力因素有关。为进一步考虑来沙级配对挟沙力级配的影响，本模型将式(7.13)进一步改写为

$$\Delta P'_{*k} = \varepsilon \Delta P_{sk} + (1 - \varepsilon) \Delta P_{*k} \tag{7.14}$$

式中，$\Delta P'_{*k}$ 为考虑来沙级配后的挟沙力级配；ΔP_{sk} 为上游断面的悬移质泥沙级配；ε 为参数，在 $0 \sim 1$ 范围内变化，在实际计算中，取 $\varepsilon = 0.5$。

7) 床沙级配的调整计算

已知某断面或某子断面的各粒径组的冲淤厚度 ΔH_{sk}，及总的冲淤厚度 ΔH_s，则床沙级配的调整计算通常可分为以下两种情况计算(图 7.3)。

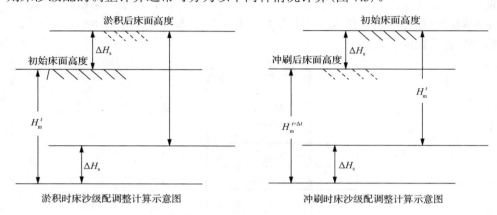

图 7.3　床沙级配调整计算示意图

(1) 第一种情况，为各粒径组均发生淤积，$\Delta H_{sk} > 0$，或部分粒径组发生冲刷，但总的冲淤厚度 $\Delta H_s > 0$ 的情况。则床沙活动层的级配可用式(7.15a)计算：

$$\Delta P_{bk}^{t+\Delta t} = \frac{\Delta H_{sk} + \Delta P_{bk}^{t} \times H_m^t}{H_m^{t+\Delta t} + \Delta H_s} \tag{7.15a}$$

式中，ΔP_{bk}^{t}、$\Delta P_{bk}^{t+\Delta t}$ 分别为 t 时刻、$t + \Delta t$ 时刻的床沙活动层的级配；H_m^t、$H_m^{t+\Delta t}$ 分别为 t 时刻、$t + \Delta t$ 时刻的床沙活动层的厚度。

(2) 第二种情况，为各粒径组均发生冲刷，$\Delta H_{sk} < 0$，或有部分粒径组发生淤积，但总的冲淤厚度 $\Delta H_s < 0$ 的情况。则床沙活动层的级配可用式(7.15b)计算：

$$\Delta P_{bk}^{t+\Delta t} = \frac{\Delta H_{sk} + \Delta P_{bk}^{t} H_m^t + |\Delta H_s| \Delta P_{remk}}{H_m^{t+\Delta t} + |\Delta H_s|} \tag{7.15b}$$

式中，ΔP_{bk}^{t}、$\Delta P_{bk}^{t+\Delta t}$、$H_m^t$、$H_m^{t+\Delta t}$ 与前面相同；ΔP_{remk} 为若干个记忆层内的床沙平均级配。

为模拟河床在冲淤过程中的床沙粗化或细化现象，本模型将床沙分为两大层，包括最上层的床沙活动层(或称床面交换层)及该层以下的分层记忆层,见图 7.4。床沙活动层的厚度为 H_m,相应的级配为 ΔP_{bk}。通常假设一个时段内的河床冲淤变化限制在某一厚度之内,这一厚度称为床沙活动层厚度。分层记忆层可根据实际情况共分为 n 层,各层的厚度及相应的级配分别为 ΔH_n、ΔP_{nk}。 计算中当河床发生淤积,且淤积厚度大于事先设定的记忆层厚度时,记忆层数相应增加,即分为 $n+1$ 层,且该层的级配为 t 时刻的床沙活动层级配 ΔP_{bk}^t;若淤积厚度小于设定值,则记忆层数不变,最上部的记忆层厚度与级配进行相应的调整。当河床发生冲刷时,根据冲刷量的大小,记忆层数相应减少若干层,且最上面若干记忆层的级配进行相应的调整。

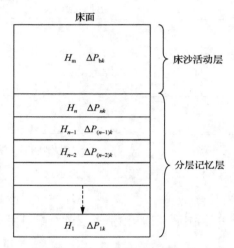

图 7.4　床沙级配的分层记忆计算模式

床沙活动层厚度 H_m,既与水流条件有关,又与床沙组成条件有关。受河床变形和来水来沙条件的影响,床沙活动层的厚度和组成是不断变化的。由于问题的复杂性,目前要从数学上严格定义和表达床沙活动层厚度的公式还比较困难。已有许多学者对这一问题进行了研究,给出了一些计算方法(Borah et al.,1982;Karim and Holly,1984;王士强,1992)。Borah 等(1982)从沙波运动分析入手,认为沙波在向前运动的过程中,整个沙波就是一个活动区域,可以根据这个规律推导出活动层厚度的计算公式。但这个问题不能考虑过细,一方面缺乏床沙级配沿垂向变化的实测资料;另一方面考虑过细,不一定就能提高计算精度(谢鉴衡,1993)。所以本模型采用前人常用的处理方法,认为沙质河床的活动层厚度相当于沙波波高,为 2.0～3.0m。

8)悬移质不平衡输移参数的改进

韩其为(1979)将窦国仁(1963)的悬移质不平衡输沙模式进行了进一步的发

展，使之能用于天然河道，该式可写为

$$\frac{\mathrm{d}S}{\mathrm{d}x} = -\frac{\omega}{q}(\alpha_{\mathrm{N}}S - \alpha_*S_*) \tag{7.16}$$

韩其为认为，在不平衡输沙方程中，α_* 为近底平衡含沙量（S_{b*}）与平均水流挟沙力（S_*）之比，α_{N} 为不平衡输沙条件下近底含沙量（S_b）与平均含沙量（S）之比，$\alpha_* = S_{b*}/S_*$、$\alpha_{\mathrm{N}} = S_b/S$，并近似取 $\alpha = \alpha_* = \alpha_{\mathrm{N}}$，称 α 为泥沙恢复饱和系数，显然泥沙恢复饱和系数应大于 1。然而通过南方河流大量的实测资料验证，泥沙恢复饱和系数 α 在淤积时为 0.25，冲刷时 α 为 1.0（韩其为，1979）。

上述研究和实测资料都是在悬沙组成较粗的情况下，得出的泥沙恢复饱和系数的取值范围。对于像黄河这样的细沙多沙河流，根据各家数学模型通过黄河中下游的实测冲淤资料，经反复调试，最后率定的泥沙恢复饱和系数取值为 0.004～0.30，远小于韩其为（1979）的取值。在黄河下游，泥沙恢复饱和系数的取值更小（钱意颖，1998）。

按照韩其为的不平衡输沙模式，假设下式仍成立，即 $(\alpha_{\mathrm{N}}S - \alpha_*S_*) = \alpha(S - S_*)$，则 α 的表达式为 $\alpha = \alpha_* + (\alpha_{\mathrm{N}} - \alpha_*)S/(S - S_*)$。由此可见，$\alpha$ 的值不是简单的一个常数，它不仅与平衡含沙量分布系数 α_*、不平衡含沙量分布系数 α_{N} 有关，而且与断面的挟沙力和含沙量有关，而且对不同粒径组的泥沙，α 的取值应当不同。

α_* 可由已知的悬沙浓度沿垂直分布公式积分求得，对于细沙河流，α_* 值一般略大于 1。α_{N} 为不平衡输沙条件下近底含沙量（S_b）与平均含沙量（S）之比。由于冲刷时不平衡含沙量沿垂线的分布总比平衡状态下的挟沙力分布均匀，而淤积时刚好相反，冲刷时 $\alpha_{\mathrm{N}} > \alpha_*$；淤积时 $\alpha_{\mathrm{N}} < \alpha_*$；当输沙平衡时 $\alpha_N = \alpha_*$。

因此，可以将常见的悬沙输移方程修改为

$$\frac{\mathrm{d}(QS_k)}{\mathrm{d}x} + \alpha_k\omega_{sk}B(f_{sk}S_k - S_{*k}) = q_{\mathrm{SL}(k)} \tag{7.17}$$

式中，$f_{sk} = \alpha_{\mathrm{N}k}/\alpha_{*k}$。当第 k 粒径组泥沙冲刷时 $f_{sk} > 1$，淤积时 $f_{sk} < 1$，冲淤平衡时 $f_{sk} = 1$。

因此，在实际计算中对 f_{sk} 作如下假定：当淤积 $S_k \geqslant S_{*k}$ 时，取 $f_{sk} = \exp[(S_{*k}/S_k)^{m_1} - 1]$；当冲刷 $S_k < S_{*k}$ 时，取 $f_{sk} = \exp[1 - (S_k/S_{*k})^{m_2}]$。$m_1$ 与 m_2 为小于 1 的正数。对 α_k，仍按一个综合系数来看待，采用类似韦直林等（1997b）提出的方法取值。

9）冲淤面积的横向分配模式

一维模型仅能计算出各大断面的冲淤面积，不能给出冲淤面积沿河宽的分布，因此必须采用合理的冲淤分配模式。在本模型中可根据河床冲淤特点，采取不同的冲淤面积的横向分配模式。

(1)按流量大小进行分配，即

$$\Delta Z_{b(i,j)} = \frac{q_{ij}}{Q_i} \Delta A_{s(i)} \tag{7.18a}$$

式中，$\Delta Z_{b(i,j)}$、q_{ij}分别为第i断面第j子断面的冲淤厚度、单宽流量；Q_i、$\Delta A_{s(i)}$为第i断面的流量、冲淤面积。

(2)按挟沙力的饱和程度进行冲淤面积的横向分配，即

$$\Delta Z_{b(i,j,k)} = \frac{\alpha_{ijk}\omega_{ijk}B_{ij}(f_{s(i,j,k)}S_{ijk} - S_{*ijk})}{\sum\limits_{j=1}^{j_{max}} \alpha_{ijk}\omega_{ijk}B_{ij}(f_{s(i,j,k)}S_{ijk} - S_{*ijk})} \frac{\Delta A_{s(i,k)}}{B_{ij}} \tag{7.18b}$$

式中，ω_{ijk}、S_{ijk}、S_{*ijk}分别为第i断面第j子断面第k粒径组泥沙的浑水沉速、含沙量、挟沙力。

不直接采用子断面法计算河床冲淤量的原因如下：所有方程和公式都建立在一维大断面的基础上，都是断面平均量。以往在子断面直接用河床变形方程可行的原因是子断面数划分较少，一般仅划分为二滩一槽；为模拟潼关高程的变化过程，必须根据某一断面的实际地形，划分足够数量的子断面数。但若划的分子断面数较多，则采用子断面法直接求河床冲淤量时，计算结果不理想。

(3)按等厚冲淤模式分配。当淤积时，淤积物等厚沿湿周分布。当冲刷时，分两种情况修正：当水面河宽小于稳定河宽时，断面按沿湿周等深冲刷进行修正；当水面宽度大于稳定河宽时，只对稳定河宽以下的河床进行等深冲刷修正，稳定河宽以上河床按不冲处理。

在本模型中，为简化计算，按第三种模式考虑冲淤面积的横向分布。

7.2.4　数学模型的计算流程

1)初始边界条件输入

(1)地形输入。根据实际断面形态，将大断面划分为若干子断面，包括主槽0、低滩1、高滩2。

(2)床沙级配输入。

(3)水沙条件输入。包括：①黄河龙门站、渭河咸阳站、泾河张家山站、北洛河状头站、汾河河津站的流量、含沙量、级配；②坝前史家滩站水位过程或由调洪计算得出；③区间引水引沙量、来水来沙量，河段坍岸量。

2) 水流条件计算

（1）计算渭河咸阳断面到渭拦 12（WL12）断面的各站流量，或计算渭河华县断面到渭拦 12 断面的各站流量。

（2）计算龙门到 HY42 断面的流量，有 $Q_{(HY42)}+Q_{(WL12)}=Q_{(HY41)}$，再由 $Q_{(HY41)}$ 推求潼关断面至史家滩各站的流量。

（3）利用一维恒定水流控制方程，计算龙门至史家滩各站的水位、流速、水深等水流要素。作近似假设：在汇合区，有 $Z_{(WL12)}=0.5\times(Z_{(HY41)}+Z_{(HY42)})$，再由 $Z_{(WL12)}$ 推求渭河下游各站的水位 Z、流速 U 等。水流条件计算步骤（1）~步骤（3）的流程见图 7.5。

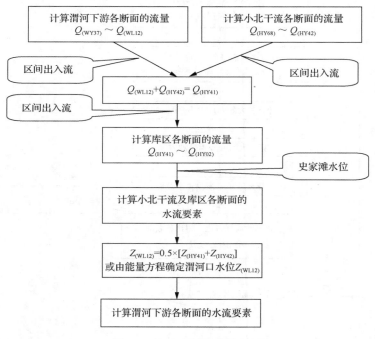

图 7.5　水流条件计算流程图

3) 悬沙不平衡输移过程

（1）由 $S_{(咸阳)}$、$S_{(张家山)}$、$S_{(状头)}$，利用悬沙不平衡输移方程，计算得到渭河下游 WY37~WL12 各断面或 WY10~WL12 各断面的悬移质含沙量。

（2）由 $S_{(龙门)}$、$S_{(河津)}$ 及 $S_{(WL12)}$，计算龙门至史家滩各站的悬移质含沙量。

（3）悬沙不平衡输移过程的计算流程：①假设各大断面的含沙量分布估计为 S'_{ik}；②计算各大断面混合层床沙的特征粒径 D_{50}、D_{pj}；③计算各大断面的悬移质中值粒径及其级配 d_{50}、P_{sk}；④计算各大断面悬沙的浑水沉速 ω_{sk}、ω_{m}；⑤计

算各大断面的挟沙力级配 ΔP_{*k}；⑥计算各大断面的水流挟沙力及分组挟沙力 S_*、S_{*k}；⑦计算各大悬沙不平衡输移的系数 f_{sk}、α_k；⑧求解悬沙输移方程，得出某一粒径组泥沙各大断面上的含沙量 S_{ik}、S_i，判断步骤①的假设值与步骤⑧的计算值是否相等，若 $|S'_{ik}-S_{ik}|<\varepsilon$，则 S_{ik} 即本时段计算的含沙量值，若上述条件不满足，则令 $S'_{ik}=S_{ik}$，返回步骤②重新计算，直至满足上述条件，步骤①～步骤⑧的计算流程见图 7.6；⑨根据经验方法，可确定各计算子断面的含沙量与挟沙力。

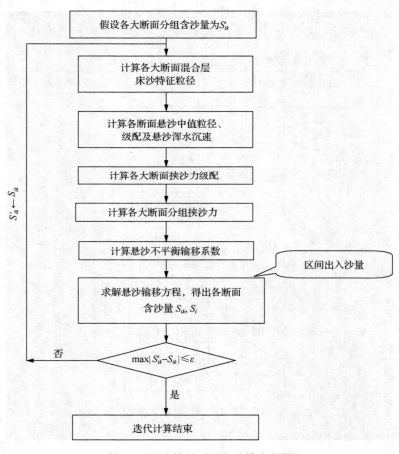

图 7.6　悬沙输移不平衡计算流程图

4）河床变形计算

根据式(7.8)确定河床冲淤的总面积，再按等厚冲淤分配模式确定各子断面上的冲淤厚度。

5）床沙级配计算

由式(7.15)计算河床冲淤后的床沙级配变化。

7.3　水沙调度模型在三门峡水库中的率定及验证

水库水沙调度模型涉及的控制参数非常多，通常选用敏感性较高的参数进行率定，如不同河段不同流量级下的糙率、泥沙恢复饱和系数等。计算结果的参照对象一般是不同河段累积冲淤量、出库含沙量，库区内水文站的水位与监测断面的河床高程等实测资料。黄河中游的三门峡水库是典型的多沙河流水库，本节采用三门峡库区 1960～2001 年的水沙过程和实际调度过程对建立的一维水沙调度模型进行率定和验证。

7.3.1　三门峡库区概况

采用数学模型研究的河段为三门峡库区，主要包括黄河小北干流河段、潼关至大坝河段以及渭河下游河段(图 7.1)。因此本书主要阐述上述三个河段的水沙特性与河床演变特点。

1. 小北干流河段

黄河中游禹门口至潼关河段简称小北干流河段，全长 132.5km，河道比降上陡下缓，河段平面形态呈中间较窄、上下两段较宽的哑铃状。区间较大的支流有汾河、渭河等，其中汾河在河段的上部汇入，渭河在该河段的下部潼关附近汇入。根据河道特性，小北干流可分为上、中、下三段。上段为禹门口至庙前河段，长度为 42.5km，河宽为 4～13km，平均比降为 4.94‰；中段为庙前至夹马口河段，长度为 30.0km，河宽为 3～5km，平均比降为 4.70‰；下段为夹马口至潼关河段，河宽为 3～18km，平均比降为 3.10‰(程龙渊等，1999)。

1)来水来沙特点

小北干流河段的水沙主要来自干流龙门以上，水量及长时段的洪量主要来自上游河口镇以上，沙量主要来自河口镇至龙门区间，水沙量集中于汛期。龙门以上洪峰主要来源于河口镇至龙门区间支流，通常由暴雨形成，暴雨中心常在黄甫川、窟野河、无定河等支流的中下游，暴雨较集中，强度较大，面积较广，历时较长。该区间干支流坡度较大，坡面植被很差，是著名的黄土高原产沙区，因此龙门站洪水的含沙量较大，暴涨暴落，且集中发生在 7 月中旬至 9 月上旬，尤以 8 月份为多。因此，小北干流河段来水来沙的主要特点是：水沙量年内分配不均，年际变化大，水沙异源。

由表 7.1 可知，在龙羊峡、刘家峡两库联合运用前，龙门站汛期平均水量为 174.2 亿 m³，沙量为 7.55 亿 t；在龙羊峡、刘家峡两库联合运用后，龙门站水沙量明显减少，其中汛期水量减少近 92 亿 m³，沙量减少 46.5%。与两库运用前相比，汛期大流量出现的天数明显减少，小流量出现天数增加，大洪水发生次数减少，洪水历时缩短。

表 7.1　黄河龙门站不同时期的水沙量统计

水文系列	水量/亿 m³			沙量/亿 t		
	水文年	汛期	非汛期	水文年	汛期	非汛期
1961~1986 年	310.3	174.2	136.0	8.56	7.55	1.01
1987~2001 年	196.8	82.3	114.5	4.90	4.04	0.85
1961~2001 年	268.7	140.6	128.1	7.22	6.27	0.95

2) 河床冲淤特点

历史上小北干流河段为堆积性游荡型河道，由于主流经常摆动，冲滩塌岸，素有"三十年河东，三十年河西"之说，具有典型游荡型河道"宽、浅、散、乱"、主流迁徙不定的特点。在天然情况下，该河段仍处于淤积状态。根据三门峡建库前的实测资料，采用输沙率法分析，得出小北干流段 1950~1960 年的年均淤积量为 0.88 亿 t，约为 0.629 亿 m³。三门峡水库自 1960 年 9 月建成至今，经历了蓄水拦沙、滞洪排沙以及蓄清排浑控制运用三个时期。1960~2001 年小北干流河段共淤积泥沙 25.1 亿 m³，年均淤积 0.612 亿 m³。三门峡建库后至 1973 年 10 月，由于受水库淤积上延的影响，小北干流河段大量淤积，该时期共淤积泥沙 18.55 亿 m³，其中黄淤 41~45 断面淤积 3.87 亿 m³，黄淤 45~50 断面淤积 6.73 亿 m³，黄淤 50~59 断面淤积 3.76 亿 m³，黄淤 59~68 断面淤积 4.19 亿 m³，淤积主要集中在黄淤 45~50 断面，其淤积量占整个河段淤积量的 36.3%，这是三门峡水库蓄水运用，潼关河床淤积抬高的结果。在此期间，小北干流的淤积形式主要表现为溯源淤积。

1973 年 10 月~1986 年 10 月，由于三门峡水库采取合理的运用方式并且来水来沙条件有利，该河段泥沙淤积较少，仅为 0.093 亿 m³，冲淤基本平衡。淤积最多的是黄淤 50~59 断面，其次为 59~68 断面，而黄淤 50 断面以下发生冲刷。1986 年 10 月以来，黄河上游龙羊峡、刘家峡两库的联合运用，改变了进入小北干流的年内水沙量分配关系，汛期水量显著减少，非汛期水量变化不大。其间小北干流共淤积 5.9 亿 m³，年均淤积量明显增加。与 1973 年前相比，此时小北干流的淤积部位和淤积形式发生了变化，淤积部位主要集中在黄淤 59~68 断面，淤积形式由原来的溯源淤积转为沿程淤积。

2. 潼关至大坝河段

黄河潼关至大坝河段(简称潼三河段)，河道全长 113.5km，流域面积 6257km²，位于陕、晋、豫三省交界处。黄河流至潼关后，穿行在秦岭和中条山阶地之间。从潼三河段，除北岸潼关至大禹渡为二级阶地，河岸比较低缓外，其余河岸均较陡峻，高出河槽 30～50m。三门峡水库修建前，潼三河段是峡谷型河道，河槽规顺且比较稳定。水库建成后，该河段由自然河道变为库区河道，泥沙淤积严重，河床抬高。目前采用的是蓄清排浑运用方式，即非汛期为下游防凌和春灌蓄水，汛前泄空，汛期除下游发生大洪水外均敞泄排沙。在这种运用方式下，进出库泥沙基本处于平衡状态，但不同河段的河道特性已明显不同。潼三河段一般分为三段。

(1)上段(潼关—大禹渡，长 45.6km)受水库蓄水影响较小，处于自然河道状态，冲淤变化较大，主槽宽浅，河势变化频繁，属游荡型河道。

(2)中段(大禹渡—冯佐，长 30.0km)同时具有水库和河道的双重特性，即水库蓄水期，河道淹没，河势呈稳定状态；水库泄水后，河道外露，河势呈不稳定状态，河势变化程度小于上段，但远大于下段，属过渡型河道。

(3)下段(冯佐—三门峡大坝，长 37.9km)，形成高滩深槽，汛期中小洪水一般不出槽。主河道比较弯曲，相对稳定，属弯曲型河道(李庆中等，2000)。

1)入库水沙特点

潼关断面是入库水沙的控制断面。潼关水文站 1961～2001 年的多年平均来水量为 347 亿 m^3，平均来沙量为 10.4 亿 t。其中汛期平均来水量为 188 亿 m^3，占全年的 54.2%；汛期平均来沙量为 8.5 亿 t，占全年的 81.7%。可见来沙量年内分配的不均匀性远大于来水量。1986 年以后，由于龙羊峡水库投入运用，加上工农业用水的逐年增加、降雨量的减少和水土保持的作用，潼关站的来水量呈大幅度减少趋势，而来沙量减少的幅度小于来水量(图 7.7)。

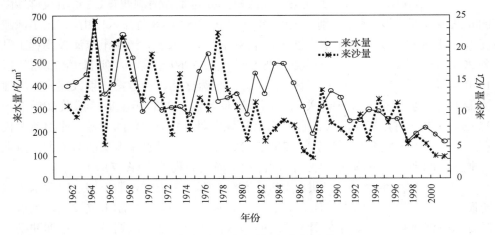

图 7.7　潼关站水沙逐年变化过程

2)库区冲淤过程与潼关高程变化

三门峡水库 1960 年 9 月 15 日投入运用，至 1962 年 3 月 19 日为蓄水拦沙期。

1962 年 2 月 9 日最高蓄水位达 332.58m，至 1962 年 3 月，库水位保持在 330m 以
上的时间达 200 天，致使 93%的入库泥沙淤积在库内。由于回水超过潼关，库内
淤积严重，潼关高程迅速抬升，由 1960 年 3 月的 323.66m 上升为 1962 年 3 月的
328.07m，上升 4.41m。显然这一时期潼关高程上升的主要原因是水库运用，特别
是高水位运用。1962 年 3 月水库改为滞洪排沙运用后，库区淤积得到缓和，潼关
高程有所下降。但由于泄流规模不足，遇丰水丰沙的 1964 年，水库滞洪淤积严重，
到汛后潼关高程又上升到 328.09m。从图 7.8 看出，1964 年为丰水丰沙年，而坝
前运用水位较高，造成泥沙在库区大量淤积。

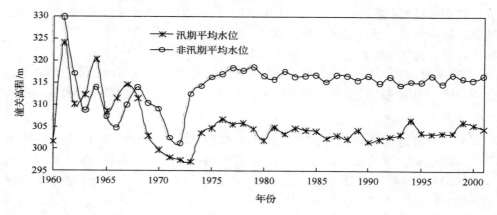

图 7.8　三门峡坝前运用水位逐年变化过程

　　1965 年开始，三门峡大坝第一期改建，改建工程两洞四管(两条泄流排沙隧
洞和四根泄流排沙钢管)分别于 1966 年 7 月和 1968 年 8 月投入使用，扩大了泄流
能力。但 1967 年又遇到丰水丰沙年，库区河道大量淤积，当年汛末潼关高程上升
到 328.35m，此后连续三年一直在 328.5m 左右。1969 年底，大坝开始第二期改建，
1970 年 6 月~1971 年 10 月先后打开 1~8 号导流底孔。经过第二期改建，水库泄
流能力进一步扩大，库区潼关以下河段冲刷，至 1973 年汛后，潼关高程降为
326.64m。这一时期影响潼关高程前期上升与后期下降的主要因素是水库泄流规模
和来水来沙的丰枯变化(姜乃迁，2002；2000)。该阶段水库泄洪能力增大，汛期
与非汛期的坝前水位降低，导致库区冲刷，潼关高程下降(图 7.9)。
　　1973 年底起至今，三门峡水库采用蓄清排浑运用方式，非汛期水库蓄水承担
防凌、发电、灌溉、供水等任务，汛期平水期在 305m 的控制水位发电，洪水期
降低水位泄洪排沙。该时期库区冲淤的基本特性一般是非汛期淤积、汛期冲刷，
潼关高程也相应具有非汛期抬升、汛期下降的规律。蓄清排浑控制运用以后，潼
关高程在 1975 年汛后降到了蓄清排浑运用以来的最低高程 326.02m；之后 1976~
1979 年连续上升，1980~1985 年则连续下降，到 1985 年汛后降为 326.64m；接

着是 1986～1991 年连年上升，虽然 1992 年汛期有所下降，但 1993～1995 年又连年上升，1995 年汛末潼关高程抬高到 328.34m；自此之后潼关高程维持在 328.0m 以上，到 2000 年汛后仍为 328.36m，长期居高不下（图 7.9）。

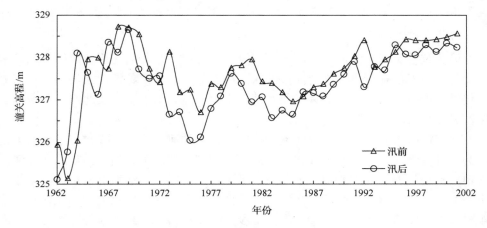

图 7.9　潼关高程逐年变化过程

3. 渭河下游河段

渭河下游河段全长 208km，上起渭河咸阳铁路桥，下至渭河入黄河口，河型由上段的游荡型到中段的过渡型直到下段的弯曲型。渭河咸阳铁路桥至耿镇桥段长 37km，属于游荡型河道，该河段比降为 0.65‰，河宽为 1.2～1.5km；耿镇桥至赤水河段长 63km，属于过渡型河道，河宽为 1.0～3.0km，比降为 0.14‰～0.5‰；赤水河以下 108km 河段属于弯曲型河道，河宽为 2～3.3km，比降为 0.07‰～0.14‰。渭河下游支流入汇较多，北岸有泾河、石川河和北洛河；南岸有发源于秦岭北麓的沣河、灞河、尤河、罗夫河等。泾河和北洛河均是我国的多沙河流，因此渭河下游是多沙河流的汇流区，河床冲淤变化非常剧烈。泾河是渭河下游的一条最大支流，在高陵渭河耿镇桥上游的渭淤 28 断面附近汇入渭河，其洪水具有陡涨陡落、含沙量高的特点，对渭河下游防洪和河床变形影响较大。北洛河在渭河尾闾段汇入渭河，其水沙条件对黄河、洛河、渭河三河汇流区河床变化影响较大，特别是北洛河的小水大沙对渭河拦门沙的发展起重要的作用（张根广等，2003）。

1）来水来沙情况

渭河下游水沙来源于渭河干流、泾河、北洛河和南山诸多支流，主要来自渭河干流和泾河。从多年平均值来看，渭河咸阳站和泾河张家山站水量分别占华县站水量的 62%和 18%，咸阳站和张家山站沙量分别占华县站沙量的 38%和 61%。由此看出，渭河下游水量主要来自渭河干流咸阳以上，沙量主要来自泾河。渭河下游水沙年内分配不均衡,全年水沙主要集中在汛期。汛期水量占年水量的 60%以上,沙量占年沙量的 85%以上。汛期水沙量又集中于几次洪水过程。1987 年以来,渭河咸阳站以上干流和泾河来水都有减少,咸阳站以上干流减水量较大,使渭河干流来水量占华县站水量的百分数下降,泾河来水量占比上升(张翠萍等,1999)。

2)河段冲淤特点

潼关位于黄河、渭河、洛河三河汇流区的出口,是黄河在晋、陕间自北向南流动然后东折的扼制点,因此潼关河床高程实际上是黄河、渭河及洛河三条河流的侵蚀基准点,潼关河床高程变化对黄河小北干流、渭河下游及北洛河下游的河床冲淤变化起着至关重要的作用。

在三门峡水库建库前,渭河下游按照其自身的河床演变规律建立了以潼关河床为侵蚀基准面,与来水来沙相适应的稳定河型。渭河下游的平面形态在泾河汇入口段河道较宽,并有心滩,汇入口以下逐渐过渡到弯曲河型汇入黄河。华县以下断面形态为由深槽、嫩滩、高滩组成的复式断面。华县以上为仅由深槽和滩地组成的单一断面。泾河来沙量占华县站沙量的 61.5%,其悬沙粒径比渭河大。泾河每年的推移质输沙量约为 200 万 t,这是在泾河汇口段形成心滩的原因。在建库前的 2500 年间,渭河下游河道是一条缓慢上升的微淤或基本平衡的河道。

在三门峡建库后,渭河下游遭受了大量的泥沙淤积,河床演变基本上向以淤积为主的单一化方向发展。截止到 2001 年汛末,渭河下游泥沙淤积总量已达 13.09亿 m³,淤积范围已波及咸阳铁桥附近。在三门峡建库初期(二期改建前),渭河下游泥沙淤积比较严重;在二期改建期,随着水库枢纽泄流排沙能力的加大及水库运用水位的降低,渭河下游的泥沙淤积速度有所减缓;在 1973 年汛后,三门峡水库改为全年控制运用,渭河下游有冲有淤;但进入 20 世纪 90 年代后,由于水沙条件的变化,泥沙淤积发展迅速,导致渭河下游防洪问题日益严重,主要表现在以下三个方面(李杨俊,1998;唐先海,1999;陈建国等,2002)。

(1)下游河道萎缩,主槽过洪能力锐减,同流量的常水位和洪水位普遍抬高。在三门峡建库前,渭河下游的主槽过洪能力一般为 4500～5000m³/s;在三门峡建库后,随着潼关高程的抬高及渭河下游泥沙淤积的不断发展和淤积重心的不断向上延伸,其主槽过洪能力不断衰减;尤其是近些年来,潼关高程和渭河下游泥沙淤积发展迅速,主槽过洪能力锐减。截止到 1995 年,主槽过洪能力达到最小,华县河段仅为 800m³/s,临潼河段主槽过洪能力也降至 3520m³/s,这是三门峡水库建库以来前所未有的现象。至 2002 年汛后,华县断面的主槽过洪能力为 1800m³/s,临潼断面的主槽过洪能力为 2000m³/s。渭河下游河道萎缩,过洪能力降低的直接后果就是渭河下游同流量洪水位普遍抬高。1943 年华县发生 3470m³/s 的洪水,华县洪水位为 337.36m,1996 年华县洪峰流量为 3500m³/s,洪水位为 342.25m,同流量水位抬高约 4.89m(表 7.2)。洪水位的急剧抬高,使渭河下游的防洪工程体系的防御标准大大降低，加剧了中小洪水的灾害，南山支流近些年来连续出险成灾就是有力的例证。

表 7.2　同流量下的华县站水位变化

年份	华县站水位/m	华县站流量/(m³/s)
1943	337.36	3470
1974	340.13	3150
1980	340.35	3770
1990	339.24	3250
1996	342.25	3500
2003	342.76	3570
2003 年与 1943 年相比	+ 5.40	

(2)河道滞洪时间延长。根据临潼和华县站实测洪峰相关资料，1985 年以前洪峰传播时间约为 9h，1986～1994 年为 12h，1995～1996 年增加到 21h 左右；洪峰削减率由 1985 年前的 15% 增加到 1994 年的 40%。例如，1995 年 8 月 7 日临潼站洪峰流量为 2550m³/s，到达华县站削减为 1450m³/s，削减率达 43%，洪峰传播时间为 21.5h，比前期正常情况增加了 11h。

(3)渭河下游堤防临背差加大，地下河变为"悬河"。三门峡水库兴建前，渭河下游属于地下河，从未设过堤防，渭河两岸也从未遭受过洪水威胁。而三门峡水库修建后，渭河下游不仅修建了防护大堤，而且随着库区泥沙淤积的不断发展，渭河下游滩面不断抬高，堤防也越修越高，这使渭河逐渐由地下河沦为"悬河"。截止到 1999 年，华县以下河段的临背差为 3.0～4.4m，华县至临潼河段的临背差为 2.0～3.0m，咸阳至西安河段临背差达 1.5m。

7.3.2　三门峡库区数学模型的率定

本节利用 7.2 节建立的水库水沙调度模型，结合三门峡水库的入库水沙条件和河床边界条件对模型进行率定。模型率定计算主要包括两部分内容：潼关至三门峡大坝河段的 1960～1995 年水沙系列的分时段模拟；整个三门峡库区（黄河小北干流河段、潼关至大坝河段、渭河下游河段三河段）1969～1995 年水沙系列的模拟。率定计算结果表明：采用一维数学模型单独模拟潼关至大坝河段的河床冲淤较为容易，而同时模拟三河段的河床冲淤过程较复杂。

1)模型率定计算 I(潼关至大坝河段冲淤过程的模拟)

这里选择潼关至大坝河段(全长 113.5km)为研究河段(图 7.1)，初步检验所建模型的适应能力，其原因在于该河段进出口边界条件相对简单，又有详细的实测资料可以对比。

　　这里以潼关断面为进口边界,给出实测的流量、含沙量过程以及悬沙级配过程,以史家滩断面为出口边界,给出该站的水位变化过程。率定时段为 1960 年 10 月~1995 年 10 月,共 35 年。根据水库的不同运用方式,将率定时段进一步划分为三个阶段:①累积淤积阶段(蓄水拦沙期),1960 年 9 月~1964 年 10 月;②持续性冲刷阶段(滞洪排沙期),1964 年 11 月~1974 年 6 月;③冲淤基本平衡阶段(蓄清排浑期):1974 年 7 月~1995 年 10 月。对计算时间步长进行如下划分:非汛期 5 天一个时段,汛期 1 天一个时段。不同率定阶段的初始地形分别采用 1960 年 10 月、1965 年 10 月,以及 1974 年 6 月的库区实测大断面地形。模型中计算的断面数为 32 个,平均断面间距为 3.7km。区间来水来沙作为侧向水沙入流条件考虑;库岸崩塌量根据实测资料(程龙渊等,1999),逐时逐段按一定模式铺在床面上。

　　(1)累积冲淤过程。潼关至大坝河段河床冲淤过程的初步率定结果见图 7.10。从图 7.10 可知,不同时段的冲淤计算结果与实测值基本符合。根据断面法测量结果,1964 年 10 月初库区累积淤积量达到最大值,为 35.75 亿 m^3,而计算值为 34.80 亿 m^3,两者误差不到 3%;随后由于水库改变运用方式,库区出现持续冲刷,从 1965 年 11 月到 1974 年 6 月底,实测库区累积冲刷为 4.4 亿 m^3,而计算值为 5.1 亿 m^3,两者误差为 16%;自 1974 年 7 月后,水库采用蓄清排浑的运用方式,库区基本处于冲淤平衡状态,一般表现为汛期冲刷,非汛期淤积的年内冲淤变化规律。

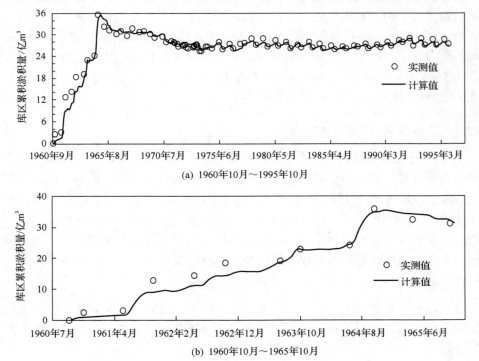

(a) 1960年10月~1995年10月

(b) 1960年10月~1965年10月

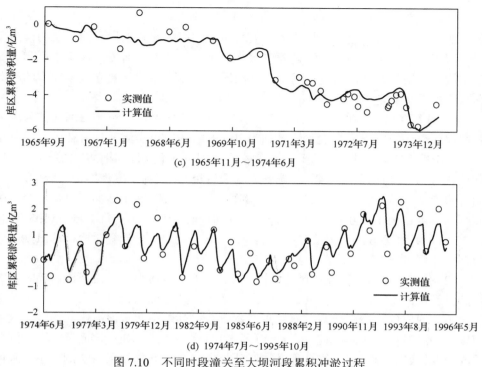

(c) 1965年11月～1974年6月

(d) 1974年7月～1995年10月

图 7.10　不同时段潼关至大坝河段累积冲淤过程

(2) 出库含沙量变化。图 7.11 给出了 1974～1995 年三门峡水库月均出库含沙量计算与实测值的对比结果，两者较为符合。一般汛期月均含沙量较大，从 10～20kg/m^3 到 100～200kg/m^3。1977 年的高含沙洪水使出库含沙量达到 182.2 kg/m^3，而计算值为 184.2 kg/m^3。非汛期出库含沙量较小，一般在 10kg/m^3 以下。因此，数学模型的计算结果能较好地反映出库含沙量的变化过程。

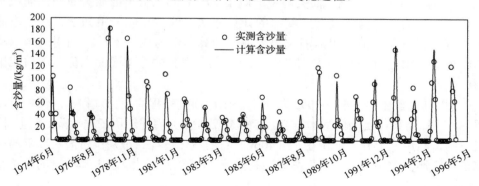

图 7.11　三门峡水库月均出库含沙量(1974 年 7 月～1995 年 10 月)

2) 模型率定计算 II（库区三河段冲淤过程模拟）

现有数学模型一般仅模拟潼关至大坝河段的河床冲淤过程，而本书的模拟范围为渭河自华县水文站、黄河自龙门水文站至三门峡大坝河段，模拟难度和计算工作量大大增加，所以必须采用上述三河段的实测资料对已建立数学模型的相关参数进行再次率定。

(1) 计算条件。黄河小北干流、三门峡库区潼三段及渭河下游三河段的河床冲淤过程联合计算时，率定的水沙系列为 1969～1995 年实测系列。初始地形采用 1969 年汛期实测大断面地形。计算区域为渭河下游从华县 (WY10) 至渭河口 (WL12)，共 12 个断面；黄河中游禹门口 (HY68) 至坝前史家滩断面 (HY02)，共 58 个断面，其中潼关至大坝河段 30 个断面，小北干流 28 个断面。对每一个大断面，一般可划分 4～10 子断面。率定计算的时间为 1969 年 6 月 1 日～1995 年 10 月 31 日，共划分 6430 个计算时段。其中汛期一天为一个计算时段，非汛期两天为一个计算时段。

(2) 不同河段的累积冲淤过程。图 7.12 给出了黄河小北干流河段、潼关至大坝河段及渭河下游河段在 1969～1995 年累积冲淤过程的计算结果。从率定结果看，不同河段的冲淤趋势与实测结果基本符合。其中小北干流河段，潼关至大坝河段的冲淤过程与实测过程较为符合 (图 7.12(a)、图 7.12(b))，而渭河下游河段的冲淤计算结果与实测值符合程度较低 (图 7.12(c))。计算结果与实测值不一致的原因主要有以下几方面：一是模型本身问题，如挟沙力公式的选择、冲淤面积的横向分配等；二是鉴于目前的认识水平，还无法准确模拟渭河下游河段、小北干流河段发生的揭河底现象，以及渭河下游与三门峡库区发生的裁弯过程等；三是各河段河槽间距的逐年变化，而数学模型中计算间距保持不变，这也是造成计算值与实测值差距较大的原因。

(3) 潼关高程的变化。潼关高程一般指 $Q=1000\text{m}^3/\text{s}$ 下的潼关断面汛前或汛后的水位。为了与潼关高程实测值的计算方法一致，在此采用如下方法推求潼关高程：以每年汛前与汛后潼关至大坝的计算地形为边界条件，利用一维水动力学模型推求 $Q=1000\text{m}^3/\text{s}$ 下该河段的水面线，得到的潼关断面水位即汛前或汛后潼关高程。

图 7.13 给出了 1969～1995 年汛前与汛后潼关高程的变化过程，从图中可以看出，计算结果与实测值基本符合。1969 年后，潼关高程经历了先下降，后上升，又下降，然后又上升并维持在 328.40m 左右的变化过程。个别年份潼关高程的计算值与实测值差别较大，主要与时段初库岸大规模崩塌以及东古驿河段的自然裁弯等因素有关。

黄河小北干流河段、潼关至大坝河段、渭河下游(华县以下河段)河段联合计算数学模型的率定结果表明，本书建立的一维恒定非均匀沙、不平衡输沙模型，不仅能模拟上述三河段不同水沙条件下的河床冲淤过程，而且计算的潼关高程变化趋势与实测值基本符合，因此可以认为该模型通过验证后，可以进行各种方案计算。

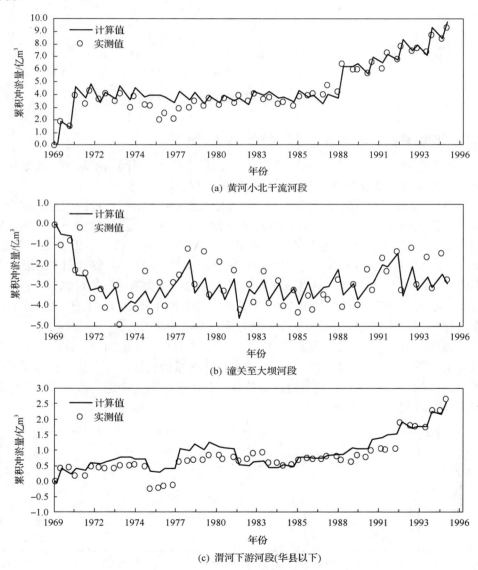

(a) 黄河小北干流河段

(b) 潼关至大坝河段

(c) 渭河下游河段(华县以下)

图 7.12　库区三河段累积冲淤量的计算值与实测值对比

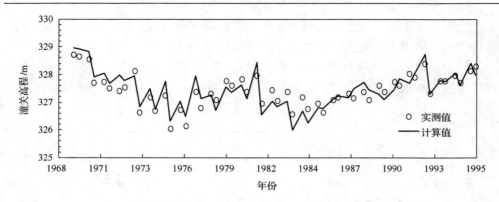

图 7.13　潼关高程计算值与实测值比较(1969~1995 年)

7.3.3　模型验证计算(库区三河段冲淤过程的模拟)

下面采用参数率定后的数学模型计算上述三河段在不同水沙系列下的累积冲淤量、潼关高程变化过程,对模型的适用性进行验证。

(1)计算条件。黄河小北干流、潼关至大坝及渭河下游三河段河床冲淤联合计算时,验证的水沙系列为 1997~2001 年实测系列。初始地形采用 1997 年汛前实测大断面地形。计算区域为渭河下游从华县(WY10)至渭河口,共 20 个计算断面;黄河中游禹门口(HY68)至三门峡坝前史家滩断面(HY02),共 58 个计算断面,其中潼关下游共 30 个断面,小北干流 28 个断面。每一个大断面一般可划分 4~10 不等的子断面。验证计算的时间为 1997 年 6 月 1 日~2001 年 10 月 31 日,共划分 1106 个计算时段。其中汛期一天为一个计算时段,非汛期两天为一个计算时段。

(2)不同河段的冲淤过程。图 7.14 给出了黄河小北干流河段、潼关至大坝河段及渭河下游河段在 1997 年~2001 年累积冲淤量的验证结果。从验证结果看,不同河段的冲淤趋势与实测结果基本符合。其中黄河小北干流河段、渭河下游河段的冲淤过程与实测过程较符合。

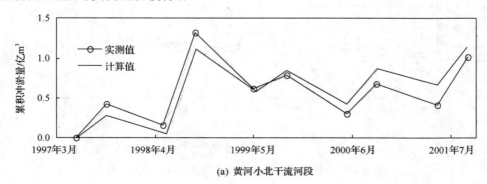

(a) 黄河小北干流河段

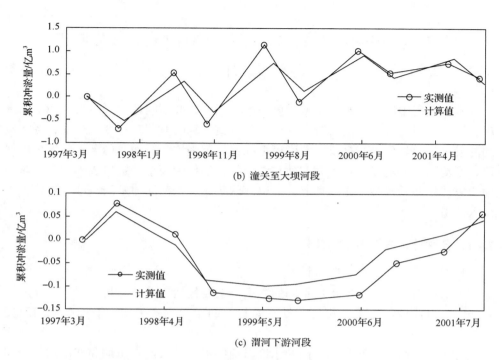

图 7.14　库区三河段冲淤计算结果验证(1997～2001 年)

（3）潼关高程的变化。图 7.15 给出了 1997～2001 年汛前与汛后潼关高程的变化过程，从图中可以看出，潼关高程基本维持在 328.10～328.40m，计算结果与实测值基本符合，但计算值多数略大于实测值。

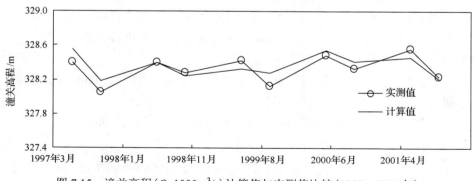

图 7.15　潼关高程(Q=1000m³/s)计算值与实测值比较(1997～2001 年)

7.4　三门峡水库运用方式及其对潼关高程影响的数学模型研究

本节利用验证后的水库水沙调度一维模型，研究不同设计水沙系列和不同水库运用方式对潼关高程的影响，并对各种方案计算的潼关高程变化过程、各河段的冲淤过程等结果进行分析。数学模型的计算范围均为黄河龙门至三门峡大坝河段以及渭河下游河段。黄河龙门站与渭河华县站作为模型的进口边界，三门峡坝前史家滩站作为模型的出口边界，北洛河状头站、汾河河津站的水沙过程作为侧向入流考虑。

7.4.1　各种计算方案与初始条件

1) 三门峡水库的各种运用方案

本书中对不同的水库运用不同的方案，主要包括三大类，共 8 种计算方案。

方案 1：现状方案。用三门峡水库目前的运用方式来研究潼关高程的演变趋势。

方案 2：敞泄方案。用三门峡水库目前的泄流曲线，在汛期和非汛期都采用敞泄的情况下研究潼关高程的变化趋势。

方案 3：汛期敞泄或低水位控制运用，非汛期控制运用。

方案 3-1：汛期敞泄，非汛期控制坝前最高水位不超过 318m。

方案 3-2：汛期当流量大于 1500m³/s 时敞泄排沙，否则按 305m 控制运用，非汛期控制坝前最高水位不超过 318m。

方案 3-3：汛期敞泄，非汛期控制坝前最高水位不超过 315m。

方案 3-4：汛期当流量大于 1500m³/s 时敞泄排沙，否则按 305m 控制运用，非汛期控制坝前最高水位不超过 315m。

方案 3-5：汛期当流量大于 1500m³/s 时敞泄排沙，否则按 305m 控制运用，非汛期控制坝前最高水位不超过 310m。

方案 3-6：汛期敞泄，非汛期控制坝前最高水位不超过 310m。

2) 初始地形与床沙级配

各种方案计算的初始地形均为 2001 年汛后的实测地形(图 7.16、图 7.17)。初始地形中黄河小北干流河段主槽比降较大，平均为 4.18‰；潼关至大坝河段主槽比降较缓，平均为 1.83‰；渭河下游河段主槽比降更缓，平均仅为 1.05‰。

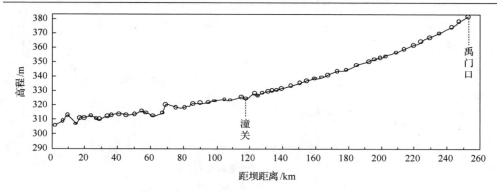

图 7.16　黄河龙门至大坝段主槽平均高程变化(2001 年汛后)

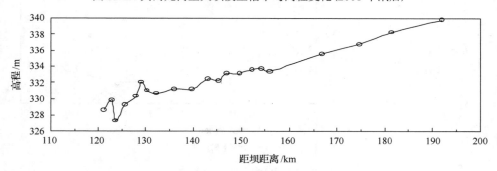

图 7.17　渭河下游河段主槽平均高程变化(2001 年汛后)

　　各种方案计算的初始床沙级配采用 1996 年汛后实测的床沙级配,各河段床沙中值粒径的沿程变化见图 7.18。龙潼河段床沙组成沿程变化较大,中值粒径可从0.019mm 变化到 0.137mm,但三门峡坝前段床沙组成变化不大;渭河下游河段床沙组成沿程变化较小,中值粒径在 0.019～0.035mm 范围内。

　　3)坝前控制水位的确定

　　(1)现状方案的坝前计算水位。各年非汛期坝前水位采用相同的水位过程线控制,其逐日坝前水位为 1997～2001 年的非汛期平均水位;汛期水位由 1988～2001年汛期实测的坝前水位作为控制水位。非汛期的平均坝前水位为 316.02m,汛期的平均坝前水位为 303.77m(图 7.19)。

　　(2)对其他运用方案,在进行水库调洪计算时,按如下原则确定坝前水位:汛期各方案按要求进行调洪计算;非汛期各个方案按规定的最高水位进行控制,即在进行非汛期调洪计算时,采用 1997～2001 年非汛期史家滩站的平均水位过程(图 7.19)作为最高控制水位,各方案采用的水位均不超过该最高水位。当运用水位小于计算方案的允许水位(取最高控制水位与方案允许水位的最小值)时,出口流量按 200m³/s 控制(若入库流量小于 200m³/s,则采用实测值)。

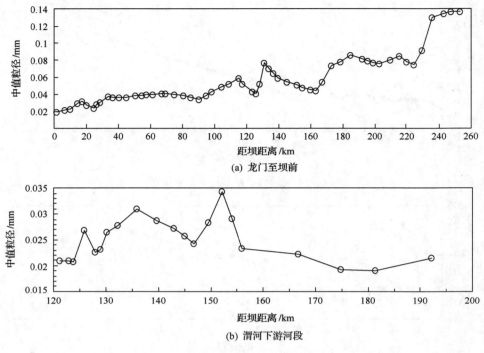

(a) 龙门至坝前

(b) 渭河下游河段

图 7.18　库区不同河段床沙中值粒径变化

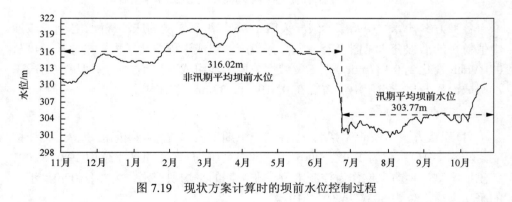

图 7.19　现状方案计算时的坝前水位控制过程

4) 水库的泄流能力曲线

水库的泄流能力曲线包括现状泄流能力曲线、电站改为泄洪洞后的泄流能力曲线、进一步扩大泄流规模后的泄流能力曲线，见图 7.20。在现状方案的汛期平均水位(303.77m)下，现状泄流能力曲线对应的流量为 4800m³/s。

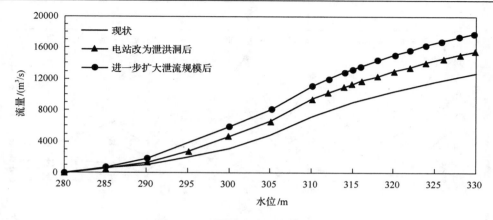

图 7.20　不同的水库泄流能力曲线

7.4.2　典型水沙系列的特征值统计

模拟各类方案计算的研究时段假设为 2002～2015 水文年,采用实测的水沙系列(1987 年 11 月 1 日～2001 年 10 月 31 日)14 个水文年中龙门站、华县站、河津站、状头站(简称龙华河状)的水沙过程,来反映龙羊峡、刘家峡水库的调节影响。该实测水沙系列总体来水偏枯,来沙偏少,可作为枯水少沙系列的代表(图 7.21、图 7.22)。该水沙系列中的年均来水量约为 259.2 亿 m³,其中干流龙门站约占 77.5%、支流渭河华县站约占 18.0%;年均来沙量约为 8.56 亿 t,其中干流龙门站约占 59.2%、支流渭河华县站约占 30.8%。由图 7.21～图 7.23 可知,采用水沙系列的水沙量逐年减少。龙门站第一年的悬沙组成较粗(d_{50}=0.050mm),后几年悬沙组成变化不大,多年平均 d_{50}=0.027mm;华县站悬沙组成年际变化不大,多年平均的中值粒径约为 0.017mm。水沙系列中龙华河状四站总来沙系数的年际变化过程见图 7.24。

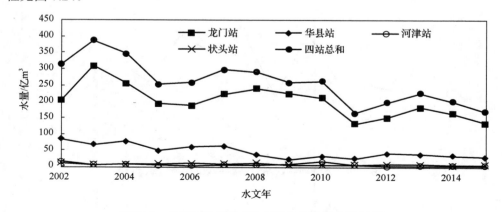

图 7.21　龙华河状四站年水量及年总水量变化过程

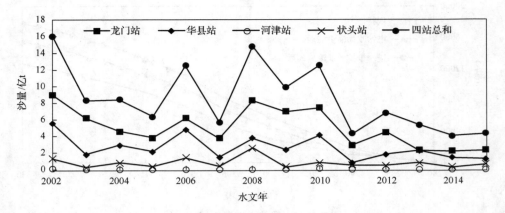

图 7.22　龙华河状四站年沙量及年总沙量变化过程

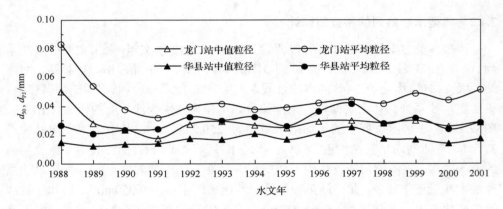

图 7.23　龙门站及华县站年均悬沙级配变化

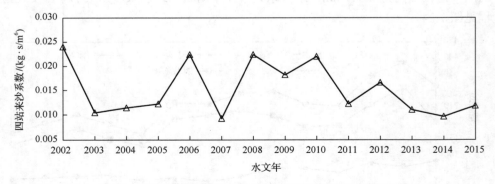

图 7.24　龙华河状四站总来沙系数的年际变化过程

7.4.3　各种方案的计算结果与分析

前面采用验证后的水库调度一维模型，用枯水少沙系列，对不同运用方案下的黄河小北干流河段、潼关至大坝河段、渭河下游河段的河床冲淤过程进行了数值模拟。各方案的计算结果包括潼关高程变化过程、各河段累积冲淤过程等。

1）不同计算方案下的潼关高程及其变化过程

枯水少沙系列下三门峡水库不同运用方案 14 年后的潼关高程结果见表 7.3，从表中可以看出，系列年内，潼关高程在 328.37m（方案 1）～327.16m（方案 2）范围内变化。在现有水库泄流能力下，水库汛期与非汛期都畅泄运用，与现状运用方式相比，潼关高程可降低 1.21m。

表 7.3　不同计算方案下的潼关高程变化（14 个水文年后）

方案编号	三门峡水库运用方式		三门峡水库泄流能力	潼关高程/m (Q=1000m³/s)
	汛期（7～10 月）	非汛期（11 月～次年 6 月）		
方案 1	现状运用方式	现状运用方式	现状泄流能力	328.37
方案 2	全年畅泄运用		现状泄流能力	327.16
方案 3-1	畅泄运用	坝前最高水位≤318m	现状泄流能力	327.97
方案 3-2	Q>1500m³/s 时，畅泄运用；Q≤1500m³/s 时，坝前最高水位按 305m 控制运用	坝前最高水位≤318m	现状泄流能力	328.05
方案 3-3	畅泄运用	坝前最高水位≤315m	现状泄流能力	327.79
方案 3-4	Q>1500m³/s 时，畅泄运用；Q≤1500m³/s 时，坝前最高水位按 305m 控制运用	坝前最高水位≤315m	现状泄流能力	327.92
方案 3-5	Q>1500m³/s 时，畅泄运用；Q≤1500m³/s 时，坝前最高水位按 305m 控制运用	坝前最高水位≤310m	现状泄流能力	327.71
方案 3-6	畅泄运用	坝前最高水位≤310m	现状泄流能力	327.59

若汛期与非汛期均畅泄运用（方案 2），则 14 年后的潼关高程为 327.16m。若汛期畅泄运用，非汛期坝前水位分别采用 318m（方案 3-1）、315m（方案 3-3）、310m（方案 3-6）控制运用，则 14 年后的潼关高程可分别降低到 327.97m、327.79m、327.59m。因此，汛期畅泄运用时，非汛期控制水位越低，对降低潼关高程越有利。

若汛期采用控制运用（入库流量超过 1500m³/s 时畅泄运用，小于或等于 1500m³/s 时坝前最高水位按 305m 控制运用），非汛期坝前水位分别采用 318m（方案 3-2）、315m（方案 3-4）、310m（方案 3-5）控制运用，则 14 年后的潼关高程可分别降低到 328.05m、327.92m、327.71m，均高于汛期畅泄运用，且非汛期控制水位越高，越不利于降低潼关高程。

若非汛期采用 318m 控制运用，汛期分别采用畅泄运用（方案 3-1）、控制运用（方案 3-2），则 14 年后的潼关高程可分别降低到 327.97m、328.05m；若非汛期采用 315m 控制运用，汛期分别采用畅泄运用（方案 3-3）、控制运用（方案 3-4），则 14 年后的潼关高程可分别降低到 327.79m、327.92m；若非汛期采用 310m 控制运用，汛期采用控制运用（方案 3-5）、畅泄运用（方案 3-6），则 14 年后的潼关高程可降低到 327.71m、327.59m。因此，在来水偏少时，汛期采用畅泄运用或控制运用方式对潼关高程影响不大，但畅泄运用对降低潼关高程更为有利。

不同计算方案下的潼关高程的逐年变化过程见图 7.25，从图中可知：该枯水少沙系列中，各方案计算的潼关高程基本表现为下降—上升—再下降—再缓慢上升的变化规律，大约在第 2 年汛末潼关高程下降到第一个最低点，其中方案 2 下降到 327.51m，方案 1 下降到 327.58m；大约在第 6 年汛末潼关高程下降到第二个最低点，其中方案 2 下降到 327.06m，方案 1 下降到 327.47m。在最初几年，各方案计算的潼关高程变化差别不大；随后由于水库溯源冲刷进一步发展，不同方案下潼关高程的计算结果差别才显现出来，如方案 1 与方案 2 计算的潼关高程在第 3 年后相差可达 0.2m。

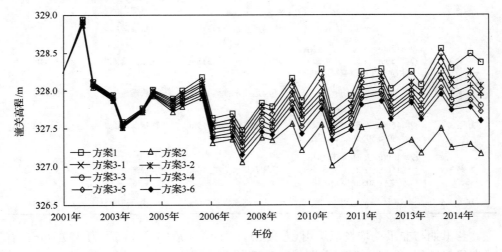

图 7.25　不同方案下的潼关高程变化过程

2) 不同方案下计算的各河段冲淤量及过程

不同计算方案下的 14 个水文年后的各河段的冲淤量结果见表 7.4。

在黄河小北干流河段，各方案计算的淤积量为 5.487 亿～6.914 亿 m³，其中方案 2 的累积冲淤量可比现状方案 1 少 1.427 亿 m³；在潼关至大坝河段，各方案计算结果均为冲刷，且冲刷量为 0.105 亿～3.225 亿 m³；在渭河下游河段，各方案计算的淤积量为 1.484 亿～1.983 亿 m³，其中方案 2 的累积冲淤量可比方案 1 少 0.499 亿 m³。

表 7.4　不同计算方案下各河段的冲淤量与潼关高程变化

计算方案	潼关高程/m	各河段 14 年后的累积冲淤量/亿 m³				
		三河段总和	黄河小北干流河段 (HY68-HY41)	潼关至大坝河段		渭河下游河段 (WY10-WL02)
				潼关以下 (HY41-HY02)	潼古段 (HY41-HY36)	
方案 1	328.37	8.792	6.914	−0.105	−0.049	1.983
方案 2	327.16	3.746	5.487	−3.225	−0.362	1.484
方案 3-1	327.97	6.768	6.512	−1.567	−0.186	1.823
方案 3-2	328.05	6.865	6.757	−1.753	−0.142	1.861
方案 3-3	327.79	5.623	6.135	−2.225	−0.218	1.713
方案 3-4	327.92	6.002	6.264	−2.014	−0.179	1.752
方案 3-5	327.71	5.063	5.917	−2.476	−0.226	1.622
方案 3-6	327.59	4.666	5.802	−2.712	−0.257	1.576

注：潼古段是潼关以下的一部分，求和时不应计入，如 8.792 = 6.914 +（− 0.105）+ 1.983。

从表 7.4 中可知，在水库汛期运用方式相同的条件下，非汛期坝前运用水位越低，近坝河段冲刷量越大；潼古段冲刷越多，潼关高程下降越多。在该计算水沙系列中，来水来沙量逐年减少，溯源冲刷过程缓慢，14 个水文年后潼古段的冲刷量仅为 0.049 亿～0.362 亿 m³。与时段初潼关高程相比，现状方案 1 将会使潼关高程抬升 0.13m，而全年畅泄运用方案 2 可使潼关高程下降 1.07m。

图 7.26 为黄河小北干流河段、潼关至大坝河段及渭河下游河段累积冲淤量的逐年变化过程，各河段冲淤过程特点如下。

(1) 在黄河小北干流河段 (图 7.26(a))，各方案计算的累积冲淤量总体表现为逐渐淤积的变化规律，但在一个水文年内，该河段呈现汛期淤积与非汛期冲刷的河床演变规律。与时段初相比，方案 2 在该河段淤积最大时为 5.487 亿 m³，方案 1 淤积最大时为 6.914 亿 m³。

(2) 在潼关至大坝河段 (图 7.26(b))，除现状方案 1 的计算结果表现为库区内冲淤基本平衡的变化规律外，其他各方案计算的累积冲淤量总体表现为缓慢冲刷的变化规律。但在一个水文年内，该河段基本表现为汛期冲刷与非汛期淤积的河床演变规律。

(3) 在渭河下游河段 (图 7.26(c))，各方案计算的累积冲淤量总体表现为先略有冲刷后逐年淤积的变化规律，但在一个水文年内，该河段呈现汛期淤积与非汛期冲刷的河床演变规律。与时段初相比，方案 2 大约在时段末淤积达到最大，为 1.484 亿 m³，方案 1 同样在时段末淤积达到最大，为 1.983 亿 m³。从图 7.26(c) 中还可知，在该系列的前 10 年中，水库不同运用方案对渭河下游河段的冲淤影响较小；在最后 4 年中，不同运用方案对该河段冲淤量的影响才有明显区别。

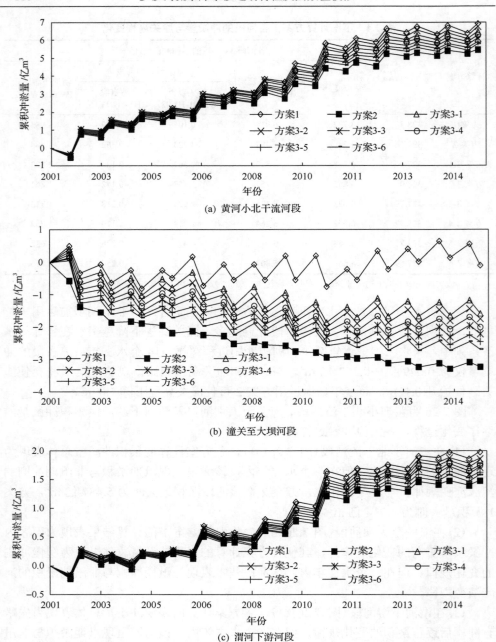

(a) 黄河小北干流河段

(b) 潼关至大坝河段

(c) 渭河下游河段

图 7.26　各河段累积冲淤量的逐年变化过程

7.5　本　章　小　结

本章介绍了水库水沙调度一维数学模型的基本控制方程和模型中关键问题的处理，然后利用实测资料对模型进行了率定与验证，最后采用数学模型研究了1987～2001 年少沙系列条件下三门峡水库不同运用方式对潼关高程的影响，主要结论如下。

(1)建立了适用于长河段长时间计算的一维恒定、非均匀沙、不平衡输沙模型，用于多沙河流水库的水沙调度计算。该模型可同时对黄河小北干流河段、潼关至大坝河段及渭河下游河段的水沙输移以及河床变形过程进行联合计算。根据上述三河段的断面形态特征与河床冲淤特点，模型对断面概化处理、复式断面水流要素计算、含沙量沿横向分布、糙率取值、悬移质水流挟沙力、分组悬移质挟沙力级配、冲淤过程中的床沙级配调整计算、悬移质不平衡输移参数的改进、冲淤面积的横向分配模式等关键问题进行了处理。

(2)利用三门峡库区实测资料率定并验证了一维水沙数学模型。率定分两个部分：潼关至大坝河段的 1960～1995 年水沙系列率定，以及黄河小北干流河段、潼关至大坝河段、渭河下游河段 1969～1995 年水沙系列的率定。数学模型的验证为上述三河段 1997～2001 年实测水沙系列。率定计算结果表明：采用一维数学模型单独模拟潼关至大坝河段的河床变形精度较高，而同时模拟三河段的河床变形过程的难度增加。验证结果表明：三河段的累积冲淤过程、潼关高程的变化过程与实测值基本符合，可认为建立的一维水沙数学模型能用于各种方案计算。

(3)三门峡水库运用方式及其对潼关高程影响的数学模型研究。本章采用一维水沙数学模型，计算了枯水少沙系列条件下不同水库运用方式(8 组方案)下的潼关高程变化过程，并分析了各种方案的计算结果。不同水库运用方案下计算的潼关高程结果表明：各方案计算的潼关高程都呈现下降—上升—再下降—再缓慢上升的变化规律，14 年水沙系列之后的潼关高程为 327.16～328.36m；与时段初328.23m 的潼关高程相比，各方案计算的潼关高程下降值在–0.13～1.07m 范围内；因为系列年来水量较少，在现有水库运用方式下潼关高程仍将维持在 328.0m以上；全年畅泄运用方式或非汛期降低水位的运用方式，对降低潼关高程可起到一定的作用，但在不利的水沙条件下，水库降低运用水位对潼关高程的下降作用有限。

第8章 考虑干支流倒回灌的水库明流与异重流耦合模型

高含沙河流上修建的水库中容易出现异重流运动，常见情形包括水库蓄水阶段上游挟沙水流入库并在深水区潜入的情况；也存在库水位大幅下降时淤积三角洲冲刷形成的浑水下潜形成异重流的情形；还有支流发生高含沙洪水时，在干支流交汇区域浑水潜入并继续向干流下游传播的情况。考虑到大型水库常有多条支流，这些支流往往具有很大的库容，干支流间水沙交换会对干流水沙运动过程和河床冲淤产生较大影响，为此需要提出实现库区内包括明流、异重流、干支流水沙交换三种流动同时存在时的复杂水沙运动的数学模型。本章首先推导出水沙耦合形式的浑水明流与异重流控制方程。然后针对不同的倒回灌形式提出相应的倒回灌流量计算方法：对于干流水位涨落引起的干支流倒回灌，提出零维水库法在采用有限体积法的数学模型中的实现方法；对于异重流向支流的倒灌，采用考虑支流底坡影响的异重流倒灌流量公式计算。最后将这两种方法与水库一维明流和异重流控制方程的交替求解模式结合，采用已有异重流水槽试验和三门峡水库异重流过程对模型进行率定与验证。

8.1 水库明流与异重流耦合数学模型

关于水库异重流的模拟，前人已开展了大量的工作（许力伟，2011；张俊华等，2002）。Parker 等（1987；1986）首次将水量掺混系数与理查森数建立经验关系，并将水量掺混计入异重流连续方程中，但动量方程未体现掺混影响，水流控制方程不含河床冲淤项，为非耦合模型。Hu 等（2012）、Hu 和 Cao（2009）根据河床冲淤和异重流是否耦合及冲刷是否受限制总结了六类异重流模型，并采用水沙耦合模型对小浪底水库 2004 年两次异重流过程分别进行了模拟，但其模型上边界需采用异重流原型观测数据，仅限于潜入点以下河段异重流过程的反演，不能预测异重流的潜入。Wang 等（2017）采用考虑水面梯度的异重流模型计算了五组水槽试验中的异重流要素，发现水面梯度的考虑对于提高异重流预测精度有重大影响，但其模型未考虑上层清水的流速对异重流的影响。事实上，上述模型在建立过程中一般均使用了静止水面假定，即认为异重流潜入点下游的上层清水水平静止。Cao 等（2015）使用双层深度平均的方法对小浪底水库 2004 年异重流全过程进行了模拟，该模型考虑了上层清水和下层异重流的耦合作用，但未考虑干支流间的水沙交换过程。因此，需要提出更为简单高效的计算方法，本节从基本的浑水连续方程和运动方程出发，通过对有无密度分层情况下流体上下表面边界条件和静水压力的不同考虑，分别得到水沙耦合的浑水明流与异重流控制方程。本书将各种干支流水沙交换形式统称为干支流倒回灌，控制方程中同时考虑了不同干支流倒回灌形式所造成的侧向入流或出流过程；结合异重流潜入和异重流倒灌的理论公式以及零维水库法，建立考虑干支流倒回灌的水库明流与异重流耦合模型；针对水库水深变幅大和异重流前锋传播问题采用 WSDGM 重构法和 TVD 形式的MUSCL-Hancock 数值格式保证模型计算的稳定性与精确性(Toro，1998)。

8.1.1　耦合模型的控制方程

1) 一维异重流水沙耦合控制方程

以沿底坡方向为 x 轴方向，断面平均的异重流运动的连续方程和动量方程可写成如下形式(王增辉等，2015)：

$$\frac{\partial(\rho_t A_t)}{\partial t} + \frac{\partial(\rho_t Q_t)}{\partial x} = -\rho_b \frac{\partial(A_b)}{\partial t} + \rho_w q_{wm} - \rho_t q_{tl} \tag{8.1}$$

$$\frac{\partial(\rho_t Q_t)}{\partial t} + \frac{\partial}{\partial x}\left(\frac{\rho_t Q_t^2}{A_t}\right) + \frac{\partial \int_0^{h_t} p_z B_z \mathrm{d}z}{\partial x} = \rho_t g A_t S_b - \rho_t g A_t S_f'$$
$$+ \int_0^{h_t} p_z \frac{\partial B_z}{\partial x}\mathrm{d}z + p_z \mid_{z=h_t} B_t \frac{\partial h_t}{\partial x} \tag{8.2}$$

式中，ρ_t 为异重流密度；ρ_w 为清水密度；A_t 为异重流断面面积；Q_t 为异重流流量；ρ_b 为床沙饱和湿密度；$\partial A_b / \partial t$ 为冲淤断面面积的变化速率；q_{wm} 为异重流与上层清水掺混水量；h_t 为异重流的厚度；p_z、B_z 为纵坐标 z 处的点压强和断面宽度；g 为重力加速度；S_b 为底坡；S_f' 为考虑交界面阻力后的阻力坡度；B_t 为清浑水交界面宽度；q_{tl} 为单宽异重流倒灌流量。式(8.2)右侧第三项表示河槽侧壁的压力，第四项表示异重流与上层清水交界面上压力在 x 方向的分量。部分变量的含义可见图 8.1 中的标示，h_p 表示潜入点水深。

将式(8.2)左侧第三项用莱布尼茨公式展开，可得

$$\frac{\partial \int_0^{h_t} p_z B_z \mathrm{d}z}{\partial x} = \int_0^{h_t} \frac{\partial(p_z B_z)}{\partial x}\mathrm{d}z + (p_z B_z)\mid_{z=h_t} \frac{\partial h_t}{\partial x}$$
$$= \int_0^{h_t} p_z \frac{\partial B_z}{\partial x}\mathrm{d}z + \int_0^{h_t} B_z \frac{\partial p_z}{\partial x}\mathrm{d}z + p_z \mid_{z=h_t} B_t \frac{\partial h_t}{\partial x} \tag{8.3}$$

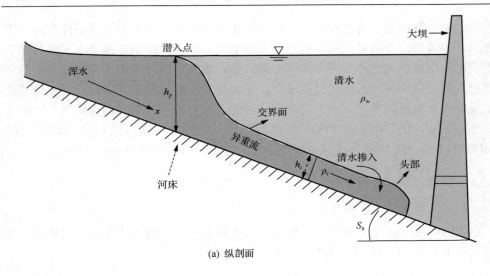

(a) 纵剖面

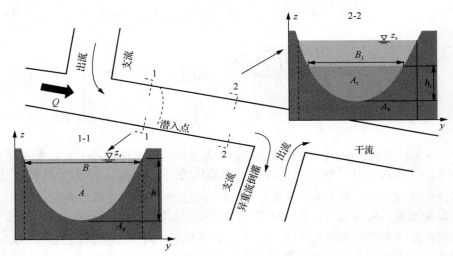

(b) 俯视图及明流和异重流段横断面

图 8.1 库区内水沙运动示意图

将式 (8.3) 代入式 (8.2) 可得

$$\frac{\partial(\rho_t Q_t)}{\partial t} + \frac{\partial}{\partial x}\left(\frac{\rho_t Q_t^2}{A_t}\right) = \rho_t g A_t S_b - \rho_t g A_t S_f' - \int_0^{h_t} B_z \frac{\partial p_z}{\partial x} \mathrm{d}z \tag{8.4}$$

假设 p_z 满足静水压强分布:

$$p_z = \rho_w g h_w + \rho_t g (h_t - z) \tag{8.5}$$

式中，h_w 为上层清水的厚度。将式(8.5)与水深之间的关系 $h_w = z_s - z_b - h_t$ (z_s 为水面高程，z_b 为床面高程)同时代入式(8.4)，即得到异重流的动量方程：

$$\frac{\partial(\rho_t Q_t)}{\partial t} + \frac{\partial}{\partial x}\left(\frac{\rho_t Q_t^2}{A_t}\right) = \rho_t g' A_t S_b - \rho_t g A_t S_f' - \rho_w g A_t \frac{\partial z_s}{\partial x} - \rho_t g' A_t \frac{\partial h_t}{\partial x} - g h_{ct} A_t \frac{\partial \rho_t}{\partial x}$$

(8.6)

式中，$g' = (\rho_t - \rho_w)g / \rho_t$ 为有效重力加速度；$h_{ct} = \left[\int_0^{h_t} B_z(h_t - z)\mathrm{d}z\right]\Big/A_t$ 为异重流断面的形心。式(8.6)右侧第三项反映了上层清水对异重流动量传送的影响。在采用上层清水静止假定的模型中，水面梯度项为 0，则该项自然消失。

异重流的泥沙输移方程和河床变形方程可分别写为

$$\frac{\partial(A_t C_t)}{\partial t} + \frac{\partial(Q_t C_t)}{\partial x} = B_t(E_t - D_t) - C_t q_{tl}$$

(8.7)

$$\frac{\partial A_b}{\partial t} = \frac{B_t(D_t - E_t)}{1 - p}$$

(8.8)

式中，C_t 为异重流的体积比含沙量；E_t 为床沙上扬通量；D_t 为悬沙沉降通量；p 为床沙的孔隙率。式(8.1)、式(8.6)、式(8.7)和式(8.8)构成了异重流段的原始控制方程组。

2) 一维明流水沙耦合控制方程

式(8.6)形式的异重流运动方程和浑水明流运动方程是兼容的，当 $h_w=0$ 时，z_s 等于 $z_b + h_m$，S_f' 改用一般明渠中的 S_f 计算，把 g' 仍然展开，则可以由式(8.6)得到

$$\frac{\partial(\rho_t Q_t)}{\partial t} + \frac{\partial}{\partial x}\left(\frac{\rho_t Q_t^2}{A_t}\right) = \rho_t g A_t(S_b - S_f) - \rho_t g A_t \frac{\partial h_t}{\partial x} - g h_{ct} A_t \frac{\partial \rho_t}{\partial x}$$

(8.9)

式(8.9)与常见的浑水明流运动方程形式完全相同，将下标中的 t 去掉，便于与异重流方程区分：

$$\frac{\partial(\rho Q)}{\partial t} + \frac{\partial}{\partial x}\left(\frac{\rho Q^2}{A}\right) = \rho g A(S_b - S_f) - \rho g A \frac{\partial h}{\partial x} - g h_c A \frac{\partial \rho}{\partial x}$$

(8.10)

式中，ρ 为浑水明流的密度；Q 为浑水明流的流量；A 和 h 分别为浑水明流的过流面积和厚度；h_c 为过流断面的形心高度。

浑水明流连续方程、泥沙输移方程和河床变形方程可分别写为

$$\frac{\partial(\rho A)}{\partial t} + \frac{\partial(\rho Q)}{\partial x} = -\rho_\mathrm{b}\frac{\partial(A_\mathrm{b})}{\partial t} - \rho_1 q_1 \tag{8.11}$$

$$\frac{\partial(AC)}{\partial t} + \frac{\partial(QC)}{\partial x} = B(E-D) - C_1 q_1 \tag{8.12}$$

$$\frac{\partial A_\mathrm{b}}{\partial t} = \frac{B(D-E)}{1-p} \tag{8.13}$$

式中，C 为浑水明流的体积比含沙量；B 为水面宽度；E 和 D 分别为浑水水体与河床交界面上的泥沙上扬及沉降通量；q_1、C_1 与 ρ_1 分别为干支流倒回灌净流量、相应的体积比含沙量与密度。这里约定 $q_1 > 0$ 表示由干流流向支流。式(8.10)～式(8.13)构成了浑水明流的原始控制方程组。

3) 守恒形式的控制方程组

为了方便实施数值方法求解，需要将浑水明流与异重流控制方程中左侧的密度除去，以浑水明流方程为例，将式(8.11)左端展开，右端用式(8.13)代入得

$$\rho\left(\frac{\partial A}{\partial t} + \frac{\partial Q}{\partial x}\right) + A\frac{\partial \rho}{\partial t} + Q\frac{\partial \rho}{\partial x} = -\rho_b\frac{B(D-E)}{1-p} - \rho_1 q_1 \tag{8.14}$$

将 $\rho = \rho_\mathrm{w}(1-C) + \rho_\mathrm{s}C$（$\rho_\mathrm{s}$ 为泥沙密度）代入式(8.14)可得

$$\rho\left(\frac{\partial A}{\partial t} + \frac{\partial Q}{\partial x}\right) + (\rho_\mathrm{s} - \rho_\mathrm{w})\left(A\frac{\partial C}{\partial t} + Q\frac{\partial C}{\partial x}\right) = -\rho_b\frac{B(D-E)}{1-p} - \rho_1 q_1 \tag{8.15}$$

将泥沙输移方程(8.12)左端展开：

$$A\frac{\partial C}{\partial t} + Q\frac{\partial C}{\partial x} + C\left(\frac{\partial A}{\partial t} + \frac{\partial Q}{\partial x}\right) = B(E-D) - C_1 q_1 \tag{8.16}$$

把式(8.16)代入式(8.15)可得到

$$\rho_\mathrm{w}\left(\frac{\partial A}{\partial t} + \frac{\partial Q}{\partial x}\right) = (\rho_\mathrm{w} - \rho_\mathrm{s})B(E-D) + \rho_b\frac{B(E-D)}{1-p} - \rho_\mathrm{w} q_1 \tag{8.17}$$

将 $\rho_\mathrm{b} = \rho_\mathrm{w}p + \rho_\mathrm{s}(1-p)$ 代入式(8.17)右端，然后两边都除以 ρ_w 可以得到改写后的浑水明流连续方程：

$$\frac{\partial A}{\partial t} + \frac{\partial Q}{\partial x} = \frac{B(E-D)}{1-p} - q_1 \tag{8.18}$$

对于浑水明流运动方程(8.10)同样先将左侧展开：

$$\frac{\partial(\rho Q)}{\partial t} + \frac{\partial}{\partial x}\left(\frac{\rho Q^2}{A}\right) = \rho\left[\frac{\partial Q}{\partial t} + \frac{\partial}{\partial x}\left(\frac{Q^2}{A}\right)\right] + (\rho_s - \rho_w)\left(Q\frac{\partial C}{\partial t} + \frac{Q^2}{A}\frac{\partial C}{\partial x}\right) \quad (8.19)$$

然后将式(8.16)代入式(8.19)右端得

$$\frac{\partial(\rho Q)}{\partial t} + \frac{\partial}{\partial x}\left(\frac{\rho Q^2}{A}\right) = \rho\left[\frac{\partial Q}{\partial t} + \frac{\partial}{\partial x}\left(\frac{Q^2}{A}\right)\right] + (\rho_s - \rho_w)U\left[B(E-D) - C_1 q_1 - C\left(\frac{\partial A}{\partial t} + \frac{\partial Q}{\partial x}\right)\right]$$

$$(8.20)$$

再把式(8.18)代入可得

$$\frac{\partial(\rho Q)}{\partial t} + \frac{\partial}{\partial x}\left(\frac{\rho Q^2}{A}\right) = \rho\left[\frac{\partial Q}{\partial t} + \frac{\partial}{\partial x}\left(\frac{Q^2}{A}\right)\right] + (\rho_s - \rho_w)U\left[\frac{1-p-C}{1-p}B(E-D) + (C - C_l)q_1\right]$$

$$(8.21)$$

将式(8.21)代入式(8.10)，并在方程两边都除以 ρ，就可以得到改写后的浑水明流运动方程：

$$\frac{\partial Q}{\partial t} + \frac{\partial}{\partial x}\left(\frac{Q^2}{A}\right) = -\frac{\rho_b - \rho}{\rho(1-p)}BU(E-D) - \frac{\rho_s - \rho_w}{\rho}(C - C_l)q_l U$$

$$+ gA(S_0 - S_f) - gA\frac{\partial h}{\partial x} - gh_c\frac{A}{\rho}\frac{\partial \rho}{\partial x}$$

$$(8.22)$$

用同样的方法可以将异重流连续方程和运动方程改写为

$$\frac{\partial A_t}{\partial t} + \frac{\partial Q_t}{\partial x} = \frac{B_t(E_t - D_t)}{1-p} + q_{wm} - q_{tl} \quad (8.23)$$

$$\frac{\partial Q_t}{\partial t} + \frac{\partial}{\partial x}\left(\frac{Q_t^2}{A_t}\right) = -\frac{\rho_b - \rho_t}{\rho_t(1-p)}B_t U_t(E_t - D_t) + \frac{\rho_t - \rho_w}{\rho_t}q_{wm}U_t + g'A_t S_b - gAS_f'$$

$$- gA_t\frac{\rho_w}{\rho_t}\frac{\partial z_s}{\partial x} - g'A_t\frac{\partial h_t}{\partial x} - gh_{ct}\frac{A_t}{\rho_t}\frac{\partial \rho_t}{\partial x}$$

$$(8.24)$$

式中，U_t 为异重流断面平均流速。这里注意一点，和式(8.22)相比，式(8.24)中没有出现和异重流倒灌相关的源项，这是因为对于异重流倒灌，总可以认为倒灌浑水的密度等于主河道内异重流的密度，所以在方程变形过程中与异重流倒灌相关的两项刚好抵消了。

至此可以将所得到的控制方程总结一下，以方便后面对数值方法的介绍。浑水明流控制方程可以表示为

$$\frac{\partial \boldsymbol{U}}{\partial t} + \frac{\partial \boldsymbol{F}}{\partial x} = \boldsymbol{S} \tag{8.25}$$

$$\boldsymbol{U} = \begin{bmatrix} A \\ Q \\ AC \end{bmatrix}, \quad \boldsymbol{F} = \begin{bmatrix} Q \\ Q^2 / A \\ QC \end{bmatrix}, \quad \boldsymbol{S} = \begin{bmatrix} B(E-D) / (1-p) - q_l \\ M_{\mathrm{w}} \\ B(E-D) - C_l q_l \end{bmatrix}$$

$$M_{\mathrm{w}} = -gA\frac{\partial z_{\mathrm{s}}}{\partial x} - gAS_{\mathrm{f}} - gh_{\mathrm{c}}\frac{A}{\rho_{\mathrm{m}}}\frac{\partial \rho_{\mathrm{m}}}{\partial x} - \frac{\rho_{\mathrm{b}} - \rho_{\mathrm{m}}}{(1-p)\rho_{\mathrm{m}}}UB(E-D) + q_l U \frac{\rho_{\mathrm{s}} - \rho_0}{\rho_{\mathrm{m}}}(C - C_l)$$

$$\tag{8.26}$$

$$\frac{\partial A_{\mathrm{b}}}{\partial t} = \frac{B(D-E)}{(1-p)} \tag{8.27}$$

式中，$\boldsymbol{U}$ 为守恒变量矢量；$\boldsymbol{F}$ 为通量矢量；$\boldsymbol{S}$ 为源项矢量。$\boldsymbol{S}$ 的第一个分量中的 $B(E-D) / (1-p)$ 表示河床变形对水流质量守恒的影响。式 (8.26) 中 M_{w} 右侧第一项表示浑水与河床间的泥沙交换对其自身动量的影响，最后一项表示含沙量的不均匀分布对动量守恒的影响。以上三项在非耦合水沙模型中直接被忽略。Cao 和 Carling (2002b) 通过数值实验对比说明了这三个附加项不仅在溃坝水流这种极端条件的模拟中是必要的，而且对于天然河道中高含沙洪水过程的数值模拟，这三项的存在也会对预测精度产生显著影响。

异重流控制方程表示为

$$\frac{\partial \boldsymbol{T}}{\partial t} + \frac{\partial \boldsymbol{G}}{\partial x} = \boldsymbol{R} \tag{8.28}$$

$$\boldsymbol{T} = \begin{bmatrix} A_{\mathrm{t}} \\ Q_{\mathrm{t}} \\ A_{\mathrm{t}}C_{\mathrm{t}} \end{bmatrix}, \quad \boldsymbol{G} = \begin{bmatrix} Q_{\mathrm{t}} \\ Q_{\mathrm{t}}^2 / A_{\mathrm{t}} \\ Q_{\mathrm{t}}C_{\mathrm{t}} \end{bmatrix}, \quad \boldsymbol{R} = \begin{bmatrix} B_{\mathrm{t}}(E_{\mathrm{t}} - D_{\mathrm{t}}) / (1-p) + q_{\mathrm{wm}} - q_{\mathrm{tl}} \\ M_{\mathrm{t}} \\ B_{\mathrm{t}}(E_{\mathrm{t}} - D_{\mathrm{t}}) - C_{\mathrm{t}}q_{\mathrm{tl}} \end{bmatrix}$$

$$M_{\mathrm{t}} = -\frac{\rho_{\mathrm{b}} - \rho_{\mathrm{t}}}{\rho_{\mathrm{t}}(1-p)}B_{\mathrm{t}}U_{\mathrm{t}}(E_{\mathrm{t}} - D_{\mathrm{t}}) + \frac{\rho_{\mathrm{t}} - \rho_{\mathrm{w}}}{\rho_{\mathrm{t}}}q_{\mathrm{wm}}U_{\mathrm{t}} - gA_{\mathrm{t}}S_{\mathrm{f}}' \tag{8.29}$$

$$- gA_{\mathrm{t}}\frac{\rho_{\mathrm{w}}}{\rho_{\mathrm{t}}}\frac{\partial z_{\mathrm{s}}}{\partial x} - g'A_{\mathrm{t}}\frac{\partial z_{\mathrm{t}}}{\partial x} - gh_{\mathrm{ct}}\frac{A_{\mathrm{t}}}{\rho_{\mathrm{t}}}\frac{\partial \rho_{\mathrm{t}}}{\partial x}$$

$$\frac{\partial A_{\mathrm{b}}}{\partial t} = \frac{B_{\mathrm{t}}(D_{\mathrm{t}} - E_{\mathrm{t}})}{1-p} \tag{8.30}$$

式中，$\boldsymbol{T}$ 为守恒变量矢量；$\boldsymbol{G}$ 为通量矢量；$\boldsymbol{R}$ 为源项矢量。$\boldsymbol{R}$ 的第一分量中的 q_{wm} 表示清浑水交界上的掺混引起的质量变化。式 (8.29) 右侧第二项表示清水掺入对异重流动量的影响，第五项表示上层清水压力对动量守恒的影响。河床变形引起的附加项(R 和式(8.29)右侧的第一项)对于异重流的模拟同样会产生显著影响(Hu and Cao，2009)。

8.1.2　方程组封闭

浑水明流控制方程和异重流控制方程中的床沙上扬通量 E 和悬沙沉降通量 D 表示方法一样，以浑水明流方程为例，可以写为

$$E = \alpha\omega C_* / \rho_s, \quad D = \alpha\beta\omega C / \rho_s \tag{8.31}$$

式中，α、ω、C 和 C_* 在考虑床沙分组时均为该组泥沙的恢复饱和系数、浑水泥沙沉速、含沙量与挟沙力。α 与沉速的关系为 $\alpha = 0.001 / \omega^k$ (韦直林等，1997b)，淤积时 k=0.3，冲刷时 k=0.8；C_* 为挟沙力，这里采用张红武和张清(1992)提出的挟沙力公式计算：

$$C_* = \frac{2.5}{\rho_s} \left[\frac{(0.0022 + C)U^3}{\kappa \dfrac{\rho_s - \rho}{\rho} gh\omega} \ln\left(\frac{h}{6D_{50}} \right) \right]^{0.62} \tag{8.32}$$

式中，D_{50} 为床沙中值粒径；κ 为浑水卡门常数。这里需要说明的是，尽管 Parker 等(1986)基于水槽试验提出了异重流底部含沙量计算公式用于计算床沙上扬通量，明渠流中挟沙力的概念仍然被广泛应用于异重流中，如韩其为和向熙珑(1981)曾指出异重流输沙规律与明渠流在本质上是一致的，Cao 等(2015)在其二维异重流模型中也使用了张瑞瑾等(1989)提出的挟沙力公式。因此，本模型在求解异重流方程时仍使用式(8.32)计算挟沙力，需要注意的是这里用有效重力加速度 g' 代替 g。

非静止水面假定下考虑上层清水流动时的清浑水掺混的单宽流量可表示为

$$q_{wm} = B_t e_w |U_t - U_0|, \quad U_0 = (Q - Q_t) / (A - A_t) \tag{8.33}$$

式中，U_0 为上层清水流速；$U_t - U_0$ 为相对流速，体现了异重流与上层清水计算的耦合；关于水量掺混系数 e_w，目前使用较多的是 Parker 等(1987)提出的经验公式。但范家骅(2011a)认为 Parker 等的研究结果是在陡坡实验上得出的，对其在淤积性水库异重流中的适用性提出疑问，甚至提出在低弗劳德数情况下会发生负掺混，即清水从下层异重流分离出进入上层。钱宁等(1958)认为还存在异重流中浑水分离进入清水的掺混。Huang 等(2005)总结多个学者的水槽试验结果和自己的立面二维模型结果发现急流区的掺混系数比缓流区高一到两个数量级。由于目前对浑水异重流的掺混问题认识还不够充分，本模型在采用 Parker 等的公式时乘以

一定的修正系数，即

$$e_w = \eta_w \frac{0.00153}{0.0204 + Ri} \tag{8.34}$$

式中，$Ri = g'h_m / U^2$ 为理查森数；η_w 为修正系数，可通过模型计算的异重流厚度与实测值对比来率定，实际水库中的异重流 η_w 一般小于 1。

式 (8.29) 中的阻力源项 $gA_t S_f'$ 一般有两种处理方法：一种是用同时考虑了明渠阻力与交界面阻力的综合阻力系数来表示 S_f'；另一种是将 $gA_t S_f'$ 分解为床面阻力 $gA_t S_{tf}$ 与非静止水面假定下的交界面阻力 F 两项之和，其中：

$$S_{tf} = |Q_t| Q_t / Q_{tk}^2, \quad F = f|U_t - U_0|(U_t - U_0)B_t / 8 \tag{8.35}$$

式中，S_{tf} 为异重流部分的河床阻力坡度。$|Q_t|$、$|U_t - U_0|$ 表示大小，Q_t、$U_t - U_0$ 表示方向。$Q_{tk} = A_t R_t^{2/3} / n$ 代表流量模数，当断面形态不规则时，$Q_{tk} = \sum_{j=1}^{NP} \frac{A_{tj}}{n_j} R_{tj}^{2/3}$

通过所有子断面流量模数累加得到，NP 为子断面数；R_{tj} 为水力半径；n_j 为糙率；f 是交界面阻力系数；n_j 和 f 需要由实测资料率定。在水深很小时，按照 S_{tf} 的表达形式计算的阻力会非常大，尤其是对于传播过程中的异重流头部。为避免阻力过大引起计算不稳定，在异重流厚度小于某临界值时使用切应力 $\tau_b = C_D \rho_t U_t^2$ 计算河道阻力，C_D 为阻力系数。

浑水明流与异重流控制方程中，与干支流倒回灌相关的变量有 C_l、q_l 与 q_{tl}。C_l 的取值应根据水库实际存在的倒回灌形式考虑，见表 8.1。

表 8.1　水库干支流倒回灌分类及相应含沙量取值

干流流态	库水位变化	种类	体积比含沙量
仅清水明流	上升	清水倒灌	0
仅清水明流	下降	清水回灌	0
仅浑水明流	上升	浑水倒灌	C
仅浑水明流	下降	清水回灌	0
存在异重流	不限	清水倒回灌或异重流倒灌	$q_{tl}*C_t/q_l$

从表 8.1 中可以看出，异重流发生时，上层清水和支流间无论倒灌还是回灌，均不产生泥沙输移，此时总输沙率等于异重流输沙率，C_l 数值上等于异重流输沙率和总流量的比值，体现了模型中明流与异重流计算的耦合，C_t 则近似为支流口门处干流断面的体积比含沙量。

因此，只要给出 q_l 与 q_{tl} 的计算公式就可以使方程组封闭，q_{tl} 使用第 5 章提到的考虑支流底坡影响的异重流倒灌流量公式（王增辉等，2017）计算，q_l 需要通过 8.1.4 节中的零维水库法计算。

8.1.3　数值计算方法

1）方程离散

控制方程使用有限体积法显式离散，以浑水明流方程为例，离散后的形式为

$$U_i^{m+1} = U_i^m - \frac{\Delta t}{\Delta x}(F_{i+1/2}^m - F_{i-1/2}^m) + \Delta t S_i^m \tag{8.36}$$

式中，m 为时间层号；$F_{i-1/2}^m$、$F_{i+1/2}^m$ 为第 $i-1$、i 和 i、$i+1$ 号控制体界面上的数值通量，其求解为局部黎曼问题；U_i^m、S_i^m 为 i 号控制体内 U、S 的平均值，i 是控制体单元编号；Δt 和 Δx 分别为时间步长与空间步长。

源项 S 和 R 中的密度梯度使用中心差分离散，深度和水面高程的离散采用 Ying 等（2004）提出的方法，该方法将前差与后差的结果按柯朗数加权求和，以 $\partial z_s / \partial x$ 的计算为例：

$$\frac{\partial z_s}{\partial x} = w_1 \frac{z_{s,i+1}^m - z_{s,i}^m}{x_{i+1} - x_i} + w_2 \frac{z_{s,i}^m - z_{s,i-1}^m}{x_i - x_{i-1}} \tag{8.37}$$

式中

$$\begin{cases} w_1 = 1 - \dfrac{\Delta t}{2}\dfrac{U_i^m + U_{i+1}^m}{x_{i+1} - x_i}, & w_2 = \dfrac{\Delta t}{2}\dfrac{U_{i-1}^m + U_i^m}{x_i - x_{i-1}}, & Q \geqslant 0 \\[4mm] w_1 = \dfrac{\Delta t}{2}\dfrac{U_i^m + U_{i+1}^m}{x_{i+1} - x_i}, & w_2 = 1 - \dfrac{\Delta t}{2}\dfrac{U_{i-1}^m + U_i^m}{x_i - x_{i-1}}, & Q < 0 \end{cases} \tag{8.38}$$

河床变形方程采用如下离散形式：

$$A_{b,i}^{m+1} = A_{b,i}^m + \Delta t \frac{[B(E-D)]_i^m}{1-p} \tag{8.39}$$

最后，由于采用显式离散，时间步长的大小由 CFL（Courant-Friedrichs-Lewy）条件控制。

2) 有限体积法通量计算方法

数值通量 $\boldsymbol{F}_{i+1/2}^m$ 的计算使用 TVD 形式的 MUSCL-Hancock 格式 (Toro, 1998)，在数值重构阶段，可使用 WSDGM 方法对重构水深进行进一步修正。下面首先介绍 TVD 形式的 MUSCL-Hancock 格式，该格式分为如下三步。

(1) 数值重构。假设控制单元内部守恒变量呈线性分布且受梯度限制函数的约束，按式 (8.40) 得到控制单元交界面处的守恒变量插值结果：

$$\boldsymbol{U}_{i+1/2}^L = \boldsymbol{U}_i^m + \frac{1}{2}\boldsymbol{\varphi}_{i-1/2}^+\left(\boldsymbol{U}_i^m - \boldsymbol{U}_{i-1}^m\right)$$
$$\boldsymbol{U}_{i+1/2}^R = \boldsymbol{U}_{i+1}^m - \frac{1}{2}\boldsymbol{\varphi}_{i+3/2}^-\left(\boldsymbol{U}_{i+2}^m - \boldsymbol{U}_{i+1}^m\right) \tag{8.40}$$

式中，$\boldsymbol{\varphi}$ 为梯度限制函数，它本身是守恒变量变化量的比值的函数：

$$\boldsymbol{\varphi}_{i-1/2}^+ = \boldsymbol{\varphi}(r_{i-1/2}^+), \quad \boldsymbol{\varphi}_{i+3/2}^- = \boldsymbol{\varphi}(r_{i+3/2}^-) \tag{8.41}$$

式中，$\boldsymbol{r}^\pm$ 定义为

$$r_{i-1/2}^+ = \frac{\boldsymbol{U}_{i+1}^m - \boldsymbol{U}_i^m}{\boldsymbol{U}_i^m - \boldsymbol{U}_{i-1}^m}, \quad r_{i+3/2}^- = \frac{\boldsymbol{U}_{i+1}^m - \boldsymbol{U}_i^m}{\boldsymbol{U}_{i+2}^m - \boldsymbol{U}_{i+1}^m} \tag{8.42}$$

梯度限制函数的具体表达式有多种选择，本模型中使用 van Leer 提出的限制函数：

$$\varphi(r) = \begin{cases} \min\left(\dfrac{2r}{1+r}, \ \dfrac{2}{1+r}\right), & r > 0 \\ 0, & r \leqslant 0 \end{cases} \tag{8.43}$$

(2) 界面插值结果的演进。将界面两侧数值重构之后的守恒变量向前演进半个时间步长：

$$\bar{\boldsymbol{U}}_{i+1/2}^L = \boldsymbol{U}_{i+1/2}^L - \frac{\Delta t}{2\Delta x}\left[\boldsymbol{F}\left(\boldsymbol{U}_{i+1/2}^L\right) - \boldsymbol{F}\left(\boldsymbol{U}_{i-1/2}^R\right)\right]$$
$$\bar{\boldsymbol{U}}_{i+1/2}^R = \boldsymbol{U}_{i+1/2}^R - \frac{\Delta t}{2\Delta x}\left[\boldsymbol{F}\left(\boldsymbol{U}_{i+3/2}^L\right) - \boldsymbol{F}\left(\boldsymbol{U}_{i+1/2}^R\right)\right] \tag{8.44}$$

(3) 求解局部黎曼问题。界面 $x_{i+1/2}$ 两侧的状态 $\bar{\boldsymbol{U}}_{i+1/2}^L$ 和 $\bar{\boldsymbol{U}}_{i+1/2}^R$ 构成了黎曼初值问题，可以用任意一种黎曼算子求解相应的数值通量。

本模型中使用的是具有接触间断的 HLL(Harten-Lax-van Leer-contact，HLLC) 近似黎曼算子：

$$
F_{i+1/2} = \begin{cases}
F_l, & S_l \geqslant 0 \\
F_l^* = F_l + S_l(U_l^* - U_l), & S_l < 0 \leqslant S_m \\
F_r^* = F_r + S_r(U_r^* - U_r), & S_m < 0 \leqslant S_r \\
F_r, & S_r < 0
\end{cases}
\tag{8.45}
$$

这里 U_l 和 U_r 代表步骤 (2) 中的 $\bar{U}_{i+1/2}^L$ 和 $\bar{U}_{i+1/2}^R$，三个波速的计算方法为 (Fraccarollo and Toro，1995)

$$
S_l = \min(u_l - \sqrt{gh_l}, u^* - \sqrt{gh^*})
\tag{8.46}
$$

$$
S_m = u^*
\tag{8.47}
$$

$$
S_r = \max(u_r + \sqrt{gh_r}, u^* + \sqrt{gh^*})
\tag{8.48}
$$

h^*、u^* 的计算公式有多种，比较常用的是双稀疏波估计，即

$$
h^* = \frac{1}{g}\left[\frac{1}{2}(\sqrt{gh_l} + \sqrt{gh_r}) + \frac{1}{4}(u_l - u_r)\right]^2
\tag{8.49}
$$

$$
u^* = \frac{1}{2}(u_l + u_r) + \sqrt{gh_l} - \sqrt{gh_r}
\tag{8.50}
$$

异重流头部沿库底的传播可类比于干河床上的水流运动，常见处理方法是在干河床上假设一个极小的水深 ε。同时在求解干湿交界面处的数值通量时，对 HLLC 近似黎曼算子中用到的波速进行修正。当交界面左侧为干河床时：

$$
S_l = u_l - \sqrt{gh_l}, \quad S_r = u_l + 2\sqrt{gh_l}, \quad S_m = S_r
\tag{8.51}
$$

当交界面右侧为干河床时：

$$
S_l = u_r - 2\sqrt{gh_r}, \quad S_r = u_r + \sqrt{gh_r}, \quad S_m = S_l
\tag{8.52}
$$

为了使数值格式能够适应不同流态的变化，减小数值震荡，在步骤 (1) 和步骤 (2) 之间采用 Aureli 等 (2008) 提出的 WSDGM 方法来再次重构单元交界面的水深：

$$h^L_{i+\frac{1}{2}} = \theta_i h^{L,\mathrm{DGM}}_{i+\frac{1}{2}} + (1-\theta_i) h^{L,\mathrm{SGM}}_{i+\frac{1}{2}}$$

$$h^R_{i+\frac{1}{2}} = \theta_{i+1} h^{R,\mathrm{DGM}}_{i+\frac{1}{2}} + (1-\theta_{i+1}) h^{R,\mathrm{SGM}}_{i+\frac{1}{2}}$$

(8.53)

式中，$h^{L,\mathrm{DGM}}_{i+\frac{1}{2}}$、$h^{L,\mathrm{SGM}}_{i+\frac{1}{2}}$ 为界面 $x=(i+1/2)\Delta x$ 左侧由深度梯度法和表面梯度法外插得到的水深，权重 θ_i 根据局部弗劳德数计算：

$$\theta_i = \begin{cases} \dfrac{1}{2}\left[1 - \cos\left(\dfrac{\pi Fr_i}{Fr_{\mathrm{lim}}}\right)\right], & 0 \leqslant Fr_i \leqslant Fr_{\mathrm{lim}} \\ 1, & Fr_i > Fr_{\mathrm{lim}} \end{cases}$$

(8.54)

式中，Fr_{lim} 为一个需要率定的临界弗劳德数。式(8.54)的含义为当某单元的局部弗劳德数大于该临界值时，该单元两侧界面的水深由纯深度梯度法重构，而局部弗劳德数越小则重构的结果越趋向于表面梯度法。WSDGM 法是为浑水明流设计的，Aureli 等(2008)比较了 0 到正无穷之间不同的 Fr_{lim} 下的计算误差，认为[1, 2]是比较合适的取值范围，然而目前并没有关于异重流模拟时 Fr_{lim} 取值范围的研究。本书在模型率定时发现较小的 Fr_{lim}（如最终采用的 0.3）更适于异重流方程的求解，这可能是由于深度梯度法更适用于异重流前峰的传播这种类似干湿界面追踪的问题。

由于本书提出的控制方程是针对不规则断面推导的，数值通量 **F** 和 **G** 的第二分量中只含对流项，而压力项均放到了方程右侧。因此式(8.25)和式(8.28)并不是严格的守恒形式，其左侧也没有构成标准的浅水方程黎曼问题，但是实践中仍可以使用基于黎曼算子的数值方法求解通量作为一种近似，如 Zhang 和 Duan(2011)使用 HLLC、Roe 等格式开展了一维不规则断面上的动床非恒定流过程模拟。

3) 挟沙力级配与床沙级配计算方法

在采用非均匀沙进行模拟计算时，对每一分组应用泥沙输移方程，对应的分组挟沙力由总的挟沙力乘以相应挟沙力级配得到。在冲淤平衡条件下悬移质挟沙力级配等于含沙量级配，因此可以根据冲淤平衡时悬移质垂线平均含沙量级配与床沙级配的关系(李义天，1987)确定挟沙力级配，具体计算方法见 7.2.3 节。

在每一时间步河床变形计算完成后，需要进行床沙级配调整计算。本模型中将河床组成概化为一个厚度不变的混合层和若干个记忆层，初始时刻将各记忆层设置为等厚的，在冲淤过程中最上层记忆层厚度可变。根据床面发生淤积还是冲刷，分两种情况计算，具体方法见 7.2.3 节。

8.1.4　干支流倒回灌过程计算

对于支流来水来沙的情况，在前面推导的控制方程 q_l、$q_l \cdot C_l$ 中加入相应时刻的支流来流来沙量即可。对于支流库容相对较大的水库而言，干支流之间的水沙运动最为主要的组成部分是水库内部干支流之间的倒回灌过程。如前面所述，水库干支流倒回灌分为明流倒回灌和异重流倒灌。明流倒回灌的主要驱动力是干支流间的水面梯度，当地加速度与对流加速度的影响很小，可以忽略，没有必要求解完整的水动力学方程。而对于异重流倒灌，已经有较多的关于倒灌流量公式的研究，包括本书提出的计算公式。另外，虽然一维河网模型（韦直林和崔占峰，2001；Ghostine et al.，2012）已经相当成熟，但这些模型都是针对明流开发的，目前还没有能用于异重流模拟的河网模型。因此，目前来讲，将干支流倒回灌作为侧向出流或入流反映在干流控制方程中是简单有效且较为可行的方法。本模型中异重流倒灌流量使用第 5 章中提出的考虑底坡影响的异重流倒灌流量公式，计算时，倒灌水体的密度及倒灌起始断面的异重流厚度使用与其相连接的干流控制单元内的值。下面主要介绍明流倒回灌过程的计算方法。

在经典的采用有限差分法 Preissmann 格式的模型中，方程离散后得到一组关于水位和流量增量的代数方程，交汇处下游干流的增量方程系数是与入汇支流下游端的系数相关的，而支流下游端的系数是在追赶法"追"的过程中从其上游开始不断向下游推算的（Wu，2008；He et al.，2008）。如果假设交汇处干流水位和整个支流内水位相等，则可以直接用支流的水面面积函数来表达支流下游端的增量方程系数，这一方法曾被用于江湖连通问题的处理（杨国录，1993）。本模型借鉴了这种思路，认为交汇处干支流间的水面比降为维持水平形成了倒回灌净流量，可用零维水库法求解。

如图 8.2 所示，将有限体积法下 i 号控制体及其相连支流看作扩大的整体 i_*，其断面面积 A_* 为干流面积 A_i 加上该时刻 z_s 下支流库容 V 在 i 号控制体上的附加面积：

$$A_*^{m+1}(z_s^{m+1}) = A_i^{m+1}(z_s^{m+1}) + \sum_{a=1}^{\Omega}\sum_{b=1}^{k_a} V_{ab}(z_s^{m+1}) / \Delta x \tag{8.55}$$

式中，m 为第 m 时间步；Ω 为 i 号控制体支流数目；k_a 为第 a 条支流二级支流数目；$V_{ab}(z_s)$ 为第 a 条支流的 b 号二级支流在 z_s 下的库容。求解浑水连续方程时，将 i_* 控制体内的倒回灌视为内部流动，所以源项 $S_{1,i}^m$（下标 1 表示第一分量，下同）的计算不考虑 q_l 的存在，按式（8.56）更新断面面积：

$$A_*^{m+1} = A_*^m - \frac{\Delta t}{\Delta x}(F_{1,i+1/2}^m - F_{1,i-1/2}^m) + \Delta t S_{1,i}^m \tag{8.56}$$

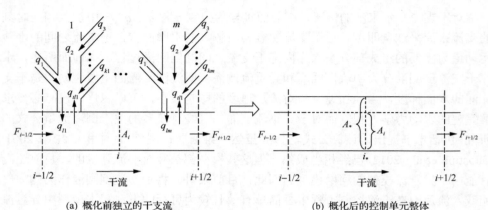

(a) 概化前独立的干支流   (b) 概化后的控制单元整体

图 8.2   改进的零维水库法示意图

将 A_*^{m+1} 代入式 (8.55) 求得 z_s^{m+1}，由水量守恒可得任一支流的倒回灌净流量及总净流量：

$$q_{ab}^m = \frac{V_{ab}(z_s^{m+1}) - V_{ab}(z_s^m)}{\Delta x \Delta t}, \quad q_l^m = \sum_{a=1}^{\Omega}\sum_{b=1}^{k_a} q_{ab}^m \tag{8.57}$$

按上述方法完成浑水明流连续方程的计算后，U_i 余下分量的求解仍按照原始的离散格式求解。

8.1.5 模型求解流程

已有的深度平均异重流模型大部分只能模拟异重流潜入后的传播过程，必须要有潜入点下游某观测位置的实测数据作为输入（Bradford and Katopodes, 1999; Hu et al., 2012）。而对于水库水沙输移过程的预测，或水库排沙方案的设计与评估，只能根据上游水库的泄流方案预测异重流能否发生，以及产生后的传播过程。本书将浑水明流模型与异重流模型耦合，采用潜入点判别条件衔接明流与异重流的计算，采用 Xia 等（2016）提出的潜入点弗劳德数 Fr 满足如下经验关系，也即第 3 章中提出的：

$$Fr_p = 0.437(S_V)^{0.375} \tag{8.58}$$

本模型中首个 Fr 小于 Fr_p 的断面即异重流潜入断面。将潜入点处由明流模块式 (8.36) 算得的 U^m 要素作为异重流上边界，异重流下边界在其到达坝前时为开边界，到达后则采用小浪底异重流出库的交界面高程与流量的经验关系加以限制。浑水明流方程与异重流方程交替求解运算，而不是先用恒定进口流量和明流模型得到稳定的水面线再进行异重流模拟(祁伟等，2003)。对于与支流相连的河段，可使用零维水库法与考虑底坡的异重流倒灌公式来反映干支流倒回灌的影响。本模型在求解方程(8.36)的 U^{m+1}、T^{m+1} 之前，预先通过求解式(8.39)得到第 $m+1$ 时间步的新地形，再结合连续方程使用二分法反推 z_s^{m+1} 或 z_t^{m+1}，体现了河床冲淤与水沙过程的耦合。异重流潜入点下游，在任一第 $m+1$ 时间层，将 m 时间层明流模块算得的断面平均的总流要素联立 m 时间层异重流要素通过式(8.33)求得 U_0^m 等要素；结合 m 时间层异重流计算的新地形和同一时间步的明流模型计算的 A^m 修正 z_s^m 等要素；将 U_0^m 和 z_s^m 等作为更新后的上层清水水力要素，结合 m 时间层异重流要素通过式(8.33)和式(8.35)得到 q_{wm}^m 和 F^m；最后按式(8.36)更新 T^{m+1}，整个求解过程充分体现了明流与异重流计算的耦合。记模拟区域共 N 个断面，模型的整体求解流程如图8.3所示，可以总结为如下四个步骤。

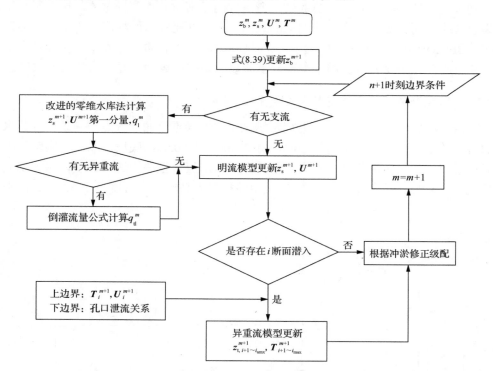

图 8.3　水库明流与异重流耦合计算流程图

(1)根据 z_b^m、U^m 和 T^m 计算下一时段河底高程 z_b^{m+1}，再结合 $m+1$ 时刻边界条件计算各控制体交界面上的数值通量 F。对于和支流相连的控制体，使用零维水

库法计算 z_s^{m+1} 及 q_{l1}，如果该控制单元位置还存在异重流，则用考虑底坡的异重流倒灌流量公式计算 q_{tl}；对于一般的控制单元，直接按式(8.36)离散格式计算得到 z_s^{m+1}。

(2)完成浑水明流控制方程中的流量、含沙量计算，得到 U^{m+1}。

(3)从整个计算域的上游开始，逐个计算每一控制单元的 U^{m+1} 是否满足潜入条件，若满足则记录下断面号 p，进入步骤(4)；若所有断面位置的 U^{m+1} 均不满足潜入条件，则根据冲淤修正床沙级配，令 $m=m+1$，返回步骤(1)。

(4)将 U_p^{m+1} 作为上游边界条件求解异重流控制方程组得到 T_i^{m+1}、$z_{t,i}^{m+1}$ ($i=p+1$, $p+2,\cdots,N$)，根据冲淤修正床沙级配，令 $m=m+1$，返回步骤(1)。

8.2　异重流水槽试验模拟

本节采用 Lee 和 Yu(1997)、Bonnecaze 等(1993)的异重流水槽试验对模型进行初步验证。Lee 和 Yu(1997)的试验所研究的是恒定非均匀异重流，这里用其结果验证模型所预测的水力泥沙因素的纵向分布，并比较水面梯度对模拟结果的影响。Bonnecaze 等(1993)的试验关注的是异重流传播的动态过程以及沿程产生的淤积分布，此类试验常被用来测试异重流数学模型对运动干湿界面的追踪效果。

8.2.1　恒定流量下的异重流潜入试验模拟

Lee 和 Yu(1997)开展了一系列水槽试验研究异重流的潜入点判别条件及其水力特征的沿程分布。该水槽长 20m、宽 20cm、高 60cm，底坡为 0.02。实验开始后在进口释放固定流量及一定含沙量的浑水，出流流量等于进口流量以保证水面稳定，实验装置示意图见图 8.4。实验用沙材料为高岭土，密度为 2650kg/m³，平

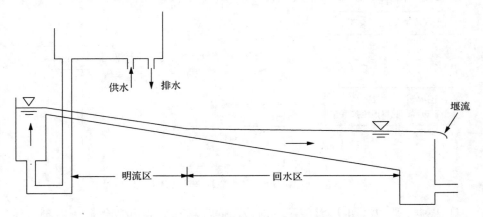

图 8.4　恒定流量下的异重流潜入试验装置示意图(Lee and Yu，1997)

均粒径为 0.0068mm。共进行了 18 组试验，每组在潜入点下游选择两个断面位置测量流速和含沙量分布。入流单宽流量的变化范围为 0.0024～0.0116m²/s，进口断面的体积比含沙量的变化范围为 0.0021～0.0108。本书选择了部分测次的数据与模型计算结果进行比较，这些测次的试验条件、观测位置与测量结果见表 8.2。表中 Q_{in}、$S_{V,in}$ 分别是进口的单宽流量和体积比含沙量；X_{ps} 是潜入点距离入口处的距离；H_{ps} 是潜入点的深度；X_s 是观测位置与潜入点之间的距离；h 与 S_V 是观测位置的异重流厚度与体积比含沙量。

表 8.2　Lee 和 Yu(1997)异重流潜入试验的条件与观测结果

编号	试验条件		测点位置	观测值			
	Q_{in}/(cm²/s)	$S_{V,in}$	X_s/H_{ps}	H_{ps}/cm	X_{ps}/m	h/cm	S_V
TC11a	85.45	0.00388	8.07	14.49	10.13	11.01	0.00352
TC12a	85.21	0.00543	14.19	12.97	9.46	9.45	0.00460
TC17b	96.47	0.00781	40.12	11.44	8.71	9.73	0.00652
TC3b	42.25	0.00363	69.58	8.91	7.10	7.86	0.00292
TC2b	24.76	0.00716	138.43	5.62	5.52	6.20	0.00494

在模型计算时取 $\Delta x=0.25$m，$\Delta t=0.1$s，$n=0.02$。将潜入点深度 H_{ps} 作为比尺，分别以无量纲的距离 X_s/H_{ps} 和异重流厚度 h/H_{ps} 为横轴和纵轴，将试验结果和数值模拟结果点绘出来可以看出异重流厚度沿程的变化趋势，见图 8.5。在靠近潜入点的一小段距离内（根据 Lee 和 Yu(1997)的试验这一区域的范围为 $0<X_s/H_{ps}<15$），异重流的厚度略有减小。超过这一范围之后，异重流的厚度由于清水掺入而逐渐增加。图 8.5 中模拟结果很好地反映了这一趋势。作为比较，将假设不考虑水面梯度的模型，即式(8.6)中忽略右侧第三项所得到的结果绘于图中，可以看到其与实测值相差较远。试验测得体积比含沙量与模型计算结果的对比见图 8.6。是否考虑水面梯度两种情况下对异重流厚度计算的最大相对误差分别为 8.7%和 27.5%，对体积比含沙量计算的最大相对误差分别为 12.6%和 20.5%。因此，考虑水面梯度对于异重流预测精度有重大影响，而明流与异重流的耦合计算模式为计算水面梯度提供了必要的水面高程信息。

根据 Lee 和 Yu(1997)的试验观测，异重流刚形成时潜入点位置是不稳定的。随着潜入点从初始位置向下游移动到稳定位置，潜入点水深变大，潜入点密度弗劳德数减小。相比水库异重流过程的持续时间，初始潜入点位置迁移持续时间很短(1.9～3.2min)。在实践中人们更关心入库水沙条件的变化和水库的调度所引起的潜入点迁移，所以本书没有考虑初始潜入点的迁移，式(8.58)所判别的是任一瞬时水沙条件下潜入点所应达到的稳定位置。本模型对五组试验中潜入位置 X_{ps} 预测的最大误差为 0.91m，即在 4 个空间步长之内。

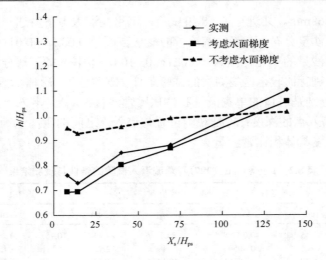

图 8.5　异重流厚度沿程变化

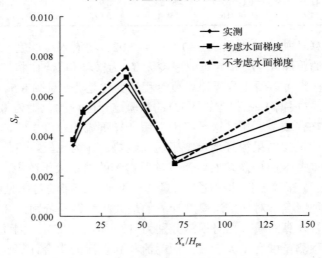

图 8.6　体积比含沙量沿程变化

8.2.2　释放定量浑水的异重流试验模拟

Bonnecaze 等(1993)在平底封闭水槽内释放定量的水沙混合物来观测异重流的传播过程，对沿程淤积量分布也进行了测量。所用水槽长 10m、宽 26cm、高 48cm。在距离水槽一端 15cm 处设置一个隔板，隔板后方注入 30cm 深的水沙混合物，隔板另一侧注入相同深度的清水，见图 8.7。试验开始后将隔板迅速抽起，这类试验常被称为 lock-exchange 试验。Bonnecaze 等通过注入不同质量、不同粒径的泥沙进行了多组试验，试验用沙的密度为 3217kg/m^3。

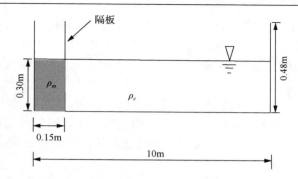

图 8.7　释放定量浑水的异重流试验设置(Bonnecaze et al.，1993)

　　图 8.8 显示了不同粒径的泥沙形成的异重流传播距离随时间的变化。时间步长为 Δt=0.02s。释放的浑水中泥沙质量均为 400g，粒径分别为 9μm 和 53μm。粒径大的泥沙淤积较快，所以有效重力迅速减小，最终传播的距离也较短，模型准确地反映了这一趋势。对于粒径为 53μm 的试验组次，前 20s 模型预测的速度稍微快于实际速度，之后逐渐减缓到和实测结果相同的速度，粒径为 9μm 组次的预测也有相似的特点。追踪异重流头部的常见方法有两种。一种方法是指定异重流头部的前进速度作为模型下游边界条件(Bonnecaze et al.，1995；La Rocca et al.，2008)。例如，Bonnecaze 等(1993)的数学模型通过坐标变换将异重流的传播长度映射到固定长度上，并使用试验研究得到的异重流头部弗劳德数经验关系式来指定下游端速度。另一种方法是使用能够处理干湿界面问题的黎曼算子寻求对干湿控制单元间数值通量的准确估计(Bradford and Katopodes，1999)，本模型正是采用的这种方法。采用这种方法时只要将计算域的下边界当做开边界即可。

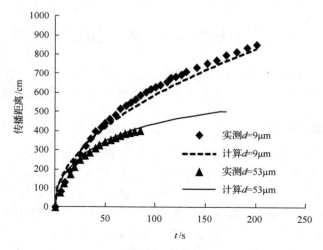

图 8.8　异重流传播距离计算与实测对比

　　淤积物的面密度 ρ_d 定义为水槽底部单位面积上淤积物烘干后的质量,用来反映异重流引起的河床变形大小。图 8.9 是实测结果与模型计算的 ρ_d 的比较,该组试验使用的是 100g 粒径为 53μm 的泥沙。在水槽前 80cm 范围内 ρ_d 的计算值略大于实测值,这可能是因为隔板打开前为了维持泥沙悬浮而人工制造的充分紊动状态使垂向含沙量分布远离模型所假设的平衡状态,所以在试验最初的一段时间里实际的泥沙沉降通量小于模型计算值,水槽前端的实际淤积量比模型计算值小。因为释放的泥沙总量是固定的,模型预测输送到下游的泥沙就会减少,所以 80cm 之后的 ρ_d 略小于实测值。

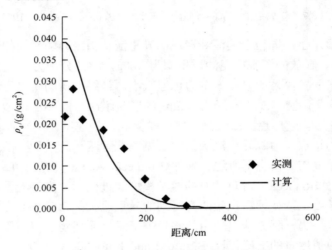

图 8.9　ρ_d 沿程分布计算与实测对比

8.3　三门峡水库异重流运动过程模拟

　　本节通过模拟原型尺度的水库异重流过程对模型进行验证。由于三门峡库区(潼关至大坝河段)内没有大的支流入汇,这里暂不考虑干支流倒回灌的影响。

8.3.1　三门峡库区概况

　　三门峡水库位于黄河中游下段,控制流域面积为 68.84 万 km^2,是黄河干流上兴建的第一座以防洪为主的综合性水利枢纽。根据 1919~1989 年的水文统计资料,其多年平均入库流量为 1310m³/s,平均含沙量为 34.7kg/m³,历史最大流量为 22000m³/s,最大含沙量为 911kg/m³(杨庆安等,1995)。三门峡大坝最初按正常高水位 360m 设计,实际运用最高蓄水位为 332.58m(1961 年 2 月 9 日)。工程于 1957 年开工,1960 年蓄水运用,335m 库容为 98.4 亿 m³。水库蓄水后泥沙淤积速度远超过预期值,至 1964 年已经淤积了 25.9 亿 m³。为此,三门峡水库在 1964 年和

1969 年进行了两次改建，库水位 315m 时泄流能力达到 9200m³/s。除工程措施外，水库运用方式也经历了两次重大的改变。1960 年 9 月~1962 年 3 月为蓄水拦沙运用期，除洪水期以异重流排出少量细颗粒泥沙外，其他时间均下泄清水。1962 年 3 月~1973 年 10 月为滞洪排沙运用期，除配合下游防凌需关闸蓄水外，一般是 12 个深水孔敞开泄流。三门峡水库从 1973 年 10 月开始以蓄清排浑方式运用，非汛期蓄水拦沙，汛期降低水位控制排沙。三门峡水库控制着黄河中游河口镇至龙门和龙门至三门峡区间两个主要洪水来源区，在下游的小浪底水库修建之前承担着黄河上最主要的防洪任务。

　　1961~1964 年三门峡库区共施测了 22 次异重流过程。1961 年水库处于蓄水拦沙期，坝前水位均在 318m 以上，异重流排沙比最小，该年 7 月 2~7 日排沙比仅为 0.02%，潜入点位置也为历年最远，距坝 81km。排沙比最大的异重流发生在 1962 年 3 月 26~27 日，为冲刷型异重流，排沙比高达 320%。1966 年发电引水钢管改建为泄流排沙管道后，洪水期均为明流排沙，无再施测(杨庆安等，1993)。

8.3.2　耦合模型的边界条件

　　计算区域从三门峡水库上游潼关站至坝前史家滩断面，全长 112.5km，库区平面示意图见图 8.10。在计算区域内共设置 41 个固定测量断面，从上游至下游降序编号。在所模拟的年份，有实测地形资料的断面共 34 个，在河宽变化较大的地方通过插值又增加了 3 个断面。床沙级配和干容重由若干实测断面的数据插值得到。

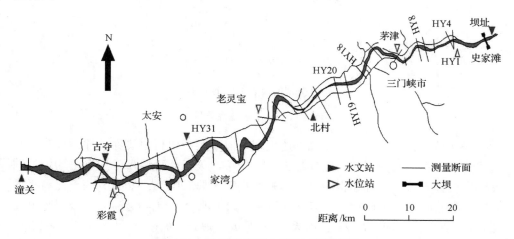

图 8.10　潼关至三门峡大坝河段示意图

　　1962 年 7 月 15 日~8 月 5 日，三门峡库区内观测到了两次异重流过程，该时段内潼关站的流量和含沙量过程见图 8.11(a)。本次计算以该来水来沙过程作为模型的上游边界条件。计算浑水明流时下游边界条件为史家滩水位过程和三门峡出库流量过程，见图 8.11(b)。

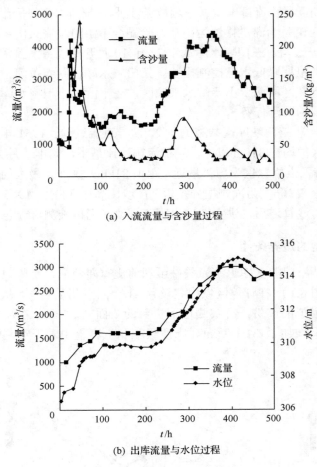

(a) 入流流量与含沙量过程

(b) 出库流量与水位过程

图 8.11　上下游边界条件

　　进行异重流计算时，异重流到达大坝之前下游使用自由边界条件。异重流到达坝前后，其出流受到底孔位置与大小的约束，关于此种情形下深度平均模型的下边界设置方法的研究还很少见。本书利用范家骅(2007a；2007b)关于孔口极限吸出高度的研究成果设置异重流出流流量。如果泄流孔口高度 h_0 大于极限吸出高度 h_L，则吸出层厚度 $H_s = 2h_L$；如果 h_0 小于 h_L，则 $H_s = h_0 + h_L$，见图 8.12。1962 年三门峡运用方式由蓄水拦沙改为滞洪排沙，本次异重流排沙期间大坝 12 个底孔全开，底孔高程为 300m，经过试算属于上述第二种情况。假设吸出层中清水层和浑水层的流速分布均匀且相等，那么异重流的出流流量与总出库流量的比值应该等于坝前异重流的厚度 h_T 与吸出层厚度 H_s 之比，据此可算出异重流出流流量。h_L

采用使用 Morris 和 Fan(1998)提出的公式计算:

$$h_{\mathrm{L}} = \frac{0.9}{(g' / Q_0^2)^{1/5}} \tag{8.59}$$

式中, Q_0 为单孔出库流量。

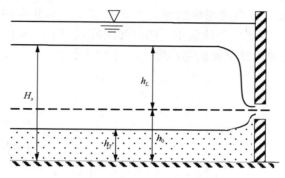

图 8.12　水库排沙吸出层示意图

8.3.3　模型率定

第一场异重流模拟的起止时间为 1962 年 7 月 15 日 9 时(图 8.11 中 $t=0$ 的时刻)～7 月 21 日 5 时,共计 140 个小时,时间步长 $\Delta t=10\mathrm{s}$。图 8.13 显示了采用不同的床面和交界面阻力系数计算得到的 HY8 断面(距坝址 9.1km)异重流及上层清水交界面高程与实测交界面高程。从图 8.13 中看出,阻力系数增大会使异重流厚度的

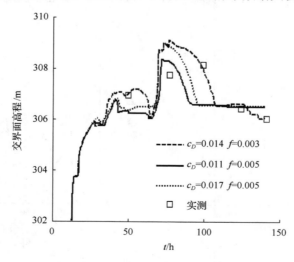

图 8.13　HY8 交界面高程计算与实测值比较

峰值出现时间延后，并且对之后厚度的变化过程产生较大的影响。确定阻力系数为 $c_D=0.014$，$f=0.003$ 后，计算得到 HY4（距坝址 6km）与 HY1 断面（距坝址 1.01km）的水面与交界面高程随时间变化的过程如图 8.14 所示，从图中看出对交界面高程的预测比对水面高程的预测困难许多，但计算的总体趋势与实测符合。图 8.14(b)中清浑水交界面的计算值在 $t=40h$ 时几乎达到坝前水面高程，现场观测记录中也提到这次洪水形成的异重流在坝前形成了浑水水库。两断面相应的含沙量过程见图 8.15。图 8.15 中含沙量峰值出现的时间刚好对应于图 8.14 中交界面高程快速上升的时间，这说明异重流头部厚度小，含沙量非常大。

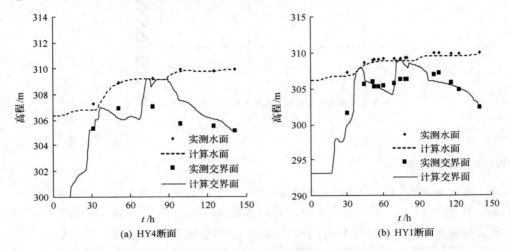

图 8.14 不同断面的水面和交界面高程变化过程

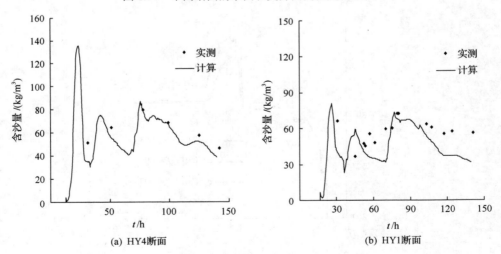

图 8.15 不同断面的含沙量过程

图 8.16 是由模拟结果绘制的不同时刻库区水面与异重流表面高程沿程分布，其中 Q_{in} 是瞬时入库流量，$z_{s,out}$ 是坝前水位。模拟开始时，由式(8.58)预测的潜入点位于 HY18 断面(距坝 26.6km，见图 8.16(a))，1h 后向上游迁移到 HY19 断面(距坝 30.9km)，但从计算的交界面与水面纵向形态来看，两者在 HY14 断面(距坝 18.2km)处才出现显著分离，这与现场观测记录中的潜入位置一致。从河床纵剖面形态来看，HY18～HY14 的河床比降非常小，甚至有一定的倒比降，根据韩其为(2003)对异重流形成条件的分析，在底坡较小的库段异重流潜入后会上浮至清水水面，即潜入不成功，因此模型结果与异重流潜入规律是相符的。对异重流在各测站的抵达时间估计需要得到正确的潜入位置并准确计算其传播速度。从图 8.13 和图 8.14 中可以看出，模型预测的交界面过程线准确地通过了 HY8 和 HY4 断面测得的首个异重流数据点，在 HY1 断面稍有偏差，这证明了模型所使用的潜入点判别方法和异重流头部"干湿界面"处理方法是有效的。图 8.16(b)所显示的时刻中，异重流前进到顶坡段末端将要进入坝前的一段陡坡。在 t=16.8h 时异重流到达坝前(图 8.16(c))。从潜入到其运行到坝前，异重流平均传播速度为 0.4m/s。异重流受到大坝阻挡后交界面逐渐上升并形成浑水水库，见图 8.16(d)。图 8.16(e)显示的是模拟结束时库区的水面线和清浑水层交界面，此时坝前清浑水层交界面高程回落到 302m，水面相对于初始时刻上升了 3.2m。

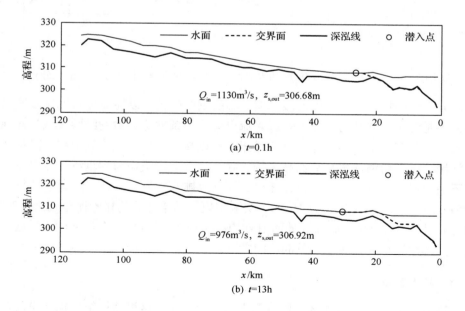

(a) t=0.1h

(b) t=13h

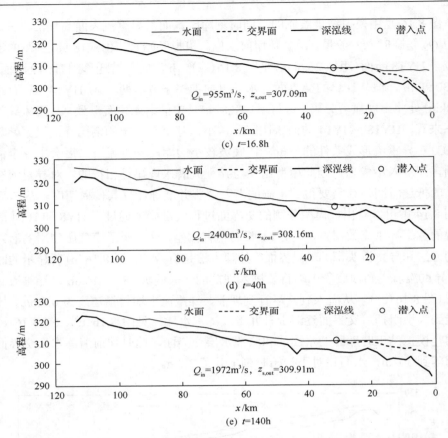

图 8.16　三门峡库区不同时刻的水面、交界面与深泓线和潜入点高程沿程分布

异重流的排沙比是水库泥沙管理关心的重要问题。以往对异重流排沙比的研究大多是尝试建立其与水库形态或入流出流边界条件等参数的经验关系（Fan and Morris，1992）。利用本模型的计算结果，可以直接由异重流的流量和含沙量计算排沙比。以坝前清浑水交界面高于排沙底孔高程的时段作为异重流排沙时段，根据三门峡日均出库输沙率资料计算得到异重流排沙量为 0.248 亿 t，模型计算排沙量为 0.286 亿 t，相对误差为 15.3%。实测与模拟结果计算的排沙比分别为 8.8%和 10.2%。模型中采用坝前 1km 处的 HY1 断面的输沙率近似计算出库沙量，这可能是造成排沙比计算与实测偏差的原因之一。

8.3.4　模型验证

1962 年 7 月 26 日库区内监测到第二场异重流，这里使用第一场异重流模拟中率定的阻力系数、糙率等参数进行验证。三门峡水库运行初期，研究区域内河床冲淤变化得十分剧烈。从 1962 年 5 月份与 8 月份的实测断面资料对比可以发现，上游断面最大冲刷深度可达 9m，下游最大淤积高度可达 7m。从河床纵剖面形态来看，8 月份三角洲顶坡段比降更为平缓，坝前河底高程抬升了 1.1m，这些地形变化会对异重流的传播和排沙效率产生较大的影响。因此，尽管两次异重流的间隔很短，在验证过程中的地形数据也采用 8 月初的实测资料。模拟时间为 7 月 23 日 2 时～8 月 4 日 14 时，共 300h。

　　模型计算潜入点始终稳定在 HY20 断面(距坝 33.6km)附近，与现场观测记录中的潜入点位置一致。潜入点位置的准确判断有赖于耦合模型中浑水明流段的计算精度。图 8.17 给出了位于浑水明流段的 HY31 断面(距坝 72.32km)流量及含沙量的模拟结果。洪水峰型与传播过程和实测值符合得较好，计算洪峰流量和含沙量峰值分别为 4461m³/s 和 83kg/m³，相应实测值分别为 4150m³/s 和 104kg/m³。

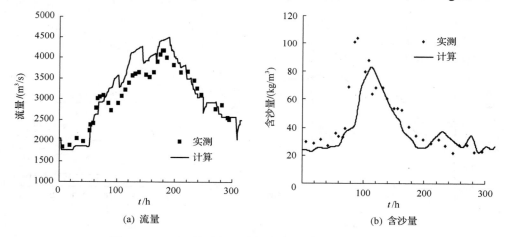

图 8.17　HY31 断面流量和含沙量实测值与计算值比较

　　图 8.18 是不同断面位置水面和交界面高程计算与实测值的比较。水面计算精度仍然明显好于交界面，最大误差出现在落水时期 HY19 断面(距坝 30.86km)，计算值低于实测值 0.69m。第二场异重流期间，坝前水位变化超过 4m，采用假设自由表面水平的模型计算异重流过程显然不合适。从图 8.18(b)中看出，模型对于异重流厚度增长阶段模拟得较好，另外，从图 8.18(a)和 8.18(c)看出，模型对于异重流消退阶段的模拟还不理想。在 8.1.2 节中提到了目前对于交界面上清浑水掺混系数研究的不确定性，但该系数取值对异重流厚度的变化有重要影响。本书尝试将范家骅(2011b)对于负掺混情况提出的方法作为控制方程中交界面清水通量项的替代计算方法。范家骅的方法使用分段函数将 Ellison 和 Turner(1959)在正掺混条件下得到的试验数据与他在负掺混条件下得到的试验数据重新拟合，理查森数 Ri 小于 0.6 时掺混系数为正，Ri 大于 0.6 时掺混系数为负。采用范家骅的拟合公式的数值计算结果表明异重流厚度在增长阶段远小于实测值。另外，Toniolo 等

(2007)曾提出一套浑水水库动力学理论,该理论认为弗劳德数远小于 1 时,清水析出的速度(交界面上负掺混时的单位面积流量)等于泥沙沉速。这套理论在实际应用中还有较大困难:首先,其对于完整的异重流过程,究竟弗劳德数减小到多少时清水析出速度的假设才适用并没有给出确切答案;其次,Toniolo 等(2007)的理论和试验都是针对均匀沙的,而对于非均匀沙是否可以用浑水中泥沙平均沉速代替清水析出速度是未知的。因此,对于浑水异重流的掺混问题(尤其是低弗劳德数情况下),需要进一步研究的地方还很多。当然由于野外异重流浑液面测量手段的限制,图 8.18 中交界面实测结果本身就存在不确定性。正如 Hu 和 Cao(2009)所指出的,交界面高程的测量结果对于判定清浑水层的临界含沙量是十分敏感的,若将临界含沙量取得更小,得到交界面高程就会更大。

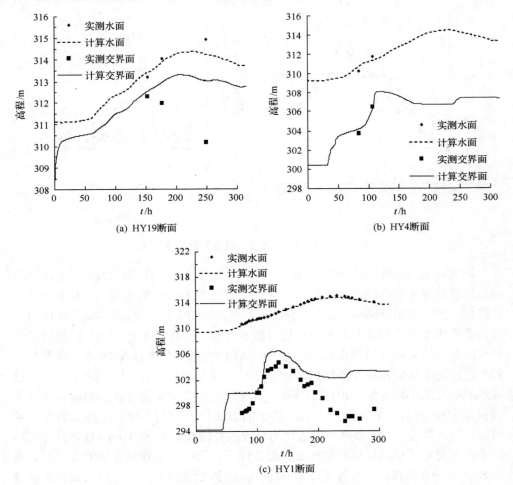

(a) HY19断面　　　　　　　　　　　(b) HY4断面

(c) HY1断面

图 8.18　1962 年第二场异重流过程中典型断面的水面和交界面高程变化

图 8.18(c)中 t=52h 处计算交界面出现拐点是由于受到模拟吸出作用的下边界条件的影响。由于本次异重流过程中入库洪峰和沙峰历时延长，且含沙量峰值大幅度减小(图 8.11(a))，坝前异重流厚度增长速度也明显变缓。本次异重流排沙量实测值为 0.237 亿 t，计算值为 0.288 亿 t，相对误差为 21.1%。因此，实测与计算的排沙比分别为 24.9%和 30.3%。第二场异重流期间水库平均下泄流量为 2461m³/s，而第一场期间平均下泄流量只有 1485m³/s，下泄流量的增加是第二场异重流排沙比增加的主要原因。和率定过程相比，验证过程更加高估了排沙比，这应该与验证阶段所模拟的浑液面下降速度小于实际速度、异重流排沙时长增加有很大关系。

8.4 本 章 小 结

本章提出了考虑干支流倒回灌过程的水库明流与异重流耦合模型，并采用已有的异重流水槽试验数据和三门峡水库异重流实测数据对模型进行验证。模型控制方程基于不规则断面形态推导，推导过程中阐明了浑水明流方程与异重流方程的相容性，指出了异重流方程中水面梯度项的来源。同时，控制方程基于严格的守恒定律推导，从而保证水流运动、泥沙输移与河床变形之间的相互耦合作用得到准确的反映。数值方法上使用 WSDGM 法对水深二次重构。通过使用异重流判别条件和交替求解明流与异重流控制方程的方法实现了明流与异重流的耦合过程模拟。模型在干支流交汇处采用特殊的空间离散方式以及异重流倒灌公式，进一步考虑了干支流倒回灌过程对水库明流和异重流运动的影响。

水槽试验和三门峡水库异重流过程的模拟用来验证明流与异重流耦合模型部分，对于有干支流倒回灌影响的水库水沙过程，将在第 9 章进行讨论。在本章的算例中，模型计算的水位、含沙量、异重流传播速度和厚度与实测结果符合得较好，通过对模拟结果的分析可以得到以下结论。

(1)恒定流量下异重流试验的模拟中，异重流动量方程中考虑水面梯度的影响后预测结果更为准确，忽略水面梯度项导致异重流厚度趋向于均匀。释放定量浑水的异重流试验模拟中，采用能够处理干湿界面问题的黎曼算子能够很好地模拟异重流头部的传播。试验及计算结果表明泥沙粒径对于异重流传播速度有重要影响。

(2)本模型对于明流与异重流方程的耦合算法能够实现对水库异重流从形成到消退的全过程模拟。相对于含沙量过程和异重流前进速度的预测，对清浑水层交界面高程的预测难度更大，仍需要在交界面掺混问题上加强基础研究。吸出层理论可以用来为异重流模型提供下游边界条件。

(3)同一水库中同一个汛期内连续的两场异重流的排沙比可以相差很大。模型对异重流排沙比的计算结果与其对坝前清浑水层交界面变化过程的计算有很大关系。

第9章 小浪底水库调水调沙运用过程的数值模拟

小浪底水库 1999 年开始蓄水，自 2002 年起，在历年黄河调水调沙试验和生产运行中承担主要调节任务。黄河调水调沙即利用干支流水库群对进入下游的水沙过程进行调节和控制，塑造出相对协调的水沙关系。对于水库而言，调水调沙具有减缓水库淤积、调整不利淤积形态的作用。

小浪底水库调水调沙过程中，库区溯源冲刷、异重流及干支流倒回灌现象同时存在并相互影响。本章采用考虑干支流倒回灌的水库明流与异重流耦合模型，对 2004 年、2006 年、2012 年调水调沙期间小浪底库区水沙输移进行全过程模拟。通过对模拟结果的分析，一方面验证模型对于水流泥沙要素计算的合理性与准确性，另一方面阐明明流段冲刷、异重流演进以及干支流倒回灌之间的相互作用，同时在与不同简化模拟方法的比较中说明完整考虑这三种水沙运动对于预测水库排沙效率和库区淤积发展的重要意义。计算结果表明本书所采用的模型能够较好地对干支流倒回灌影响下的库区明流流动及异重流形成、演进等一系列水沙运动过程进行模拟，可以为多沙河流水库的调度方案评估和优化提供技术支撑。

9.1 小浪底水库与调水调沙概述

小浪底水库位于黄河中游下段，上距三门峡水库 123.5km，下距郑州花园口 128km，原始库容为 127.5 亿 m³，处在承上启下控制黄河水沙的关键部位。水库控制流域面积为 69.4 万 km²，控制黄河流域近 100%的泥沙。水库正常蓄水位为 275m，设计拦沙库容约为 75 亿 m³，可以长期保持有效库容 51 亿 m³。小浪底库区为峡谷型水库，平面形态上窄下宽。本章研究区域包含从三门峡大坝到小浪底大坝之间 123.5km 长的河段。平面示意图如图 9.1 所示。库区干流共设 56 个观测断面，其中尖坪、白浪、五福涧、陈家岭设水位测站，河堤、桐树岭设水沙因子测站，相关测站信息见表 9.1。

库区原有大小不一的一级支流近 30 条，其中构成库容的一级支流共 22 条，集中分布在河堤站下游的库区范围内，部分一级支流还连接有若干二级支流，以原始库容最大的畛水支流为例，其附属二级支流有 4 条，小浪底库区支流详细情

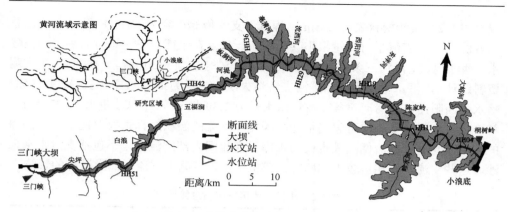

图 9.1　小浪底水库库区平面示意图

表 9.1　小浪底库区观测断面和测站位置

断面号、测站或支流	距坝里程/km	断面号、测站或支流	距坝里程/km	断面号、测站或支流	距坝里程/km
HH1	1.32	HH19	31.85	HH38	64.83
桐树岭*	1.51	HH20	33.48	板涧河#	65.9
HH2	2.37	HH21	34.80	HH39	67.99
HH3	3.34	HH22	36.33	HH40	69.39
大峪河#	3.90	HH23	37.55	HH41	72.06
HH4	4.55	HH24	39.49	HH42	74.38
HH5	6.54	HH25	41.10	HH43	77.28
HH6	7.74	西阳河#	41.3	五福涧△	77.28
HH7	8.96	HH26	42.96	HH44	80.23
HH8	10.32	麻峪△	44.10	HH45	82.95
HH9	11.42	HH27	44.53	HH46	85.76
HH10	13.99	HH28	46.20	HH47	88.54
畛水#	18.00	HH30	50.19	白浪△	93.2
HH12	18.75	HH31	51.78	HH49	93.96
HH13	20.39	HH32	53.44	HH50	98.43
石井河	22.1	沇西河#	54	HH51	101.61
HH14	22.10	HH33	55.02	HH52	105.85
陈家岭△	22.43	HH34	57.00	HH53	110.27
HH15	24.43	亳清河#	57.6	尖坪△	111.02
HH16	26.01	HH35	58.51	HH54	115.13
HH17	27.19	HH36	60.13	HH55	118.84
HH18	29.35	HH37	62.49	HH56	123.41
东洋河#	31	河堤*	63.82	三门峡	123.41

* 水沙因子站。

支流。

△ 水位站。

况见表 9.2。实测资料表明 275m 高程以下支流原始库容为 52.634 亿 m³，约占总库容的 41%。支流平时流量很小甚至断流，只是在汛期会发生短暂的洪水。在畛水、西洋河、亳清河三条支流布设的水文站可掌握入汇水沙过程。据 2013 年实测资料统计，入汇水量最大的西阳河支流最大洪峰流量为 1370m³/s，但仅持续了 4h。畛水、西阳河、亳清河三条支流年总水量为 1.39 亿 m³，年总沙量为 22.37 万 t，与干流入库水沙量相比可忽略不计。因此，支流的淤积过程主要取决于干流倒灌的作用，此处干支流倒回灌也仅为水库干支流间内部的流动，不包括支流来水来沙。这些支流具有相对较大的库容，模拟中不可忽略干支流倒回灌过程的影响。

表 9.2 小浪底库区支流信息统计

序号	支流名称	断面号	序号	支流名称	断面号
1	板涧河	37	19	五里沟	13
2	涧河	36	20	秦家沟*	12
3	亳清河	32	21	仓西沟	11
4	沇西河	32		马河	
5	安河	29		**畛水**	
6	龙潭沟*	29		竹园沟	
7	蒜峪	27		卷兹沟*	
8	宋家沟*	27		仙人沟*	
9	芮村河	26		南沟*	
10	峪里河	25		平沟*	
11	**西阳河**	24	22	大沟河	10
	洛河*		23	白马河	8
12	百灵沟	21		短岭*	
13	大交沟	19	24	煤窑沟	5
14	东沟	19		罗圈沟*	
15	**东洋河**	18	25	土泉沟	5
	石牛沟		26	大峪河	4
16	大峪沟*	16	27	宣沟*	2
17	牛湾*	15	28	石门沟	1
18	东村	13			
	石井河				

* 支流较小不构成水库库容。
注：加粗为一级支流。

2002 年起，小浪底水库基本上每年实施黄河调水调沙调度。李国英和盛连喜

(2011)将调水调沙模式总结为三类：①小浪底水库单库运行；②不同来源区水沙过程对接；③干流多库联合调度和人工扰沙。调水调沙的一大特色是小浪底库区内人工异重流的塑造。与第 8 章中三门峡水库异重流不同的是，小浪底水库汛前调水调沙过程中形成异重流的水沙来自黄河干流水库的蓄水与库区沉积的泥沙。

2004 年、2006 年、2012 年调水调沙过程中小浪底库区产生的异重流过程较为典型，已有文献中对其描述分析得也较多（徐建华等，2007；李国英，2004）。所以本章选取这三次调水调沙过程中小浪底库区异重流运动进行模拟。2004 年调水调沙首次实现万家寨、三门峡、小浪底三库联合调度，小浪底库尾还进行了人工泥沙扰动，三角洲强烈冲刷使淤积形态得到极大改善。2006 年调水调沙期间由于库水位降得较低且底孔开启时间较长，异重流排沙比有大幅度增加。2012 年小浪底水库淤积三角洲顶点位置已接近坝前，异重流潜入点靠近坝前，调水调沙期间排沙比大于 100%。

9.2　模型率定（2002 年调水调沙过程模拟）

这里选用第 8 章提出的考虑干支流倒回灌的明流与异重流耦合模型对不同年份的调水调沙期小浪底水库内的水沙运动进行数值模拟。在正式应用该模型前，需要对模型的相关参数进行率定。参数的率定即参数的估计、调试或优化，以使模型计算值逼近实测值。模型率定选取首次调水调沙试验中的小浪底水库异重流过程，相应起止时间为 2002 年 7 月 4 日 8 时～7 月 15 日 8 时，共计 288h。以汛前 6 月的实测地形资料作为初始条件，确定支流底坡范围为 3.97‰（畛水）～45.12‰（麻峪），相应的进出库边界条件如图 9.2 所示。

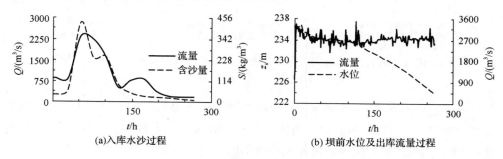

(a) 入库水沙过程　　　　　　　　　　(b) 坝前水位及出库流量过程

图 9.2　2002 年调水调沙期上下游边界条件

本模型需要率定的参数主要有糙率 n、泥沙恢复饱和系数 α、交界面掺混公式中的调节系数 η、交界面阻力系数 f、异重流倒灌阻力损失系数 ξ 等，其中 n、α 等参数的率定与常规的浑水模型类似，这里不再赘述；另外，ξ 的取值需依据随年份变化的支流底坡 J 而定，在已知 2002 年最大支流底坡基础上结合第 5 章 K-ξ

表达式进行调试,确定此处倒灌阻力损失系数 $\xi=0.45$。选取不同的 η、f 进行计算,图 9.3(a)、图 9.3(b) 中给出了 HH29 断面(距坝 46.89km)处异重流的交界面高程及含沙量变化过程的实测和计算结果。可以发现:异重流交界面高程及其含沙量的计算比水位计算更困难,但模拟的总体趋势与实测过程较为符合。交界面高程比随着 η 的增大略有增大,随着 f 的增大而明显减小;S_t 则随着 η、f 的增大均略有减小。其中 f 的增大还在一定程度上导致异重流要素变化过程的滞后。确定 $\eta=0.1$,$f=0.1$ 后,计算得到 HH17 断面(距坝 27.19km)与 HH5 断面(距坝 6.54km)处的水位、异重流交界面高程及其含沙量随时间的变化过程(图 9.3(c)～图 9.3(f))。

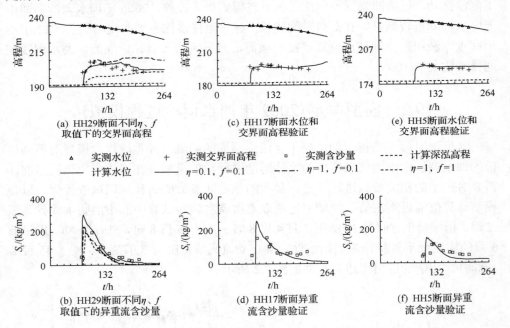

图 9.3　HH29 断面处不同 η、f 取值下的异重流要素计算结果及参数率定后 HH17、
HH5 断面处的计算结果

计算的潜入点位于 HH43 断面(距坝 77.28km),潜入时间 $t=75.01h$,这与现场观测记录(7 月 7 日 11 时观测到清浑水交界,潜入点位于 HH43 断面上游约 100m 处)一致。同时计算的交界面过程线较准确地通过了各测站的首个数据点,说明计算的异重流到达各测站的时间及其传播速度与实测结果吻合得较好。2002 年调水调沙试验中的异重流潜入点相对靠近中上游,原因之一是这一时期上游三门峡水库下泄的水量相对较小,洪峰流量仅为 2000m³/s 左右,大水持续时间也较短。异重流潜入后行进距离较长,致使泥沙沿程落淤较多,输沙出库时间较短,异重流排沙效率较低。根据水库日均进出库输沙率资料计算得到的入库沙量为 1.79 亿 t,

排沙量为 0.34 亿 t，排沙比仅为 18.99%；数学模型计算的排沙量为 0.38 亿 t，与实测相对误差为 11.76%。计算中采用坝前 1.32km 处的 HH1 断面的输沙率近似等于出库沙量，这可能也是导致排沙量偏差的原因之一。在后续几年的调水调沙期中，下泄流量往往在 4000m³/s 以上，异重流潜入点靠近坝前，异重流排沙效果较好。

9.3　模型验证(2006 年调水调沙过程模拟)

9.3.1　计算条件

2006 年小浪底调水调沙过程分为调水调度期和排沙期两个阶段。调水调度期为 2006 年 6 月 10 日 9 时～6 月 25 日 12 时，在此期间小浪底下泄流量由 2600m³/s 逐步增大到 3700m³/s，同时库水位持续下降为异重流排沙创造有利条件。之后转入排沙期，首先三门峡水库加大下泄流量，冲刷小浪底库尾段形成的高含沙水流，于 6 月 25 日 9 时 42 分在小浪底库区内监测到异重流潜入，潜入点距坝 44km。26 日小浪底排沙洞打开，异重流出库，此时三门峡水库敞泄排沙运用。小浪底坝前水位降至汛限水位 225m 后按 800m³/s 控泄两天。模型计算时间为 6 月 10 日 0 时～6 月 28 日 20 时，共 452h。这里以该时段内三门峡水库下泄流量和含沙量过程作为上游边界条件，见图 9.4(a)，以小浪底下泄流量过程和坝前桐树岭站水位作为下游边界条件，见图 9.4(b)。初始地形条件使用汛前断面地形实测数据。初始床沙级配由汛前库区淤积物测量结果插值到各个断面。首先以图 9.4 中零时刻的入库流量、含沙量和坝前水位作为边界条件让模型运行一段时间，待计算的水面线和流量、含沙量沿程变化稳定后正式开始非恒定过程的模拟。

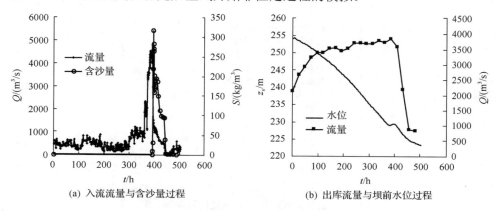

(a) 入流流量与含沙量过程　　　　　　(b) 出库流量与坝前水位过程

图 9.4　模型上下游边界条件(2006 年)

按三种不同的方法进行模拟和结果比较：①方法 1，完全不考虑支流的影响；②方法 2，使用第 8 章提出的零维水库法和韩其为异重流倒灌流量公式，考虑干支流倒回灌影响；③方法 3，使用零维水库法和第 5 章中提出的考虑底坡影响的异重流倒灌流量公式。库区内 11 条主要支流的位置、河道纵比降等信息见表 9.3，表中河道纵比降为整个支流河长内的平均值，用于异重流倒灌流量计算，纵比降沿程变化的影响暂不考虑。2006 年各支流的水位-库容关系曲线见图 9.5，其中畛水河库容包含了其支沟竹园沟。表 9.3 中各支流的底坡数据以及第 5 章 K-ζ 表达式决定了 ζ 的取值范围为 $\zeta < 0.823$，所以在方法 3 中取 $\zeta = 0.82$。

表 9.3　2006 年库区支流情况统计

支流名	距坝里程/km	河道纵比降/‰	口门宽度/m	275m 下库容/亿 m³
板涧河	62.5	5.3	412	0.434
亳清河	57.1	7.4	450	1.376
沇西河	56.3	6.3	1467	3.284
芮村河	43.0	3.1	830	1.220
西阳河	40.8	6.0	577	1.915
东洋河	30.2	5.9	235	2.285
石井河	22.0	7.9	708	3.452
畛水河	18.0	3.9	611	12.788
竹园沟	18.0	12.3	323	1.226
煤窑沟	6.5	15.3	459	1.337
大峪河	4.6	7.2	850	5.345
石门沟	1.3	18.2	410	1.213

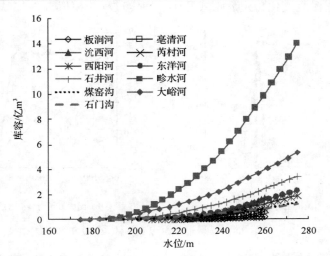

图 9.5　2006 年小浪底水库支流的水位-库容关系

9.3.2　浑水明流要素分析

图 9.6 是陈家岭站(HH14 断面，距坝 22km)计算与实测的水位过程比较。从中可以看出，考虑干支流倒回灌后(方法 2 与方法 3 结果基本重合)计算的水位过程与实测过程几乎完全一致，而不考虑支流情况下计算的水位自 t=370h 之后与实测值差距越来越大，最大误差为−1.12m。

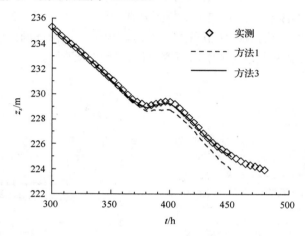

图 9.6　HH14 断面水位计算与实测值比较

河堤站(水沙因子站)位于 HH38 断面附近，距大坝 64.8km，模型所计算的河堤站含沙量过程见图 9.7。由于在河堤站上游没有大的入汇支流，三种模拟方法的差别很小，图 9.7 中仅绘出了方法 3 的计算结果与实测过程的对比。方法 3 模拟的结果中显示出两个明显的沙峰。第一个沙峰是在河堤站脱离回水区之后，库区

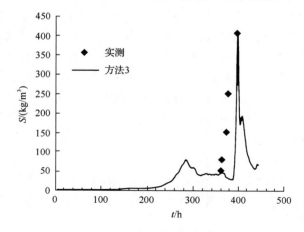

图 9.7　HH38 断面含沙量计算与实测过程比较

上段冲刷引起的。当第一个沙峰出现时（t=290h），入库水流还是清水（图 9.4（a）），也证明了这部分泥沙完全来自小浪底库区河床冲刷。第二个沙峰的含沙量高达 417kg/m³，然而整个调水调沙期间入库最大含沙量为 318kg/m³，所以这次沙峰是由上游水库排沙与小浪底库区上游段冲刷共同造成的。模型计算的第二次沙峰起涨时间略晚，但峰值时间和峰值含沙量等计算结果与实测值较为符合。

图 9.8 是位于库尾的两个断面的汛前形态（初始地形条件）、汛后形态，以及模型计算结果。HH45 断面和 HH41 断面分别冲刷了 8.9m 和 3.2m。HH39 断面以下的河段在调水调沙期结束后至汛期结束前，由于库水位逐渐回升而发生持续淤积，这部分的河床变化超出了本书研究时段，所以未进行比较。

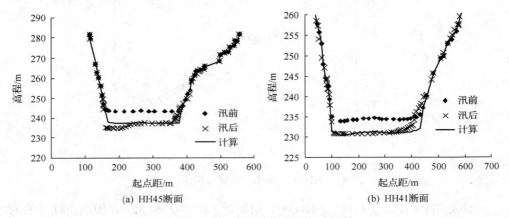

(a) HH45断面　　　　　　　　　　(b) HH41断面

图 9.8　库尾计算与实测断面形态比较

9.3.3　异重流要素分析

与第 8 章中的三门峡模拟过程不同，由于小浪底调水调沙过程前半段都是清水入库且流量不大（小于 1000m³/s），模拟过程的前半段全库区为明流。模型计算的异重流出现时间为 t=313.58h，潜入点位于 HH27 断面，与实际观测到的潜入点位置 HH28 断面（距坝 46.2km）十分接近，此时异重流所输送的泥沙全部来自库尾的冲刷。大约 4h 后异重流到达 HH18 断面（距坝 29.35km），如图 9.9（a）所示，图中 Q_{in} 是瞬时入库流量。在 t=339.17h 异重流到达 HH01 断面（图 9.9（b）），至此异重流在整个传播过程中平均前进速度约为 0.5m/s。随着上游三门峡水库下泄流量的增大，坝前水位进一步降低，潜入点逐步向下游移动，t=378h 潜入点位于 HH26 断面（距坝 42.97km），如图 9.9（c）所示。洪峰过后潜入点又上移到 HH28 断面。t=417h 时小浪底下泄流量迅速减小，坝前清浑水层交界面快速达到最高点，如图 9.9（d）所示。

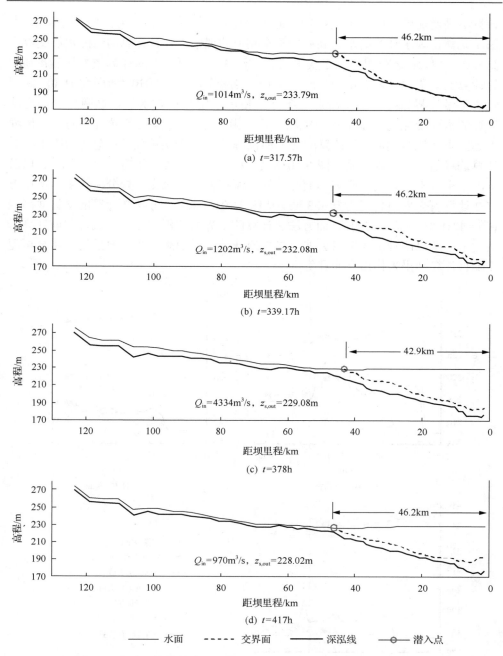

图 9.9 方法 3 计算的水面、交界面与深泓线和潜入点高程沿程分布

图 9.10 是在不同断面位置所观测到的异重流演进过程。在 HH22 断面处，使用韩其为(2003)倒灌流量公式和考虑底坡影响的倒灌流量公式(王增辉等，2017)

计算结果差别还很小，所以图 9.10(a)中只比较了方法 1 及方法 3 的计算结果。方法 1 仍然出现了计算的水面高程低于实测值的现象，并且计算的清浑水层交界面高程在 t=415h 之前明显高于实测值。方法 3 对水面高程的计算依然比较准确，但计算的交界面高程在 t=415h 之后小于实测值。由于 HH05 断面和 HH01 断面距离下游边界较近，且下游边界条件中使用了实测坝前水位，这两处三种方法计算的水面变化过程基本都与实测一致。由于方法 1 忽略了异重流向支流倒灌引起的主流流量削减，其计算的交界面高程远远高于实测值，甚至在 HH01 断面计算的峰值几乎达到水面，图 9.10(b)和 9.10(c)中只比较了方法 2、方法 3 以及实测结果。不考虑支流底坡影响时，异重流在各干支流交汇处分流较多，所以方法 2 计算的交界面高程比方法 3 低。从图 9.10(c)来看，方法 2 计算的交界面高程在 t=421h 之后低于实测值，而方法 3 计算的交界面高程则在异重流过程前期高于实测值，所以两种倒灌流量公式对异重流计算结果的影响还需通过进一步分析泥沙输移计算结果来作出全面评价。

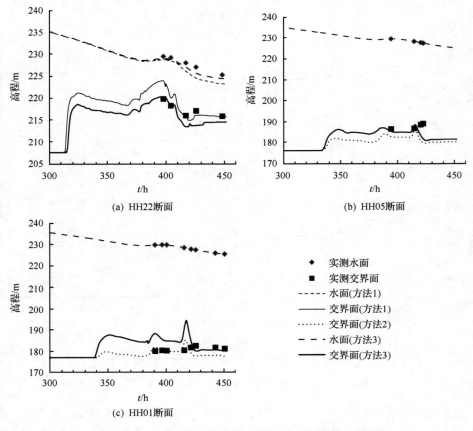

图 9.10   典型断面水面和清浑水层交界面高程变化过程

　　图 9.11 是 HH09 和 HH01 两断面计算与实测的异重流含沙量过程。由于韩其为(2003)公式计算的异重流倒灌流量较大，随之输送到支流的泥沙也较多，方法 2 计算的干流异重流含沙量过程比方法 3 略小，这种差异越向下游越明显。坝前流速和含沙量会受到泄流排沙设施的影响出现较为明显的横向不均匀分布，而实测过程中的取样位置是非常有限的(通常一个断面测五条垂线)，所以 HH01 断面的实测含沙量本身有较大的不确定性。

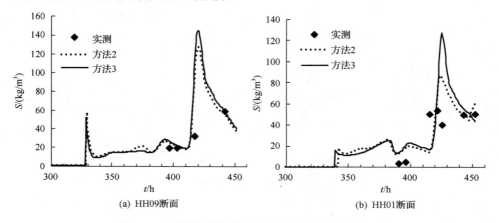

(a) HH09断面　　　　　　　　　(b) HH01断面

图 9.11　不同断面异重流含沙量计算与实测过程比较

9.3.4　干支流倒回灌流量分析

　　图 9.12(a)是库容最大的三条支流回灌干流的流量过程。$t=400\text{h}$ 前后一段时间内各支流回灌干流流量突然降到 0 附近是由于该时段内库区水位暂时停止下降(图 9.4(b))。整个模拟时段内，11 条支流总回灌流量的平均值为 $910\text{m}^3/\text{s}$，最大值为 $2000\text{m}^3/\text{s}$。图 9.12(b)所示为三处干支流交汇处的异重流倒灌流量过程。西阳河和畛水河位于库区中段和下段，石门沟口门位于坝前。倒灌流量基本与支流口门异重流厚度变化趋势相同。

　　如果忽略回流区、滞流区等细部水流结构(Herrero et al.，2015)，调水调沙期间干支流倒回灌最大的特点是双层双向流动，即异重流在底部侵入支流，而上层有清水从支流进入干流。由图 9.12 可以对上层回灌清水的流速进行初步估计。以畛水河为例，从图 9.12(b)中可知，异重流倒灌流量峰值为 $2300\text{m}^3/\text{s}$，对应时刻为 $t=413\text{h}$，从图 9.12(a)可知，$t=413\text{h}$ 时干流与畛水河之间倒回灌净流量为 $450\text{m}^3/\text{s}$，所以上层流量为 $2750\text{m}^3/\text{s}$。$t=413\text{h}$ 时畛水口门水位和异重流上表面高程分别为 228.4m 和 198.5m，对应断面面积为 17980m^2 和 3345m^2，所以上层清水流速约为 $2750/(17980{-}3345)=0.19\text{m/s}$。与图 9.12(b)相比，图 9.12(a)的流量过程线极不平滑，这与模型中明流倒回灌计算方法有关，如第 8 章中所述，水位升降引起的干支流倒回灌由零维水库法计算,零维水库法的基本假设是支流的水位和交汇区的干流水位相等。因为支流水面的总面积很大(以畛水河为例,245m 以下水面面积为 19.53km²),所以支流水库蓄水量的变化对干流水位十分敏感,导致图 9.12(a)中流量过程看起来有震荡,但这并不影响数值计算的全局稳定性。

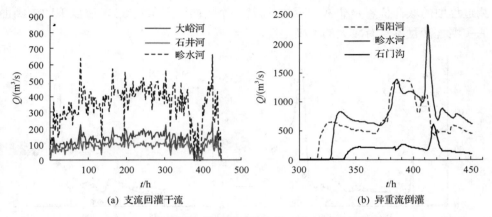

(a) 支流回灌干流　　　　　　　　　　(b) 异重流倒灌

图 9.12　计算的支流回灌干流与异重流倒灌流量过程

9.3.5　排沙比分析

整个调水调沙期间,小浪底水库实测入库沙量为 0.23 亿 t,出库沙量为 0.067 亿 t,排沙比为 29.1%。方法 3 计算的出库沙量为 0.07 亿 t,而方法 2 计算的出库沙量仅为 0.014 亿 t,所以不考虑支流底坡影响时会过高地计算倒灌入支流的沙量,从而导致对异重流排沙效果的计算产生较大误差。根据方法 3 计算的输沙率可得,HH28 断面以上的库区冲刷量为 1.0 亿 t,HH28 断面以下淤积量为 1.16 亿 t,其中支流淤积占 43.5%。黄河水利科学研究院开展的小浪底库区物理模型实验结果表明,支流年淤积量占全库区年淤积量的比值最高可达 82%,个别大水年份还会出现干流冲刷支流淤积的情况(张俊华等,2007),所以本书计算的 43.5%的支流淤积比例是合理的。这里计算的支流淤积比例仅反映了汛前调水调沙期间库区的冲淤变化,若考虑全年的冲淤过程,这一比例会进一步减小。

9.4　模型验证(2004 年调水调沙过程模拟)

9.4.1　计算条件

2004 年调水调沙开始前,小浪底水库回水末端的淤积十分严重,三角洲顶坡段高程已经高出了设计平衡淤积面高程。回水末端淤积会引起回水抬高与回水范围增加等负面影响(韩其为,2003;Fan and Morris,1992)。2004 年调水调沙过后,距坝 94km 以上的库区深泓线基本恢复到 1999 年水库蓄水之前的高程，个别断面位置床面冲刷超过 20m（图 9.13）。本次调水调沙试验中在顶坡段通过高压射流的方法实施了人工泥沙扰动。为了在模拟中考虑人工泥沙扰动的影响，顶坡段的泥沙恢复饱和系数适当增大以加强冲刷效果。本次模拟时段为 2004 年 6 月 22 日 0 时～7 月 12 日 0 时，持续 480h。入库流量和含沙量过程与 2006 年调水调沙期间变化趋势类似，但是库水位下降相对缓慢（图 9.14）。

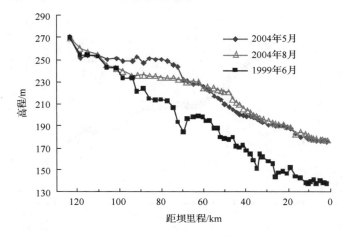

图 9.13　不同年份小浪底库区深泓线

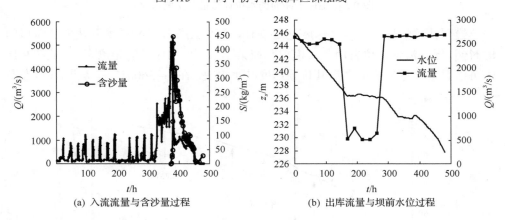

(a) 入流流量与含沙量过程　　　　　　　(b) 出库流量与坝前水位过程

图 9.14　模型的上下游边界条件（2004 年）

9.4.2　计算结果分析

麻峪水位站（HH27 断面附近，距坝 44.1km）的水位变化过程见图 9.15。库水位较高时，麻峪站位于回水范围内，下边界水位起主导作用，三种模拟方法计算的水位下降速度相等且和坝前水位下降速度相同。随着水深的减小，不同方法计算的麻峪站水位差别越来越明显。由于方法 1 中没有考虑支流回灌干流的流量,其计算的水位下降过程在模拟时段后期比实际过程更快,最大误差为-2.44m。水位计算值偏低会对异重流的计算产生显著影响。一般情况下,入库流量和含沙量一定时,库水位越低则潜入点越靠近下游(Xia et al.,2016)。因此,方法 1 计算的潜入点在方法 3 预测位置下游 2~4km。方法 3 计算的异重流形成时间为 7 月 5 日 18 时,初始潜入点位于 HH35 断面附近(距坝 58.51km),与实际观测记录一致。

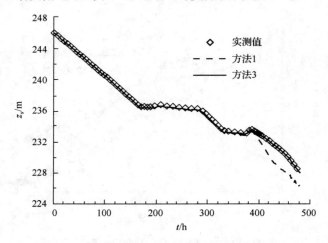

图 9.15　HH27 断面的水位计算值与实测值比较

模型计算的异重流传播速度见图 9.16,其中还标注了异重流到达各支流口门的时间。异重流前锋位置用其与模拟区域第一个断面 HH56 的距离表示。从图 9.16 中可以看出异重流形成之后其传播速度减小很快。在 $t=360h$(7 月 7 日 0 时)左右

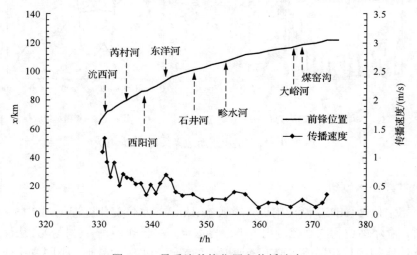

图 9.16　异重流前锋位置和传播速度

异重流传播速度只有 0.1～0.2m/s，当年异重流观测记录也描述了异重流运行到 HH05 断面（距坝 6.54km）时停滞了一段时间的现象。10h 之后随着入库流量达到峰值，异重流再次加速，与此同时潜入点向下游移动到 HH33 断面。异重流在 $t=$ 372.65h 时到达坝前，平均传播速度只有 0.38m/s，所以足够的入库流量所提供的能量是异重流顺利出库的重要保障。

　　图 9.17 所示为 HH13 断面、HH09 断面与 HH01 断面的清浑水层交界面高程，方法 1 计算的交界面高程仍然远大于实测值，所以没有在图中画出。方法 2 计算的交界面高程比方法 3 更低，并且两者的差异越向下游越明显，尤其在异重流厚度增长阶段。在图 9.17(c) 中两种方法均低估了交界面高程，但是方法 3 的计算值更接近实测值。由于大水深下的含沙量测量十分耗时（测一条垂线大约需要 1h），交界面高程的峰值很可能在测量过程中错过（李树森等，2014；Hu et al.，2012）。图 9.17(c) 中无论方法 2 还是方法 3 的计算结果均表明坝前浑液面高程峰值比 2006 年大很多，这可能与异重流排沙阶段小浪底出库流量较小有关（2004 年平均值为 2600m³/s，而 2006 年平均值为 3700m³/s）。

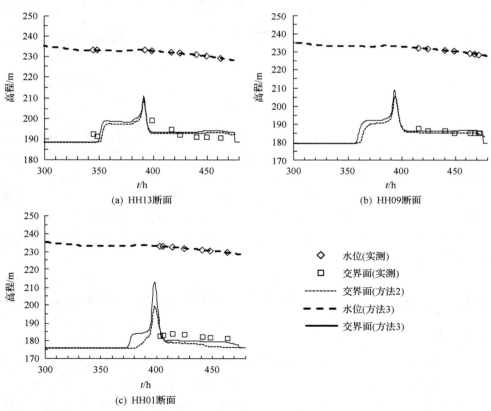

图 9.17　不同断面的水面和交界面高程变化过程

在 HH29 断面，方法 2 和方法 3 计算的异重流含沙量差别很小（图 9.18（a））。在 HH01 断面，方法 2 计算的含沙量峰值明显比方法 3 滞后（图 9.18（b））。第一个沙峰过后含沙量迅速减小，方法 2 计算的第二个含沙量峰值比方法 3 和实测结果小很多，沙峰的滞后和峰值衰减均与方法 2 中的异重流倒灌流量公式计算的分流分沙比过大有关。从图 9.18 中还看到，在异重流输移过程末期方法 2 中不合常理地出现了第三个沙峰，其原因是在 $t=458h$ 时方法 2 计算的交界面高程低于 HH01 断面附近的石门沟沟口高程（176.49m），导致 HH01 断面位置的异重流倒灌计算停止，泥沙输移方程中的汇项突然变为 0。

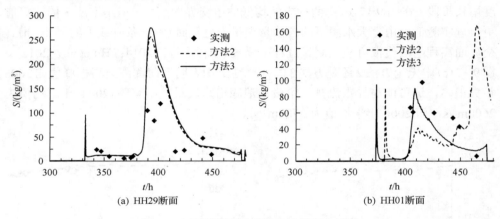

图 9.18　不同断面异重流含沙量变化过程

2004 年调水调沙期间小浪底水库入库沙量为 0.431 亿 t，出库沙量为 0.044 亿 t。方法 3 计算的出库沙量为 0.048 亿 t，而方法 2 计算的出库沙量仅有 0.017 亿 t。2004 年调水调沙试验过程的排沙比只有 10.16%，造成排沙比较小的原因主要有两方面：首先是 2004 年异重流潜入点距大坝比较远，增大了异重流在水库中的传播时间，从而减少了有效排沙时间；其次是入库泥沙的粗细，2004 年调水调沙期间入库泥沙 $d_{50}=0.02mm$，而 2006 年 $d_{50}=0.015mm$，入库泥沙粒径越大异重流淤积越快。

9.5　模型验证及参数敏感性分析（2012 年调水调沙过程模拟）

9.5.1　计算条件

本节选取 2012 年小浪底水库调水调沙全过程进行反演，相应进出库边界条件见图 9.19（a）、图 9.19（b）：6 月 19 日 8 时调水调沙开始，坝前水位自 248.26m 下降，下泄流量自 2260m³/s 起涨，6 月 23 日 10 时达最大 4870m³/s；7 月 4 日 2 时，进库泄量开始加大；4 日 8 时，坝前水位降至最低 213.87m，流量降至最低 1300m³/s；

之后随着入库流量加大，坝前水位及流量开始回升并于 6 日 10 时再次下降；5 日 0 时入库流量达到洪峰 5240m³/s，7 日 2 时再次起涨并于 13 时达到洪峰 3150m³/s；5 日 4 时三门峡水库开始排沙，6 日 12 时达到沙峰 106kg/m³，随后降低；7 月 12 日 8 时排沙洞关闭，调水调沙过程结束。

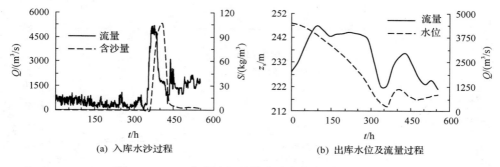

(a) 入库水沙过程　　　　　　　　(b) 出库水位及流量过程

图 9.19　2012 年调水调沙期小浪底库区上下游边界

根据 2012 年汛前实测地形计算，支流底坡范围为–0.94‰（百灵沟）～15.54‰（石门沟）；模拟时段内水位变化范围为 248.3～214.0m，相应的支流库容相差 14.4 亿 m³。本次调水调沙过程分考虑倒灌（方法 1）和不考虑倒灌（方法 2）两种情形进行模拟。不考虑倒灌时可认为支流不存在，只进行明流和异重流的交替运算。

9.5.2　计算结果分析

图 9.20 给出了异重流潜入及演进的模拟结果，以水库上游第一条支流所在位置（河堤站）和异重流潜入点为界可自上而下地将水库划分为不含支流的零支流库区段、下游含有支流的明流段和异重流段。方法 1 计算到浑水于 t =360.07h 在 HH10 断面（距坝 12.985km）潜入，与实测（t=359.34h 观测到浑水潜入，潜入点距坝 11.815km）接近；方法 2 计算结果表明浑水于 t =361.67h 在 HH9 断面（距坝 10.215km）潜入。由于 t =360h 前后库水位开始起涨形成倒灌，方法 2 不考虑倒灌损失，其流量相对较大，潜入点和时间会略往后移。图 9.20 中方法 1 潜入时刻下游水面线低于方法 2，这是因为潜入时刻库水位回涨，方法 2 潜入时刻比方法 1 延迟，回涨较多，且方法 2 不考虑库水位回升引起的倒灌损失，水位涨幅较大。实测异重流于 t =363.00h 到达坝前，平均行进速度约为 0.90m/s；方法 1 预测异重流于 t =363.74h 到达坝前，平均速度约为 0.98m/s，接近实测值；方法 2 不考虑异重流倒灌，计算的 Q_t 偏大，预测异重流于 t =363.13h 到达坝前，平均速度约为 1.94m/s，超出实际值较多。异重流到达坝前时刻库水位已充分起涨，方法 1、方法 2 水面线接近。图 9.20 中方法 1、方法 2 地形冲淤幅度不如水位变化明显，事实上方法 1 由于前期流量大，其冲刷量也比方法 2 大，但总体来说，前期降低库水位冲刷量较小。

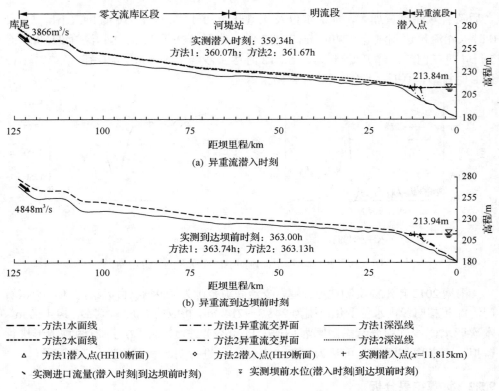

图 9.20　异重流潜入及到达坝前时刻的库区纵剖面示意图

图 9.21 给出了零支流库区段河堤站含沙量及明流段陈家岭站水位的计算值与实测值。零支流库区段由于不存在支流，方法 1、方法 2 计算的含沙量过程基本相同。如图 9.21(a) 所示，河堤站位于零支流库区段末尾，其方法 1、方法 2 计算的含沙量结果相近，且与实测值吻合得较好(此处仅给出方法 1 的结果)；模拟过程有两个沙峰，前者是前期降低库水位冲刷河床造成的，后者是后期上游水库排沙引起的。陈家岭位于明流段，方法 1 的计算水位和实测吻合得较好；而方法 2 自 $t =$ 300h 后低于方法 1，最大误差发生于 4 日 8 时，达 3.77m。由图 9.19(b) 可知此时库水位持续下降至最低，下游库区段实际上存在回灌，方法 2 由于不考虑支流水库的水量补给作用，水位下降幅度较大；此后库水位上涨，库区由于存在倒灌过程水位涨幅较小，而方法 2 则有较大的涨幅，部分时刻甚至超出方法 1 水位；在 $t =$ 400h 后，库水位再次下落，方法 2 水位降幅再次大于方法 1。由于明流段内仅存在水位观测站，无法给出流量和含沙量过程验证，结合上述分析可以认为明流段内流量和含沙量在倒回灌期的变化规律与水位变化类似。

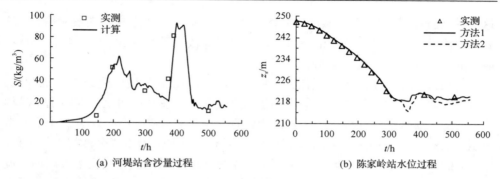

(a) 河堤站含沙量过程　　　　　　　　　　(b) 陈家岭站水位过程

图 9.21　零支流库区段河堤站含沙量及明流段陈家岭站水位的计算与实测值比较

　　图 9.22 给出了不同断面清浑水交界面高程的计算结果。可以看出，模型计算的 z_s 与实测值符合得较好；z_t 波动较剧烈，与实测值吻合度稍差，其中方法 1 的精度仍在误差范围内；方法 2 在异重流起涨期基本吻合，但仍偏大，在 t =454h 后的异重流消退期则全部出现计算值过高的现象，且这种现象越靠近坝前越明显。这是因为方法 2 不考虑倒灌引起的异重流水量损失 q_{tl}，越靠近坝前，分流损失累积越多，Z_t 偏大的误差越大，在消退期导致交界面维持在较高水位。由于 HH1 断面、HH4 断面靠近下边界，方法 1、方法 2 计算的水面线相差不大。HH9 断面处，方法 2 计算的初期水位明显低于方法 1，最大误差达 0.78m（出现在 t =366h 处），

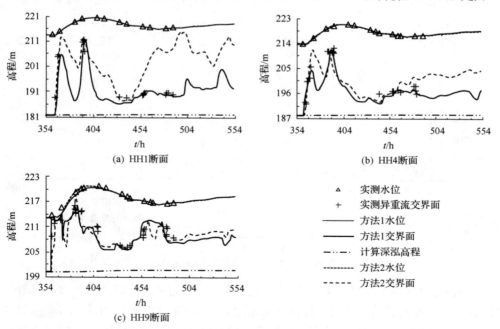

(a) HH1断面　　　　　　　　　　　　(b) HH4断面

(c) HH9断面

图 9.22　异重流段清水水位、异重流交界面高程和深泓高程变化过程

这与图 9.21(b) 的结论是一致的，另外，从图中可以看出深泓高程在淤积抬升，这表明水库通过调水调沙进行清淤排沙时，异重流段由于其高含沙水流特性及挟沙能力的沿程损失，床面仍会出现淤积现象。

图 9.23 给出了不同断面异重流含沙量变化过程及淤积厚度沿程变化。从图 9.23 中可以看出，S_t 波动较剧烈，与实测值吻合度稍差；总体趋势上，泥沙由于沿程落淤，S_t 逐渐减小，方法 1、方法 2 计算的淤积量也沿程减小；方法 2 由于不考虑倒灌引起的分沙损失 $S_{vt} \cdot q_{tl}$，其含沙量严重偏大，且随着倒灌分沙损失的累积，S_t 偏大的误差向下游不断增大，方法 1、方法 2 淤积量差值也沿程增大。调水调沙期间实测出库沙量为 0.657 亿 t，排沙比 147.97%；方法 1 计算的出库沙量为 0.700 亿 t，排沙比为 157.66%，误差较小；方法 2 计算的出库沙量为 1.250 亿 t，排沙比为 281.53%，严重偏大。方法 1 计算的河堤站输沙量为 0.664 亿 t，方法 2 为 0.654 亿 t，可知排沙比误差主要产生于异重流段，方法 2 过高地估计了异重流的排沙效率。4 日 2 时前方法 1 计算的出库沙量为 0.105 亿 t，方法 2 为 0.055 亿 t，验证了回灌期方法 1 计算的含沙量高于方法 2 的结论；4 日 2 时后方法 1 计算的出库沙量为 0.595 亿 t，方法 2 为 1.195 亿 t，表明输沙主要集中在后期。

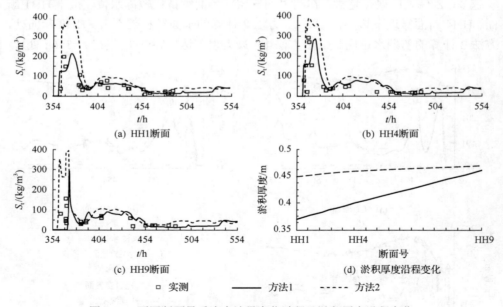

图 9.23　不同断面异重流含沙量变化过程及淤积厚度沿程变化

图 9.24(a) 是库容最大的三条支流倒回灌净流量过程，正值代表倒灌，负值为回灌。前期库水位持续下降，库区形成回灌；$t=360$h 时库水位回升，回灌流量降到 0 后形成倒灌；$t=410$h 时库水位下降，回灌再次产生；$t=474$h 后，库水位平稳略有上升，倒灌较小并稳定在 0 附近。计算时段内，畛水河库容最大，其 q_l 也最

大。图 9.24(b)为潜入点下游三条支流的 q_{tl} 过程，大峪河底坡(5.74‰)比煤窑沟
(12.56‰)及石门沟(15.54‰)缓，其 q_{tl} 也最大。结合图 9.24(a)、图 9.24(b)可知，
$t > 354h$ 后，大峪河 $q_{tl} > 0$，$q_l < 0$，说明支流口门的流态为下层异重流倒灌，上层支
流回灌。图 9.24(c)给出了位于大峪河支流交汇口处的 HH4 断面流量组成变化过
程，结合图 9.22 可知非静止水面假定条件下，上层清水存在比降和流速，所以以
往采用静止水面假定的模型的计算精度不高。

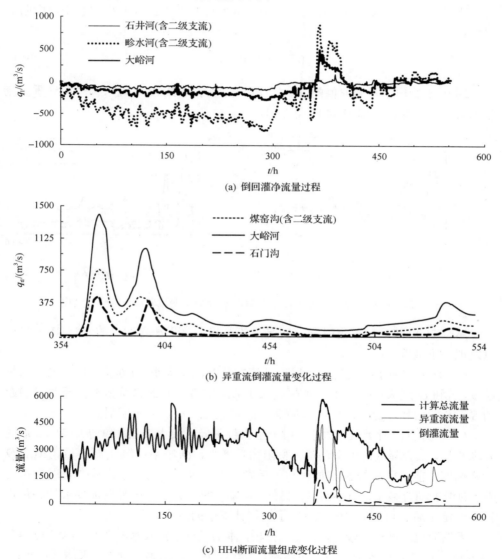

(a) 倒回灌净流量过程

(b) 异重流倒灌流量变化过程

(c) HH4断面流量组成变化过程

图 9.24　支流的倒回灌净流量、异重流倒灌流量变化过程及 HH4 断面流量组成变化过程

9.5.3　模型参数敏感性分析

前面利用 2002 年调水调沙过程实测资料率定了模型参数，给出了不同 η、f 对异重流交界面高程和含沙量的影响，对 η、f 的模型响应作出了初步的判断；此处结合 2012 年调水调沙期水沙运动的反演对 η、f、ξ 等参数进行系统的敏感性分析，分析确定其取值范围和作用机理，帮助提高模型计算结果的准确性。

本模型中，由水库异重流与上层清水间实际存在着清浑水掺混和交界面阻力可知：

$$0 \leqslant \eta \leqslant 1, \ 0 \leqslant f \leqslant 1 \tag{9.1}$$

图 9.25 给出了不同取值的 η、f 在单一变量下对 2012 年调水调沙期异重流流量的影响，计算结果以 HH4 断面为例。

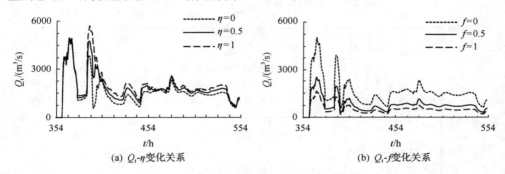

(a) Q_t-η 变化关系   (b) Q_t-f 变化关系

图 9.25　HH4 断面处异重流流量在参数 η、f 单一变量取值下的变化过程

结合 2002 年参数率定时 η、f 对异重流交界面高程和含沙量的影响（图 9.3）可以发现如下情况。

η 表征上层清水掺混进入下层异重流的单宽流量大小，η 越大，掺混的清水量越多，z_t 和 Q_t 越大；而 A_t 的增加幅度大于 Q_t，前者引起的 S_t 降低略大于后者引起的 S_*、S_t 的增加，综合表现为 S_t 随着 η 的增大而减小，但不明显。

f 表征异重流所受阻力大小，由于阻力位于异重流上表面，和增大糙率 n 后的雍水相反，z_t 会降低；由于动量方程阻力项增大，Q_t 减小；但 A_t 减小量稍小于 Q_t 下降幅度，前者引起的 S_t 增加稍小于后者引起的 S_*、S_t 的减小，综合表现为 S_t 随着 f 的增加稍有减小，但不明显。另外，随着 f 的增大可发现异重流要素的相位均存在一定延后，可知 f 的增加造成了模型计算值的滞后。

天然河道底坡一般较小，为便于分析，本书发现小浪底水库 2002 年、2004 年、2006 年、2012 年的支流底坡均可限制在 $(-0.1, 0.1)$，由第 5 章 K-ξ 表达式可知：

$$K \geqslant 0, \ 0 \leqslant \xi \leqslant \frac{2 - 27J_{\max}}{2 - 9J_{\max}} \tag{9.2}$$

ξ 表征倒灌异重流自身能量的损失，所以 $\xi \geqslant 0$，下面绘制不同的最大支流底坡 $J_{\max}$ 下的 K-ξ 关系，并给出不同取值的 ξ 在单一变量下对 2012 年调水调沙期异重流要素的影响，计算结果以 HH4 断面为例（图 9.26）。

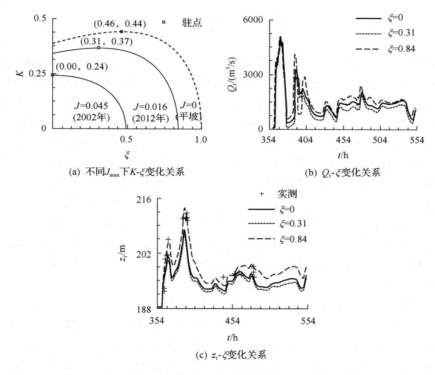

(a) 不同 $J_{\max}$ 下 K-ξ 变化关系　　(b) Q_t-ξ 变化关系

(c) z_t-ξ 变化关系

图 9.26　HH4 断面处异重流要素在参数 ξ 单一变量取值下的
变化过程及异重流倒灌时的 K-ξ 关系

根据实测地形资料，2002 年调水调沙期的计算中 $J_{\max}=0.045$，于是有 $\xi \in (0, 0.49)$；2012 年 $J_{\max}=0.016$，于是有 $\xi \in (0, 0.84)$，从图 9.26 中可以发现：2012 年 K 与 ξ 在区间内呈抛物线关系，驻点为 $(0.31, 0.37)$。$\xi < 0.31$ 时，ξ 增大，K 及 q_{tl} 缓慢增加，z_t、Q_t 随分流的增加而减小；$\xi > 0.31$ 时则相反。这与图 9.26 中异重流要素随 ξ 的增大表现为先减小再增加的趋势吻合。2002 年 K 随 ξ 单调递减，所以 z_t、Q_t 随 ξ 的增加单调减小，此处不再给出其计算结果。根据 K-ξ 关系和实测数据进行率定，确定 2002 年 $\xi = 0.45$，2012 年 $\xi = 0.8$，可知若保持 K 值不变，$J_{\max}$ 越大，则 ξ 越小；若保持 ξ 不变，$J_{\max}$ 越大，则 K 值越小，即支流底坡越大，倒灌流量越小。在推导控制方程时假设倒灌异重流的 S_{tl} 与干流 S_t 相同，即等比例分流含沙，因此 S_t 不受 ξ 取值的影响，图 9.26 不予给出。

对比所有计算结果可以发现：交界面阻力项 F 量级最大且存在于整个传播过程中，所以 f 对异重流要素的影响最大，对异重流发展全过程均有较大影响；异重流倒灌流量 q_{tl} 量级次之，所以 ξ 影响其次；清浑水掺混流量 q_{wm} 量级最小，即 η 对计算结果的影响最小。

9.6　本　章　小　结

本章采用第 8 章建立的考虑干支流倒回灌的水库明流与异重流耦合模型，对黄河调水调沙中小浪底水库的水沙输移过程进行了数值模拟。模型将库区干流与主要的支流间的倒回灌的影响均考虑在内，先以 2002 年的调水调沙过程对模型的参数进行率定，确定模型的适用性和准确性后，以 2004 年、2006 年和 2012 年调水调沙过程作为典型事件进行模拟和结果分析。对 2006 年模拟结果的分析中，主要从浑水明流要素、异重流要素、干支流倒回灌和排沙比四个方面验证模型计算结果的合理性与准确性；对 2004 年模拟结果的分析过程中，还阐述了浑水明流、异重流、干支流倒回灌的计算结果之间的相互影响；对 2012 年着重分析了倒回灌对模拟结果的影响及其作用原理，同时给出了模型参数的敏感性分析。

模型对异重流潜入点和传播速度、水位和异重流厚度等的计算与实测过程相符。根据对干支流倒回灌的不同处理方式，采用了三种模拟方法，通过计算结果的比较得到以下结论。

(1)本章建立了非静止水面假定下考虑干支流倒回灌的水库明流与异重流交替演算的一维耦合模型。模型提出适用于复杂支流水系的零维水库法计算倒回灌净流量，选用考虑支流底坡影响的公式计算异重流倒灌流量，采用水沙完全耦合的控制方程耦合水流、泥沙、河床冲淤、干支流倒回灌的相互作用；同时模型考虑了潜入点下游上层清水的流动及其与异重流间的耦合；模型选用异重流潜入判别条件衔接明流与异重流模块的计算，计算结果表明其能够较好地对干支流倒回灌影响下的库区明流输沙—异重流潜入—异重流演进—排沙出库全过程进行模拟。

(2)小浪底水库支流库容较大，干支流间形成倒回灌会对干流水沙过程和河床冲淤产生影响。通过对比 2012 年小浪底水库调水调沙期是否考虑倒灌影响的两种工况下的水沙运动模拟结果可以发现：忽略干支流倒回灌会造成计算的明流水位、流量、含沙量在倒灌期偏大，回灌期偏小；计算的异重流潜入位置及时间滞后，异重流流速、交界面高程及含沙量偏大，并会过高地估计水库排沙比。异重流潜入点到大坝的距离是影响排沙比的重要因素。潜入点越靠上游则异重流传播距离越长，沿程阻力损失越多，并且在多支流水库中异重流还要经过更多的支流口门散失更多的流量。另外，入库洪水时长一定时，传播时间变长则排沙时间变短。倒回灌的形式复杂多样，存在下层异重流倒灌及上层清水倒回灌同时发生的复杂流态；异重流倒灌也会形成淤积使支流容易形成拦门沙坎，实践中应注意有效利用支流库容。

(3)模型参数的敏感性分析表明清浑水掺混修正系数与异重流交界面高程、流量正相关，与含沙量负相关，对计算结果影响最小；异重流倒灌阻力损失系数对计算结果影响较大，其取值范围及对结果的影响则需依据支流底坡具体而定，同一损失系数下，支流底坡越大，倒灌流量越小，异重流交界面高程及流量越大，含沙量越不受影响；交界面阻力系数对计算结果影响最大，其大小与异重流要素负相关，且随着阻力系数的增大，模型响应表现出较为明显的滞后性。

第10章　多沙河流水库溯源冲刷过程的一二维数值模拟

水库溯源冲刷过程模拟的难点包括两个方面：一是在坡折点附近水流常发展为急流，进入深水区后又会产生水跃，为此本章采用的模型均以 Godunov 类型的有限体积法作为基本数值格式；二是目前对于溯源冲刷过程中床面与水流间的泥沙交换机理认识还不充分，本章中暂采用悬移质挟沙力公式计算床沙上扬通量，但是公式中的参数会重新率定。本章首先采用一维水沙模型模拟已有的溯源冲刷水槽试验以及小浪底水库干流溯源冲刷过程，对于前者可以依据沿程水面和床面高程的实测结果对模型进行验证，对于后者，由于实时地形观测困难，将和第 8 章中介绍的溯源冲刷纵剖面理论计算方法得到的结果进行比较；然后建立能够模拟溯源冲刷过程的平面二维水沙数学模型，在对溯源冲刷水槽试验的模拟中分析高速冲刷过程中水流流态的沿程变化及历时变化；最后应用该平面二维模型计算小浪底水库支流畛水口门拦门沙的溯源冲刷过程，并分析运用非工程措施治理支流拦门沙的效果。

10.1　溯源冲刷过程的一维数值模拟

本节中所用的控制方程为第 8 章中考虑干支流倒回灌的水库明流与异重流耦合模型，挟沙力公式可以直接使用浑水明流计算中常用的公式。数值解法也采用第 8 章介绍的方法，由于溯源冲刷过程中水位持续下降，水深较小，WSDGM 法重构单元交界面水深时，最好选用较小的临界弗劳德数。

10.1.1　溯源冲刷水槽试验模拟

1）试验条件

曹叔尤（1983）曾对悬移质溯源冲刷现象开展了水槽试验研究，本节通过模拟该试验过程对模型进行验证。试验水槽尺寸为 14m × 0.5m × 0.5m，共开展了 12 组试验。安排有两种边界条件：其中第 1~9 组试验用水槽底坡为水平，铺沙坡度分 0、0.5%和 1%，第 10~12 组水槽底坡调到最大（1.5%），铺沙坡度为 0。铺沙结束后，打开进水闸缓缓放水浸泡。水槽下游有一个活动闸板，试验开始后打开该闸板，水位突然降落，溯源冲刷过程随即开始。

第 1～9 组试验和第 11、12 组试验仅提供有冲刷过程中某一中间时刻的河床高程数据及冲刷时段结束后的累积冲刷量。因此针对上述试验，本书仅验证其对应时刻的河床高程及计算时段末的累积淤积量；第 10 组试验原文献提供有详细的水位变化过程、河床高程变化过程及冲刷强度过程，因此本书着重比较第 10 组试验数据的计算。

具体试验条件整理见表 10.1，各组试验用沙情况见表 10.2，第 10 组试验装置示意图见图 10.1。

表 10.1　曹叔尤（1983）水槽试验数据

实验组次	单宽流量/(m²/s)	床面比降	出口床面高程/m	全断面初始水位/m	冲沙时间/s	实测冲刷量/m³
1	0.0049	0	10.2	10.263	1500	0.352
2	0.0199	0	10.15	10.263	1500	0.359
3	0.0102	0	10.15	10.263	1500	0.325
4	0.0044	0	10.15	10.263	1500	0.172
5	0.012	0.005	10.15	10.263	1500	0.346
6	0.015	0	10.15	10.263	1500	0.222
7	0.0214	0	10.15	10.263	1500	0.318
8	0.0072	0	10.15	10.263	1500	0.239
9	0.0122	0.01	10.15	10.263	1500	0.353
10	0.0142	0	10.213	10.263	1800	0.3597
11	0.0084	0	10.213	10.263	2700	0.3297
12	0.0214	0	10.213	10.263	1200	0.3437

表 10.2　曹叔尤（1983）水槽试验中的床沙级配

试验组次	试验用沙	床沙颗粒级配/μm								中值粒径/mm
		5	10	25	50	100	250	500	1000	
1～5	北京沙	5%	12%	30%	60%	100%	100%	100%	100%	0.043
6～9	秦皇岛沙	0	0	1%	3%	12%	81%	100%	100%	0.15
10～12	石英砂	2%	7%	15%	28%	42%	71%	82%	100%	0.13

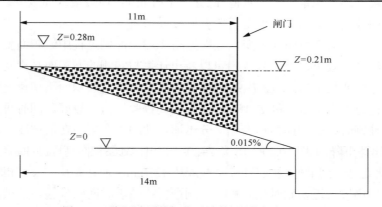

图 10.1　溯源冲刷的概化试验装置（曹叔尤，1983）

2)计算结果分析

计算与实测的水槽内水位变化过程如图 10.2 所示。从图 10.2 中可以看出两者总体符合较好，区别主要集中在 160s<T<960s 时段，此时计算水位下降速度慢于实测水位降落速度，T=20s 和 T=1800s 时刻计算水位与实测值符合较好。

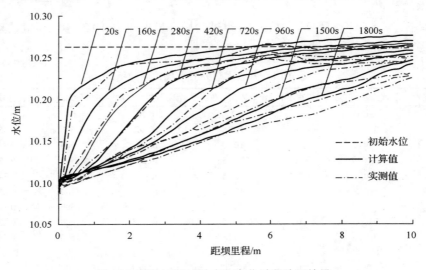

图 10.2　第 10 组试验水位变化过程验证结果

同时可以看出，发生溯源冲刷时，坝前水位迅速下降，水面呈降水曲线形态，在溯源冲刷过程结束(T=1800s)之前，水面线可以概化成两段：前坡段和顶坡段，冲刷主要发生在前坡段。图 10.2 中 T=20s 时，坝前水位已下降至 10.08m，水深降幅达 0.18m 以上，而在距出口 x=2m 范围外，水位仍较接近初始时刻水位，表明此处水位还未来得及下降；随着时间的推移，前坡段坡度逐渐减小，出口水位降落速度减缓，逐渐稳定至某一水位(此处为 10.10m)；前坡段水面坡度逐渐减缓，顶坡段水面坡度逐渐增大，直至两者坡度接近相同。

计算和实测的淤积面高程变化过程见图 10.3。冲刷过程中淤积面变化直接反映了冲刷清淤的效果，从图 10.3 中可以看出计算与实测的淤积面高程变化较为吻合，区别也主要集中在 160s<T<960s 时段，此时计算的淤积面下切速度慢于水槽试验的下切速度，T=20s 和 T=1800s 时床面高程验证情况较好。同时可以看出，发生溯源冲刷时，淤积面高程变化十分迅速，冲刷主要集中在前坡段；出口段淤积面高程迅速下降，如图 10.3 所示，当 T=20s 时，出口处淤积面高程已冲刷至 10.076m(实际上此处已达到最低侵蚀基准)，冲深达 13.7cm；而在距出口 x=2m 范围外，淤积面高程仍较接近初始时刻高程，冲刷微弱；随着时间的推移，前坡段冲刷速

度减缓，冲刷主要向上游发展，且冲刷强度沿程减小，形成溯源趋势；随着冲刷的不断发展，水槽内床面比降趋于均匀。床沙干密度取值对于计算结果的影响将在 10.3.1 节继续讨论。

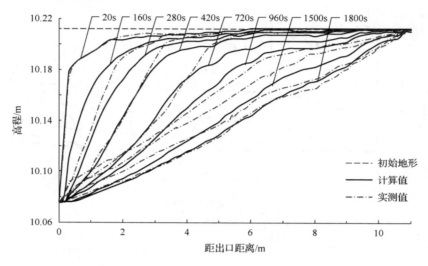

图 10.3　第 10 组试验床面高程变化验证结果

计算的累积冲刷量变化见图 10.4。从冲刷量变化图可以看出，冲刷时段末实测的冲刷量为 0.3597m³，而计算的时段末冲刷量为 0.3704m³，相对误差 δ=2.97%，证明计算精度良好。同时由图 10.4 可以看出累积冲刷量变化曲线斜率逐渐减小，证明冲刷强度随时间的增长而减小。计算的累积冲刷强度变化见图 10.5。发生溯源冲刷时，冲刷强度的整体变化趋势是逐渐减小的，图 10.5 表明计算冲刷强度变化过程与实测值相差较大，具体表现在，计算的冲刷强度前期小于实测的冲刷强度，后期则相反。实测平均冲刷强度为 0.1998kg/s，计算平均冲刷强度约为 0.2057kg/s，相对误差 δ=2.87%，因此床面冲刷计算结果与水位变化计算结果呈现

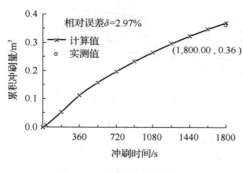

图 10.4　冲刷量变化图

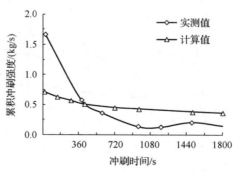

图 10.5　冲刷强度变化图

相似的特点，即中间时段计算值与实测值符合较差，但初始时刻及最终时刻较为符合。

　　模拟其他几组试验的床面高程变化，计算结果见图 10.6，图中横坐标为无量纲距离，当 x=1 时，实际距离为 7.9m。

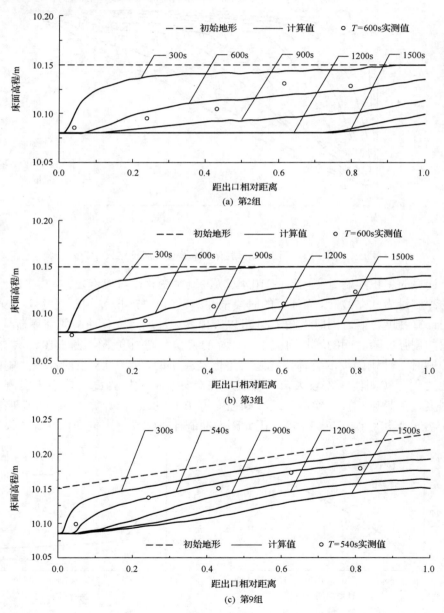

图 10.6　计算与实测的其他组次床面高程变化

　　第 3 组试验进口流量约为第 2 组的一半，其他试验条件相同，两者结果（图 10.6（a）和图 10.6（b））对比可以看到，相同时刻第 2 组冲刷深度更大。在 T=300s 时，进口单宽流量为 0.0199m³/s 的第 2 组已经由坝前冲刷到接近 x=1（实际距坝为 7.9m）的水槽尾端；而进口单宽流量为 0.0102m³/s 的第 3 组仅冲刷到约 x=0.5（实际距离为 3.95m）的水槽中部。因此可知，溯源冲刷的强度和冲刷起点上溯的速度都与入库流量正相关。第 9 组和其他各组最大的区别在于初始床面坡度由 0 变为 10%，该组模拟精度较好，并且从图 10.6（c）中看出，试验刚开始不久，水槽上游端也出现床面冲刷，所以该组工况下溯源冲刷与沿程冲刷同时存在。

10.1.2　小浪底水库干流溯源冲刷模拟结果

　　9.4 节中使用考虑干支流倒回灌的水库明流与异重流耦合模型模拟了 2004 年小浪底水库的调水调沙全过程，这里进一步对模型计算的库尾段三角洲淤积体冲刷过程进行分析。图 10.7 为方法 3 所模拟的三角洲冲刷过程中纵剖面的形态变化，图中所示范围为 HH36 断面至 HH53 断面之间的河段，t = 300h 之前纵剖面的发展呈现明显的溯源冲刷特点：冲刷剖面近似为二次曲线且以 HH40 断面河底为侵蚀基面向上游方向延长。t = 300h 之后入库流量迅速增大，沿程冲刷与溯源冲刷同时存在。t=165～300h 时，坝前水位维持在 HH40 断面与 HH41 断面河底高程之间，可以认为冲刷图形符合第 6 章中所描述的溯源冲刷模式。表 10.3 为采用第 6 章中介绍的溯源冲刷理论公式（6.33）所计算的侵蚀基点底坡与模型计算结果的比较。式（6.33）中的参数如下：顶坡段比降 J_2 为 1.07‰，侵蚀基面下降高程 Z_0=0.91m，进口单宽流量 q 和含沙量 S_0 取模型计算的 HH46 断面的平均值 1.6m²/s 与 5kg/m³，床沙干密度取 850kg/m³。数模计算的 J_1 取 HH40 断面与 HH41 断面之间的底坡。

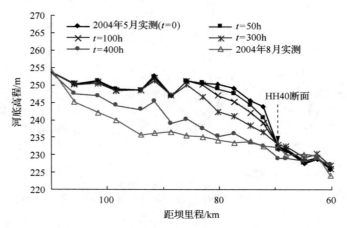

图 10.7　小浪底干流三角洲冲刷过程

　　图 10.8（a）是不同时刻断面平均流速沿程变化的计算结果。在 t=40h 时，流速

最大点位于距坝 72.06km 的位置,最大流速为 3.12m/s。随着时间的推移,流速最大点的位置逐渐向上游移动,与河床纵剖面上坡折点的位置变化趋势一致,并且最大流速也在逐渐减小。在 t = 300h 时,流速最大点移动到了距坝 82.95km 的位置,最大流速为 1.86m/s。图 10.8(b) 显示了不同时刻含沙量和挟沙力沿程变化的计算结果,可以看出在上游三门峡水库下泄清水条件下,依靠溯源冲刷作用就可以使含沙量达到 121kg/m³。在 t =40h 时,经过流速最大点之后含沙量和挟沙力快速减小,并且挟沙力减小的速度远大于含沙量,因此在利用溯源冲刷进行水库清淤时,为避免或减少冲刷走的泥沙再次淤积到库内,需要将库水位降至足够低的位置,或创造合适的条件塑造异重流排沙。在 t = 100h 时,经过流速最大点(距坝 80.23km)后含沙量和挟沙力仍然在增加,但此时的含沙量和挟沙力最大值已经明显减小。在 t =0~300h 时段内,小浪底水库下泄水量为 33.7 亿 m³,根据输沙率计算 HH40 断面以上河段冲刷量为 0.684 亿 t,即溯源冲刷的效率为每消耗 1m³ 水量可冲走 20.3kg 淤积的泥沙。

表 10.3　　侵蚀基点底坡 J_1 理论与模型计算值比较

t−165 /h	J_1/‰	
	理论值	模型计算值
35	1.571	1.537
55	1.470	1.488
65	1.438	1.462
95	1.375	1.407
135	1.326	1.346

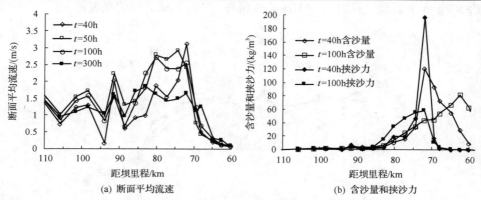

(a) 断面平均流速　　　　　　　　　(b) 含沙量和挟沙力

图 10.8　　小浪底干流溯源冲刷过程中流速与含沙量和挟沙力计算结果

10.2　　溯源冲刷过程的二维数学模型

本书所使用的浅水二维水沙耦合模型是在 Xia 等(2010b)模型的基础上针对

不规则地形上的源项处理和数值重构方法等方面进一步改进而开发完成的，所做改进包括如下三个方面。

（1）借鉴 Duran 等（2013）提出的一种具有 Well-balance 特性的数值离散方法，对原模型中 TVD-MUSCL 数值重构方法进行进一步改进。

（2）原模型中直接由三角形单元顶点坐标计算底坡代入底坡源项，本书采用了散度形式的底坡源项（divergence form for bed slope），并对原 DFB 方法（Valiani and Begnudelli，2006）进行改进，与数值重构方法配合严格保证 Well-balance 特性。

（3）使用 HLL（Harten-Lax-van Leer）近似黎曼算子代替 Roe 近似黎曼算子，水动力学方程与泥沙输移方程的通量一并计算。

10.2.1　控制方程

本书中所采用的浅水二维水沙耦合模型的控制方程包括浑水连续方程、浑水运动方程、泥沙输移方程和河床变形方程。在守恒形式下控制方程可写为（Xia et al.，2010b）

$$\frac{\partial U}{\partial t} + \frac{\partial E}{\partial x} + \frac{\partial G}{\partial y} = S \tag{10.1}$$

$$\frac{\Delta Z_{sk}}{\Delta t} = \frac{\alpha_{sk}}{\rho'} \omega_{sk} (S_k - S_{*k}) \tag{10.2}$$

式中，U 为守恒变量向量；E 和 G 分别为 x 和 y 方向的对流通量向量；S 为源项向量；ΔZ_{sk} 为第 k 组泥沙输运引起的河床变形厚度；α_{sk}、ω_{sk} 分别为第 k 组泥沙的恢复饱和系数和浑水中沉速；ρ' 为床沙干密度；S_k 和 S_{*k} 分别为第 k 组泥沙的含沙量与挟沙力。U、E、G、S 的表达式为

$$U = \begin{bmatrix} h \\ hu \\ hv \\ hS_k \end{bmatrix}, \quad E = \begin{bmatrix} hu \\ hu^2 + \frac{1}{2}gh^2 \\ huv \\ huS_k \end{bmatrix}, \quad G = \begin{bmatrix} hv \\ huv \\ hv^2 + \frac{1}{2}gh^2 \\ hvS_k \end{bmatrix},$$

$$S = \begin{bmatrix} 0 \\ gh(S_{bx} - S_{fx}) \\ gh(S_{by} - S_{fy}) \\ -\alpha_{sk}\omega_{sk}(S_k - S_{*k}) \end{bmatrix} + \begin{bmatrix} -\partial Z_b / \partial t \\ -\dfrac{\Delta\rho gh^2}{2\rho_m\rho_s}\dfrac{\partial S}{\partial x} + \dfrac{\rho_b - \rho_m}{\rho_m}u\dfrac{\partial Z_b}{\partial t} \\ -\dfrac{\Delta\rho gh^2}{2\rho_m\rho_s}\dfrac{\partial S}{\partial y} + \dfrac{\rho_b - \rho_m}{\rho_m}v\dfrac{\partial Z_b}{\partial t} \\ 0 \end{bmatrix} \tag{10.3}$$

式中，h 为水深；u 与 v 分别为 x 与 y 方向的流速；Z_b 为河底高程；S_{bx}、S_{by} 为 x 和 y 方向的底坡，即 $S_{bx} = -\partial Z_b / \partial x$，$S_{by} = -\partial Z_b / \partial y$；阻力坡度 $S_{fx} = n^2 u \sqrt{u^2 + v^2} / h^{4/3}$，$S_{fy} = n^2 v \sqrt{u^2 + v^2} / h^{4/3}$，其中 n 为糙率系数；$\Delta\rho = \rho_s - \rho_c$，$\rho_s$ 为泥沙密度，ρ_c 为清水密度；$\rho_m = S + (1 - S / \rho_s)\rho_c$ 为浑水密度，其中 S 为单位体积内总的含沙量；$\rho_b = (1 - \rho' / \rho_s)\rho_c + \rho'$ 为床沙饱和湿密度。

　　式(10.3)中 S 的第二列是泥沙输移和河床变形引起的附加项，可以通过浑水质量和动量守恒定律推得，具体过程与第 8 章中一维情况下类似，不再赘述。这些附加项的引入构成了水沙耦合的浅水控制方程，对于高含沙水流运动以及伴随剧烈河床冲淤的水沙输移过程的模拟是必要的。Simpson 和 Castelltort(2006)曾使用二维水沙耦合模型研究了海岸侵蚀和降雨造成的坡面侵蚀，Xia 等(2012)使用此类模型模拟了黄河下游洪水演进过程，但是水库溯源冲刷模拟中的应用却鲜有报道。

10.2.2　数值方法

1) 控制方程离散

　　本模型采用无结构三角网格下的有限体积算法离散控制方程，同时采用单元中心方式(谭维炎，1998)，即所有守恒变量值存储于单元中心，相邻两个单元的公共面为计算界面(图 10.9)。

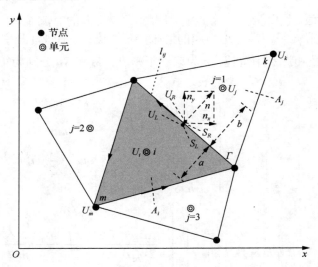

图 10.9　无结构网格下的控制单元示意图

对控制方程(10.1)在控制体单元上积分可得

$$\int_{A_i} \frac{\partial \boldsymbol{U}}{\partial t} \mathrm{d}A + \int_{A_i} \nabla \cdot \vec{\boldsymbol{F}} \mathrm{d}A = \int_{A_i} \boldsymbol{S} \mathrm{d}A \tag{10.4}$$

式中，$\vec{\boldsymbol{F}} = (\boldsymbol{E}, \boldsymbol{G})$。

在处理源项积分时，首先将 $\boldsymbol{S}$ 分解为 $\boldsymbol{S} = \boldsymbol{S}_b + \boldsymbol{S}_r$，其中底坡源项 $\boldsymbol{S}_b$ 定义为

$$\boldsymbol{S}_b = \begin{bmatrix} 0 \\ ghS_{\mathrm{b}x} \\ ghS_{\mathrm{b}y} \\ 0 \end{bmatrix} = \begin{bmatrix} 0 \\ -gh\dfrac{\partial Z_b}{\partial x} \\ -gh\dfrac{\partial Z_b}{\partial y} \\ 0 \end{bmatrix} \tag{10.5}$$

$\boldsymbol{S}_r$ 为除底坡项外剩余的源项。Valiani 和 Begnudelli(2006)提出的 DFB 方法中证明了 $\boldsymbol{S}_\mathrm{b}$ 可以表达为散度形式：

$$\boldsymbol{S}_\mathrm{b} = \nabla \cdot \boldsymbol{H} \mid_{\eta = \eta^*} \tag{10.6}$$

式中，η 为水面高程；η^* 为控制体单元内某一计算水面高程，$\boldsymbol{H}$ 定义为

$$\boldsymbol{H} = \begin{bmatrix} 0 & 0 \\ \dfrac{1}{2}gh^2 & 0 \\ 0 & \dfrac{1}{2}gh^2 \\ 0 & 0 \end{bmatrix} \tag{10.7}$$

这样式(10.4)可以写为

$$\int_{A_i} \frac{\partial \boldsymbol{U}}{\partial t} \mathrm{d}A + \int_{A_i} \nabla \cdot \vec{\boldsymbol{F}} \mathrm{d}A = \int_{A_i} \nabla \cdot \boldsymbol{H} \mid_{\eta = \eta^*} \mathrm{d}A + \int_{A_i} \boldsymbol{S}_r \mathrm{d}A \tag{10.8}$$

假设 $\boldsymbol{U}$ 是计算单元内守恒变量的平均值，并利用高斯定理将面积分转换为线积分，可以将式(10.8)变为

$$\frac{\partial \boldsymbol{U}}{\partial t} \Delta A_i + \int_{\Gamma} \vec{\boldsymbol{F}} \cdot \boldsymbol{n} \mathrm{d}\Gamma = \int_{\Gamma} \boldsymbol{H} \mid_{\eta = \eta^*} \cdot \boldsymbol{n} \mathrm{d}\Gamma + \boldsymbol{S}_r \Delta A_i \tag{10.9}$$

式中，Γ 为控制体 A_i 的边界；$\boldsymbol{n} = (n_x, n_y)$ 为 Γ 上的外法向单位向量。

为了计算式(10.9)中数值通量的积分引入旋转矩阵 $\boldsymbol{T}$：

$$T = \begin{bmatrix} 1 & 0 & 0 & 0 \\ 0 & n_x & n_y & 0 \\ 0 & -n_y & n_x & 0 \\ 0 & 0 & 0 & 1 \end{bmatrix} \qquad (10.10)$$

根据二维浅水方程的旋转不变性(Zoppou and Roberts，1999；Toro，1998)可知：

$$\vec{F} \cdot \boldsymbol{n} = \boldsymbol{T}^{-1} \boldsymbol{E}(\boldsymbol{TU}) \qquad (10.11)$$

式中，$\boldsymbol{E}(\cdot)$ 为一维通量算子。式(10.11)说明经过坐标变换后，可以将一维模型中的通量计算方法直接套用到平面二维模型中。控制体单元每条边的通量可由该边两侧的守恒变量确定，则该通量的积分可表示为

$$\int_{\Gamma} \vec{F} \cdot \boldsymbol{n} \mathrm{d}\Gamma = \sum_{j=1}^{3} \boldsymbol{T}_{ij}^{-1} \tilde{\boldsymbol{E}}(\boldsymbol{T}_{ij}\boldsymbol{U}_{ij}, \boldsymbol{T}_{ij}\boldsymbol{U}_{ji}) \Delta l_{ij} \qquad (10.12)$$

式中，$\boldsymbol{T}_{ij}$ 为 i、j 两单元公共边的方向决定的旋转矩阵；$\boldsymbol{U}_{ij}$ 和 $\boldsymbol{U}_{ji}$ 分别为该边左右两侧的守恒变量；$\tilde{\boldsymbol{E}}(\cdot)$ 为近似黎曼算子；Δl_{ij} 为该边的长度。

底坡源项积分同样可以表示为

$$\int_{\Gamma} \boldsymbol{H} \mid_{\eta=\eta*} \cdot \boldsymbol{n} \mathrm{d}\Gamma = \sum_{j=1}^{3} \boldsymbol{H}_{ij} \mid_{\eta=\eta*} \cdot \boldsymbol{n}_{ij} \Delta l_{ij} \qquad (10.13)$$

将式(10.12)和式(10.13)代入式(10.9)，即得到控制方程的最终离散形式为

$$\frac{\partial \boldsymbol{U}_i}{\partial t} = -\frac{1}{\Delta A_i} \sum_{j=1}^{3} \boldsymbol{T}_{ij}^{-1} \tilde{\boldsymbol{E}}(\boldsymbol{T}_{ij}\boldsymbol{U}_{ij}, \boldsymbol{T}_{ij}\boldsymbol{U}_{ji}) \Delta l_{ij} + \frac{1}{\Delta A_i} \sum_{j=1}^{3} \boldsymbol{H}_{ij} \mid_{\eta=\eta*} \cdot \boldsymbol{n}_{ij} \Delta l_{ij} + \boldsymbol{S}_r(\boldsymbol{U}_i) \quad (10.14)$$

2) 通量计算

数值通量的计算使用 HLL 格式，为了使空间精度达到二阶，采用 Duran 等(2013)提出的基于 MUSCL 方法上的变量重构方法。Duran 等(2013)采用的是以水位代替水深变换后的浅水控制方程，其数值离散方法严格满足 Well-balance 特性(Bermudez and Vazquez，1994)和水深正性。本书使用的模型控制方程仍以水深为守恒变量，这里提出的通量计算借鉴了 Duran 等的方法，其 Well-balance 特性需要与源项计算方法相配合来保证。

首先定义 $\boldsymbol{V} = (\eta, q_x, q_y, h)$ 为需要重构的变量构成的矢量，其中 $q_x = hu$，$q_y = hv$。按照标准的 MUSCL 格式(van Leer，1997)对 $\boldsymbol{V}$ 进行重构，重构过程中使用 Roe 与 Baines(1982)提出的 Minmod 函数对变量梯度进行限制。重构后得到

$V_{ij}=(\eta_{ij},(q_x)_{ij},(q_y)_{ij},h_{ij})$ 和 $V_{ji}=(\eta_{ji},(q_x)_{ji},(q_y)_{ji},h_{ji})$ ，以及两个床面高程值 $z_{ij}=\eta_{ij}-h_{ij}$ 和 $z_{ji}=\eta_{ji}-h_{ji}$ 。

然后重新定义 i、j 单元公共边两侧的河底高程和水深：

$$\hat{z}_{ij}=\max(z_{ij},z_{ji}) ，\quad \hat{h}_{ij}=\max(0,\eta_{ij}-\hat{z}_{ij}) ，\quad \hat{h}_{ji}=\max(0,\eta_{ji}-\hat{z}_{ij}) \tag{10.15}$$

公共边两侧的流速为

$$\hat{u}_{ij}=(q_x)_{ij}/\hat{h}_{ij} ，\quad \hat{v}_{ij}=(q_y)_{ij}/\hat{h}_{ij} \tag{10.16}$$

至此可以将 i、j 单元公共边两侧的黎曼状态表示为

$$U_{ij}=\begin{bmatrix} \hat{h}_{ij} \\ \hat{h}_{ij}\hat{u}_{ij} \\ \hat{h}_{ij}\hat{v}_{ij} \\ \hat{h}_{ij}S_{ki} \end{bmatrix} ，\quad U_{ji=}\begin{bmatrix} \hat{h}_{ji} \\ \hat{h}_{ji}\hat{u}_{ji} \\ \hat{h}_{ji}\hat{v}_{ji} \\ \hat{h}_{ji}S_{kj} \end{bmatrix} \tag{10.17}$$

式中，S_{ki}、S_{kj} 分别为 i、j 单元中第 k 组泥沙的含沙量。令 $U_l=T_{ij}U_{ij}$ ，$U_r=T_{ij}U_{ji}$ ，就可以使用 HLL 格式进行通量计算了。

首先计算黎曼问题中的三个波速 S_1、S_m 与 S_r ，其计算方法见第 8 章式(8.46)~式(8.48)。然后数值通量的前两个分量根据左右激波的波速大小分情况计算：

$$\tilde{E}_{1,2}(U_l,U_r)=\begin{cases} E_l & S_1\geqslant 0 \\ E^* ， & S_1<0<S_r \\ E_r ， & S_r\leqslant 0 \end{cases} \tag{10.18}$$

式中

$$E^*=\frac{S_r E_1-S_1 E_r+S_r S_1(U_r-U_1)}{S_r-S_1} \tag{10.19}$$

数值通量的第三、第四分量根据中间波速的大小计算，即

$$\tilde{E}_3(U_1,U_r)=\begin{cases} E_1 v_1 ， & S_m\geqslant 0 \\ E_1 v_r ， & S_m<0 \end{cases} \tag{10.20}$$

$$\tilde{E}_4(U_1,U_r)=\begin{cases} E_1 S_{k1} ， & S_m\geqslant 0 \\ E_1 S_{kr} ， & S_m<0 \end{cases} \tag{10.21}$$

在干湿单元交界面上，波速的估计需要作出修正，其修正公式与第 8 章相同。

3）源项计算

为了说明对原 DFB 方法的改进，这里首先把式(10.14)中底坡源项的积分结果展开：

$$\sum_{j=1}^{3} \boldsymbol{H}_{ij} \mid_{\eta=\eta*} \cdot \boldsymbol{n}_{ij} \Delta l_{ij} = \begin{bmatrix} 0 \\ \sum_{j=1}^{3} \frac{1}{2} g h_{ij}^2 \mid_{\eta=\eta*} n_{xij} \Delta l_{ij} \\ \sum_{j=1}^{3} \frac{1}{2} g h_{ij}^2 \mid_{\eta=\eta*} n_{yij} \Delta l_{ij} \\ 0 \end{bmatrix} \tag{10.22}$$

式中，(n_{xij}, n_{yij}) 是 i、j 单元公共边的单位外法向量(相对于单元 i)。

对于 $h_{ij} \mid_{\eta=\eta*}$ 的计算，原 DFB 方法中的做法是用 i 单元内的水位 η_i 代替 $\eta*$，然后用该水位减去边 l_{ij} 上两端点河底高程的平均值得到。该方法在进行静湖测试(lake at rest)时，在干湿交界线附近仍有小量误差。本书对此作出的改进是在计算 $h_{ij} \mid_{\eta=\eta*}$ 时引入数值重构过程中得到的信息，即

$$h_{ij} \mid_{\eta=\eta*} = \max(0, \eta_i - \hat{z}_{ij}) \tag{10.23}$$

式中，$\hat{z}_{ij}$ 为式(10.15)重构的河底高程。经过改进后的 DFB 方法严格满足 Well-balance 特性，下面给出证明。

对于任一个湿单元 C_i，记与其相邻的单元为 C_j，$j \in K_i$。此处定义如下两个 K_i 的子集(图 10.10)：

$$K_i^w = \left\{ j \in K_i, \eta_j > z_j \right\} \tag{10.24}$$

$$K_i^d = \left\{ j \in K_i, \eta_j = z_j, \eta_i \leqslant z_j \right\} \tag{10.25}$$

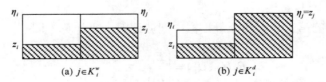

(a) $j \in K_i^w$　　　　　　　　　(b) $j \in K_i^d$

图 10.10　静止条件下相邻两个单元的水面和河底高程关系

假设在 t^n 时刻水流静止，计算域内实际水位为 η，那么 $K_i = K_i^w \bigcup K_i^d$。

（1）对于 $j \in K_i^w$ ，显然有 $\eta_i = \eta_j = \eta$ 和 $\boldsymbol{u}_i = \boldsymbol{u}_j = 0$ ，其中 $\boldsymbol{u} = (u, v)$ 。于是由式（10.15）可知 $\hat{h}_{ij} = \eta - \hat{z}_{ij} = \hat{h}_{ji}$ 。

（2）对于 $j \in K_i^d$ ，由式（10.15）可知 $\hat{z}_{ij} = z_j$ ，因为 $\eta_i = \eta < z_j$ ，所以 $\hat{h}_{ij} = 0$ ，又因为 $\eta_j = z_j$ ，所以 $\hat{h}_{ji} = \max(0, 0) = 0$ 。

综合对（1）（2）两种情况的分析，边 l_{ij} 两侧的状态重构后满足水深相等，且满足：

$$\hat{h}_{ij} = \hat{h}_{ji} = \max(0, \eta_i - \hat{z}_{ij}) \tag{10.26}$$

式（10.26）和式（10.23）比较可知 $\hat{h}_{ij} = \hat{h}_{ji} = h_{ij}\mid_{\eta=\eta^*}$ ，所以有

$$\boldsymbol{U}_{ij} = \boldsymbol{U}_{ji} = \begin{bmatrix} h_{ij}\mid_{\eta=\eta^*} \\ 0 \\ 0 \end{bmatrix}$$

这里暂时忽略第四个分量，进一步可以得到

$$\boldsymbol{T}_{ij}\boldsymbol{U}_{ij} = \boldsymbol{T}_{ij}\boldsymbol{U}_{ji} = \begin{bmatrix} h_{ij}\mid_{\eta=\eta^*} \\ 0 \\ 0 \end{bmatrix}$$

因为任何一种黎曼算子（包括本书用到的 HLL）均满足 $\tilde{\boldsymbol{E}}(\boldsymbol{U}, \boldsymbol{U}) = \boldsymbol{E}(\boldsymbol{U})$ 的基本性质，所以

$$\boldsymbol{T}_{ij}^{-1}\tilde{\boldsymbol{E}}(\boldsymbol{T}_{ij}\boldsymbol{U}_{ij}, \boldsymbol{T}_{ij}\boldsymbol{U}_{ji}) = \begin{bmatrix} 1 & 0 & 0 \\ 0 & n_{xij} & -n_{yij} \\ 0 & n_{yij} & n_{xij} \end{bmatrix}\begin{bmatrix} 0 \\ \dfrac{1}{2}gh_{ij}^2\mid_{\eta=\eta^*} \\ 0 \end{bmatrix} = \begin{bmatrix} 0 \\ \dfrac{1}{2}gh_{ij}^2\mid_{\eta=\eta^*}n_{xij} \\ \dfrac{1}{2}gh_{ij}^2\mid_{\eta=\eta^*}n_{yij} \end{bmatrix} \tag{10.27}$$

将式（10.22）与式（10.27）代入式（10.14），易知 $\boldsymbol{U}_i^{n+1} = \boldsymbol{U}_i^n$ 。

如果 C_i 是一个干单元，此时并不保证 $K_i = K_i^w \cup K_i^d$ 。若 $j \in K_i^w$ ，只需要将下标 i 、j 互换就回到了上面对湿单元的讨论中；若 j 属于 K_i^w 的补集，则表示的是相邻两单元均为干单元的平凡情况，显然此时重构水深为 0。证毕。

阻力源项的计算使用半隐式离散方法（Xia et al.，2010b）来避免显格式在小水深时引起的不稳定。泥沙输移与河床变形引起的附加源项中，含沙量梯度用三角形单元三个顶点的含沙量计算，河床变形速率用时间后差计算。

4) 时间积分

使用预测、校正二步格式(谭维炎，1998)可实现时间二阶精度。将式(10.14)右侧记为 $L(\boldsymbol{U})$，预测、校正二步格式可表示为

$$\boldsymbol{U}^{n+1} = \boldsymbol{U}^n + \Delta t L(\boldsymbol{U}^{n+1/2}) \tag{10.28}$$

式中，$\boldsymbol{U}^{n+1/2} = (\boldsymbol{U}^n + \boldsymbol{U}^*)/2$，$\boldsymbol{U}^* = \boldsymbol{U}^n + \Delta t L(\boldsymbol{U}^n)$。由于该方法为显格式，时间步长由 CFL 条件限制。

10.2.3　二维模型数字地形的生成

对于二维浅水模型而言，计算网格上底部高程的插值结果的好坏很大程度上决定了模拟结果是否反映实际情况。常用的底部高程数据有两个来源：数字地面模型(digital terrain model，DTM)和固定断面上的起点距–高程数据。在进行滩区上的洪水演进模拟时，网格点上的高程可以用很简单的插值方法从 DTM 中得到，如用最近的若干点高程按距离加权平均。而对于常年淹没的河道或水库洪水模拟，DTM 无法提供有用的信息，因为其只包含水面高程。尽管有使用雷达(Hilldale and Raff，2008)和遥感技术(Carbonneau et al.，2006)获取水下高程的研究，但这些方法的测量精度与传统测深法仍有一定差距，因此起点距–高程数据仍是河流数值模拟中最常用的地形数据。然而由于起点距–高程数据的横向分辨率远高于纵向，通常相邻两实测断面的纵向距离超过 2km，常用的插值方法很难产生满意的河道二维地形。为此作者根据 Schäppi 等(2010)的地形插值方法提出了利用河道断面高程的二维插值程序，用于为后面的模拟实例提供具有高程数据的非结构三角网格。该插值程序运行时需要两个输入文件：一是网格文件；二是横断面地形文件。网格文件利用基于 Frontal-Delaunay 三角网格生成算法(Engwirda and Ivers，2014)而开发的一个开源网格生成程序得到。横断面地形文件包含各个测量断面的起点距–高程转化成的 *xyz* 坐标。

由断面上的点插值到网格点的过程分为两步：第一步进行横向插值；第二步进行纵向插值。对于每个网格点，其高程插值的参考数据点来自其上下游两个相邻的横断面，其纵向插值方向由两横断面间的河岸线或自定义的分割线(以下统称为分割线)确定，见图 10.11。该插值方法可以描述为以下四个步骤。

(1) 计算两条分割线的交点坐标。

(2) 连接分割线的交点与待插值的网格点，所得连线与两个相邻横断面的交点记为 $P_{i^*,j}$ 和 $P_{i^*,j+1}$。

(3) 用横断面上的起点距–高程数据插值得到 $P_{i^*,j}$ 和 $P_{i^*,j+1}$ 的高程(横向插值)。

(4) 用 $P_{i^*,j}$ 和 $P_{i^*,j+1}$ 的高程计算待插值网格点的高程(纵向插值)。

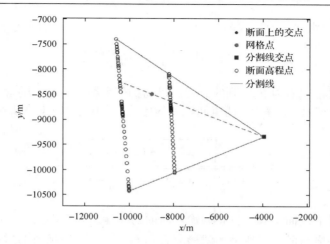

图 10.11　高程插值算法示意图

步骤(3)中横向插值公式为

$$z_{i*,j} = (1-t)z_{i,j} + tz_{i+1,j} \tag{10.29}$$

式中，$z_{i*,j}$ 为插值得到的点 $P_{i*,j}$ 高程；$z_{i,j}$ 和 $z_{i+1,j}$ 为断面 j 上距离 $P_{i*,j}$ 最近的两个实测点 $P_{i,j}$ 和 $P_{i+1,j}$ 的高程；t 为横向插值系数，所表示的含义为 $P_{i*,j}$ 到 $P_{i,j}$ 的距离与 $P_{i,j}$、$P_{i+1,j}$ 间距离的比值(图 10.12)，其计算公式为

$$t = \frac{\sqrt{(x_{i,j} - x_{i*,j})^2 + (y_{i,j} - y_{i*,j})^2}}{\sqrt{(x_{i,j} - x_{i+1,j})^2 + (y_{i,j} - y_{i+1,j})^2}} \tag{10.30}$$

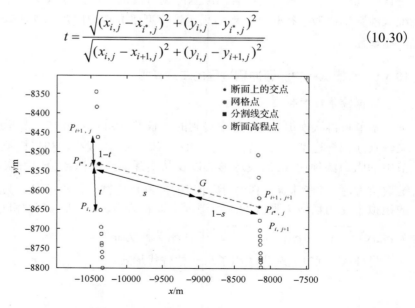

图 10.12　插值系数的含义

步骤(4)中纵向插值公式为

$$z_G = (1-s)z_{i^*,j} + sz_{i^*,j+1} \tag{10.31}$$

式中，z_G 为网格点 G 插值得到的高程。纵向插值系数 s 所表示的含义为网格点 G 到 $P_{i^*,j}$ 的距离与 $P_{i^*,j}$、$P_{i^*,j+1}$ 两点间距离的比值(图 10.12)，其计算公式为

$$s = \frac{\sqrt{(x-x_{i^*,j})^2 + (y-y_{i^*,j})^2}}{\sqrt{(x_{i^*,j+1}-x_{i^*,j})^2 + (y_{i^*,j+1}-y_{i^*,j})^2}} \tag{10.32}$$

一般情况下该插值算法将相邻输入断面的左端点和右端点的连线默认为两条分割线。如果横断面呈现典型的滩槽复合形态，为了保证插值的质量应该沿滩槽分界位置添加额外的分割线，然后在每两个相邻的横断面与分割线包围的区域内执行上述四个步骤。

10.3　溯源冲刷过程的二维数值模拟

在有支流的多沙河流水库中，支流天然洪水或水库调度影响也有可能在支流口门处产生溯源冲刷。由于其产生于干支流交汇位置，有必要利用二维数学模型进行研究。本节首先采用已有的溯源冲刷水槽试验资料对 10.2 节中建立的平面二维水沙数学模型进行验证，然后采用该模型研究小浪底水库支流畛水口门的溯源冲刷现象。

10.3.1　水槽试验中溯源冲刷过程的二维模拟

1)试验条件与模型配置

本节将再次模拟 10.1.1 节中提到的曹叔尤(1983)的第 10 组试验来验证提出的二维水沙耦合模型。由于曹叔尤的水槽试验中水深很小，初步模拟中发现 10.2.1 节中的阻力源项内 S_{fx} 的表达形式以及从实际河流模拟经验中得来的恢复饱和系数取值方法(韦直林等，1997)所计算的冲刷量比试验值小很多。为此在对本试验的模拟中使用切应力形式的阻力源项，即将式(10.3)中的 ghS_{fx} 和 ghS_{fy} 分别替换为 $c_D u\sqrt{u^2+v^2}$ 和 $c_D v\sqrt{u^2+v^2}$，其中 c_D 为阻力系数。

另外式(10.2)右端也改用了另一种替代形式：

$$\frac{\Delta Z_{sk}}{\Delta t} = \frac{1}{\rho'}(D_k - E_k) \tag{10.33}$$

$$E_k = \omega_{sk}E_{sk}, \quad D_k = \omega_{sk}S_{bk}$$

式中，D_k 和 E_k 分别为第 k 组泥沙的沉降通量和上扬通量。沉降通量中 $S_{bk}=r_{bk}S_k$ 表示近底含沙量，r_{bk} 的计算采用 Parker 等(1986)提出的公式：

$$r_{bk} = 1 + 31.5(U_* / \omega_{sk})^{-1.46} \tag{10.34}$$

式中，$U_* = \sqrt{c_D(u^2 + v^2)}$ 为床面剪切流速。E_{sk} 的计算采用 Guo(2002)应用对数适配法得到的张瑞瑾等(1989)挟沙力公式：

$$E_{sk} = \varphi_z \frac{1}{20} \frac{(\overline{U}^3 / gh\omega_{sk})^{1.5}}{1 + (\overline{U}^3 / 45gh\omega_{sk})^{1.5}} \tag{10.35}$$

式中，φ_z 为挟沙力修正系数；$\overline{U} = \sqrt{u^2 + v^2}$。式(10.35)的优点是其解决了原张瑞瑾等公式中的指数确定问题，Molinas 和 Wu(2001)曾指出，浅水和深水流动中挟沙力可能遵循不同的幂律。

　　本次模拟使用的网格如图 10.13 所示。在闸门附近的区域($x=11$m)进行网格加密，最小网格边长约为 0.045m，计算时采用的时间步长 $\Delta t = 0.005$s。模拟区域进口给定流量过程，出口使用自由出流边界。

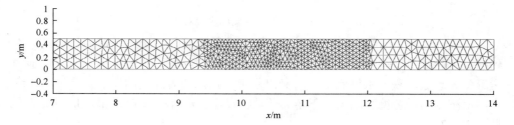

图 10.13　矩形计算区域的三角网格剖分

2)结果分析

　　图 10.14 所示为采用不同阻力系数与挟沙力修正系数模拟得到的实验终止时刻($t = 1800$s)床面高程，从图中可以看出，阻力系数越小，挟沙力修正系数越大，冲刷厚度越大。

　　图 10.15 为采用不同阻力系数与挟沙力修正系数模拟得到的实验终止时刻水位，从图中可以看出，阻力系数增大时，水面线整体抬高；挟沙力修正系数增大时由于河底冲深，上游水位略降低而下游水位抬升。图 10.14 和图 10.15 综合比较来看选取 $c_D=0.015$，$\varphi_z=2.0$ 时计算结果与实测最为符合，以下讨论均基于此参数下的计算结果。

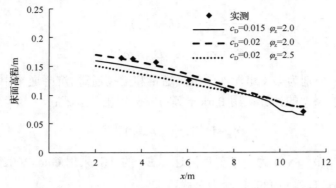

图 10.14 计算与实测的床面高程对比

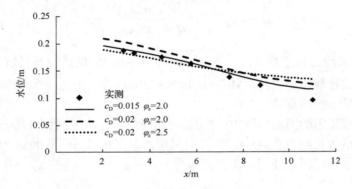

图 10.15 计算与实测的水位对比

实验开始阶段，铺沙段末端会出现水跌，见图 10.16。t =10s 时由计算结果得到的弗劳德数沿水槽方向的分布见图 10.17，从中看出 x =11m 之后水流很快地由缓流变为急流，跌入水槽底部之后又出现了水跃。随着冲刷的发展，底坡趋于均一，上游段的弗劳德数增大，下游弗劳德数减小，t =1800s 时水槽内均为缓流，见图 10.17。

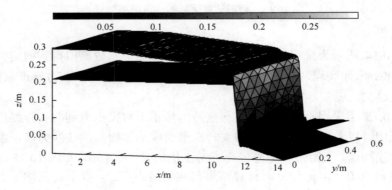

图 10.16 t=10s 时水面和床面高程计算值

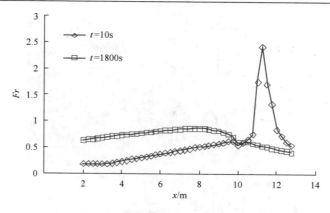

图 10.17　不同时刻 Fr 的沿程分布

模拟的试验组次中采用的泥沙为石英沙，中值粒径为 0.13mm，但文献中未给出干密度，以上计算采用的干密度 $\rho'=1800$kg/m³。实际所能获取的观测资料表明，水库淤积泥沙干密度的变化范围很大，为 500～2100kg/m³（张耀哲和王敬昌，2004），为考察干密度对模拟结果的影响，增加了 $\rho'=1400$kg/m³ 和 $\rho'=1100$kg/m³ 的算例，最终床面高程计算结果的对比见图 10.18。随着床沙干密度的减小，冲刷深度增大，$\rho'=1100$kg/m³ 和 $\rho'=1800$kg/m³ 两种条件下上游端冲刷深度相差 0.5m，模型对于参数 ρ'的敏感性大于挟沙力修正系数 φ_z。

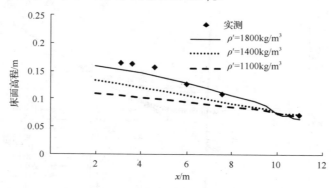

图 10.18　床沙干密度对计算结果的影响

10.3.2　小浪底支流畛水口门溯源冲刷过程模拟

1）支流畛水库区概述

截至 2015 年 10 月，小浪底库区泥沙淤积量为 31.172 亿 m³，其中支流淤积量为 6.149 亿 m³，最大的支流畛水河淤积量为 2.288 亿 m³。畛水河原始库容为 17.671 亿 m³，支流口门位于 HH12 断面（距坝 18.75km）与 HH11 断面（距坝 16.39km）之间，见图 10.19。畛水河内部河床淤积抬升过程见图 10.20，其中 $x=0$km 处为 ZS01 断面位置。

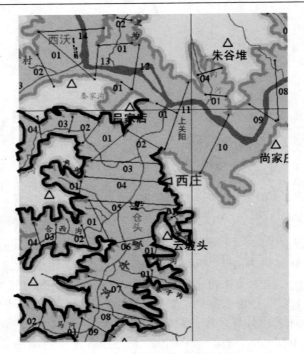

图 10.19　小浪底畛水库区示意图

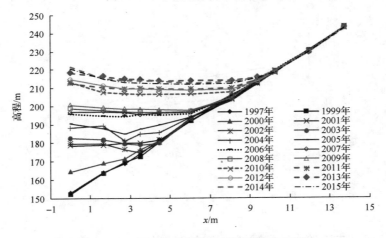

图 10.20　畛水河历年纵剖面图(深泓点高程)

小浪底库区支流仅有少量的推移质入库，可忽略不计，所以支流的淤积主要是干流来沙倒灌所致。随着支流淤积的发展，口门段纵比降由正坡(相对于支流来流方向)逐步变为倒坡。韩其为(2003)通过对倒灌异重流的输沙方程和河床变形方程的分析，说明了支流淤积厚度沿程递减的规律，从而揭示了拦门沙的形成原因。支流拦门沙的存在阻止了干支流水沙交换，形成与干流隔绝的水域，使得其高程以下的支流库容不能得到有效利用。由于畛水河地形特征为口门狭窄内部宽阔，其拦门沙问题比较突出，并且由于其库容在小浪底各支流中最大，拦门沙造成的库容损失也最严重。截至 2014 年 4 月，畛水河拦门沙坎已达 4.7m，无效库容为 0.635 亿 m³。

支流河口相当于干流河床的横向延伸，随着干流滩面的抬高，支流沟口淤积面基本上同步上升。只有在降水冲刷后干流有一定滩槽高差，并且水库控制在较低水位时，支流口门有机会出现溯源冲刷，使拦门沙坎高程有所降低。根据小浪底水库的工程规划，水库运用主要分为三个阶段：拦沙初期、拦沙后期和正常运用期，目前小浪底水库处于拦沙后期第一阶段。近期黄河水利科学研究院完成的小浪底水库拦沙后期实体模型试验结果表明，随着库区淤积量的增加，畛水口门拦门沙仍有继续升高的趋势(张俊华等，2013)。当拦沙期结束时，畛水口门附近干流会出现高滩深槽形态，此种淤积形态下，一方面干支流蓄水更容易被拦门沙阻隔，另一方面在有利的来水条件和合适的水库调度下，有可能利用支流口门的溯源冲刷削弱拦门的作用。本节的目的是利用前面建立的二维水沙耦合模型研究：①当前阶段畛水口门发生溯源冲刷的可能性与程度；②拦沙期结束后通过水库调度或利用畛水河来水与自身蓄水冲刷拦门沙坎的效果。

2) 现阶段畛水口门溯源冲刷过程的数模计算

研究区域包括小浪底干流 HH07 断面至 HH13 断面以及支流畛水河 ZS01 断面至 ZS11 断面的区域。三角网格划分结果见图 10.21，畛水口门区域、下游边界区域以及畛水河内部地形起伏较大的区域的网格进行加密，图中贯穿口门的实线用于观察计算结果所设的观测线位置，其方向根据模型试算得到的支流中的主流方向确定。图中方框内的是延长的网格区域，紧邻该区域左侧是 HH07 断面。由于该断面右岸地形极不规则，如果以其为下边界会因为边界条件与不规则地形的共同影响造成计算失稳，所以将网格区域从 HH07 断面向下游延长了 500m。网格共包含 9790 个三角形单元，最小网格边长为 28m，时间步长 Δt =0.8s。

初始地形由 2015 年小浪底水库干支流实测断面高程数据生成。图 10.22 是插值得到的地形中部分区域的三维视图。图 10.22(a) 为支流口门部位，图中右侧为干流河道。10.2.1 节中 Schäppi 等 (2010) 的地形插值方法最初只是针对单一河道提出的，这里对于交汇区域内的网格点使用新的高程插值方法：首先按照 10.2.3 节中的步骤(1)～步骤(3)沿干流方向得到 HH12 断面和 HH11 断面上的两个参考点高程；然后在支流方向重复步骤(1)～步骤(3)得到 ZS01 断面和 ZS02 断面上的两个参考点高程；最后以待插值点与这四点的距离的倒数为权重，计算四点高程的平均值即为待插值点高程。图 10.22(b) 为畛水河内部最宽处，靠近右岸有一高滩，而偏向左岸位置有一块陡峭的凸起。根据插值后的地形计算，畛水河拦门沙坎高程为 222.82m，口门处干流河底高程为 220.80m。

图 10.21 畛水口门的三角形网格生成结果

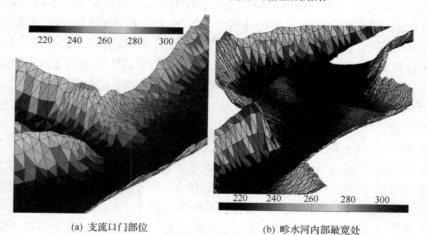

(a) 支流口门部位

(b) 畛水河内部最宽处

图 10.22 初始地形局部视图

干流出口位置设为水位边界，正式模拟开始前，在整个模拟区域内设一个较高水位，再令下边界水位逐步下降到 210.50m（该水位参考小浪底历年汛期最低水位确定），以此时的水位、流速场作为本次模拟的初始条件。模型设置两个流量边界，其一是干流进口位置，假设为 500m³/s 的恒定流量；其二是畛水河进口的流

量，选取已有实测资料(2006～2014 年)中最大流量出现的 2010 年 7 月 24 日～
28 日五日作为支流来水过程，见图 10.23。两个流量边界上含沙量均设为 0。

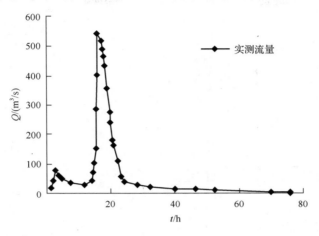

图 10.23　畛水河洪水过程

　　由于下边界控制水位很低，初始时刻口门干支流之间已经有 1.3m 的水位差，
所以模拟一开始在口门处就已产生冲刷。$t = 4.4h$ 时口门附近的冲刷深度分布见
图 10.24(a)，此时拦门沙坎最大冲刷深度为 0.36m，流速最大值为 2.4m/s。从图
中看出拦门沙处的冲刷范围很小，干流下游部分收窄河段也有一定冲刷。随着拦
门沙坎顶部降低与支流蓄水释放，干支流间水位差有所减小，支流出流流速也相
应减小，$t =14.2h$ 时口门最大流速减为 1.4m/s。$t =17.8h$ 时支流洪峰到来，口门
处的冲刷速率再次提高，此时干支流内的水位流速分布见图 10.25。至 $t =30.2h$
时畛水口门的冲刷基本停止，口门附近以及整个研究区域内的冲刷深度分布见
图 10.24(b)、图 10.24(c)。从图中看到口门处冲刷长度向支流上游又延长了一些，
最大冲刷深度为 1.76m。位于口门下游的干流冲刷部分也向上游有所延长，说明
支流口门溯源冲刷对干流河床冲刷也有一定的加强作用。畛水河上游段底坡较陡，
且这一段初始时刻为干河床，所以显示出明显的沿程冲刷趋势。

　　沿图 10.21 中观测线 AB 方向，河底冲刷与水面线变化过程见图 10.26，图中
横坐标为距离 A 点的距离。从图中看出，前期冲刷速率快，后期冲刷速率慢，溯
源冲刷开始 14.2h 后已经冲刷了 1m 深，拦门沙坎顶点后退了约 200m。$t =14.2h$
后冲刷长度基本无变化，支流口门又冲刷了 0.6m，冲刷终止于纵剖面上与干流河
底平齐的地方。从图 10.26(b)中看出，$t =14.2h$ 之前拦门沙坎上的水位逐渐下降。
随着支流洪峰的影响传播到口门，在 $t =14.2～21.3h$ 内拦门沙坎上的水位反而升
高。洪峰过去之后，拦门沙坎上水位快速下降，模拟结束时干支流水位基本相等，
虽然支流仍有一定的出流，但流速很小，不足以冲起泥沙。

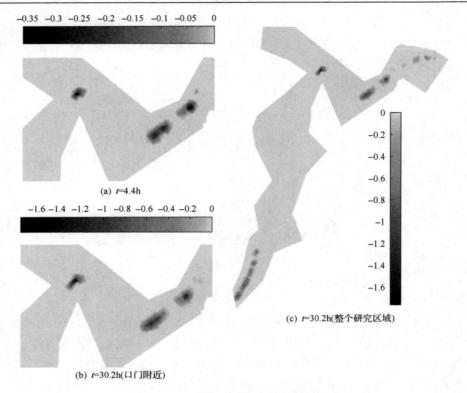

图 10.24　不同时刻的冲刷深度分布

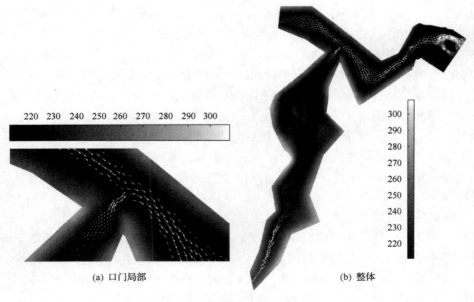

图 10.25　水位与流速分布

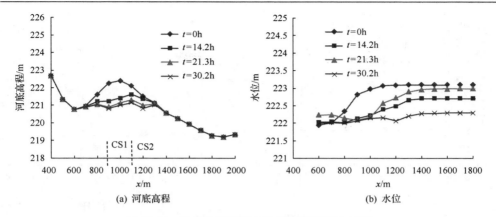

(a) 河底高程　　　　　　　　　　(b) 水位

图 10.26　拦门沙坎冲刷与坎顶水面线变化过程

沿图 10.26(a) 中 CS1 断面和 CS2 断面位置做垂直于观测线的横向观测断面,可以看到拦门沙坎的横断面变化过程如图 10.27 所示。CS2 断面位于口门最窄处,但是冲刷深度相对于更靠近外侧的 CS1 断面有所减少。前期 CS1 断面冲刷速度较快,后期两断面冲刷速度基本相同。

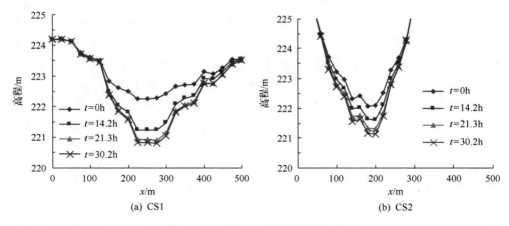

(a) CS1　　　　　　　　　　(b) CS2

图 10.27　畛水口门横断面地形变化

图 10.28 为紧邻支流口门的干流 HH12 断面与 HH11 断面处的流量和含沙量过程。从流量过程图看出,支流口门溯源冲刷过程中,支流为干流贡献了多于 $100\text{m}^3/\text{s}$ 的流量,支流发生洪水时进入干流的峰值流量约为 $273\text{m}^3/\text{s}$。HH12 断面的含沙量基本来自口门的溯源冲刷,但与流量过程不同的是,支流洪峰阶段,含沙量的增加并不明显。

总之,在现阶段小浪底干支流地形条件下,支流洪水造成的口门溯源冲刷效果有限,以本次模拟结果为例,冲刷结束后可以释放的被拦截库容为 0.16 亿 m^3。

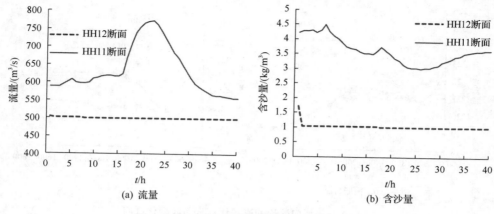

图 10.28　干流不同断面流量和含沙量过程

3) 拦沙期结束后畛水口门溯源冲刷过程的模拟

黄河水利科学研究院根据拦沙后期基础运行方案在小浪底水库实体模型上开展了 20 年水沙系列的试验研究(蒋思奇等，2015)，试验中第 4 年和第 12 年畛水口门拦门沙和干流河底高程差达 20m 以上。高滩深槽的淤积形态将更加有利于通过水库调度在于支流口门产生溯源冲刷，使拦门沙问题得到极大的缓解。为了量化拦沙期结束后畛水口门溯源冲刷效果，首先在现阶段冲刷计算的初始地形(由 2015 年实测断面数据生成)基础上，在干流进口持续施加 8000m³/s 的大流量使主槽不断冲刷，以畛水口门干流河底高程冲刷至 215.6m(冲深了 5.2m)时的地形作为初始地形条件，分别研究利用支流来水与连续降低水位两种方式产生的支流口门溯源冲刷效果。

(1) 利用支流来水产生的溯源冲刷。干支流进口流量过程与现阶段冲刷计算相同，畛水河内部初始水位与拦门沙坎顶部高程相等，流速为 0，即支流内蓄水与干流分割开的状态。不同时刻支流口门以及口门下游的干流区域冲刷深度分布见图 10.29。在 t =13.3～25.8h 时口门溯源冲刷向支流上游发展的速度最高，然后口门溯源冲刷减缓但口门下游的干流溯源冲刷范围有较大的发展。相比于现阶段畛水口门溯源冲刷深度分布，可以看到模拟时段末口门处的溯源冲刷已经发展到了支流内部(图 10.29(d))。

不同时刻不同区域的水位与流速场见图 10.30。在图 10.30(a)所示 t = 4.4h 时刻，支流出流在经过口门跌坎时的流速达到最大值 3.5m/s，相比现阶段冲刷算例流速有了很大提高，因此冲刷速度也更快。在 t =25.8h 时由于支流洪水的影响，口门附近的流速增加(图 10.30(b))，口门收窄的平面形态显然有助于利用支流洪水的能量，但流过跌坎时的最大流速相比于 t =4.4h 有所下降。从图 10.30(d)还可以看出，由于本次模拟所用初始地形上干流河道已经过大幅度冲刷，在出口位置水流只走左岸主河槽而不是像图 10.25(b)中那样分为两股。

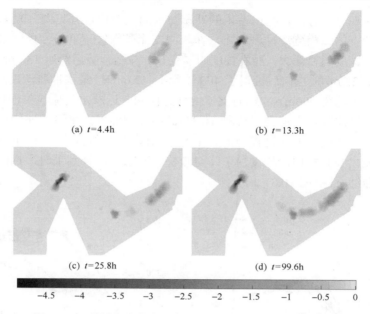

(a) t=4.4h

(b) t=13.3h

(c) t=25.8h

(d) t=99.6h

图 10.29　利用支流来水时产生的不同时刻的冲刷深度分布

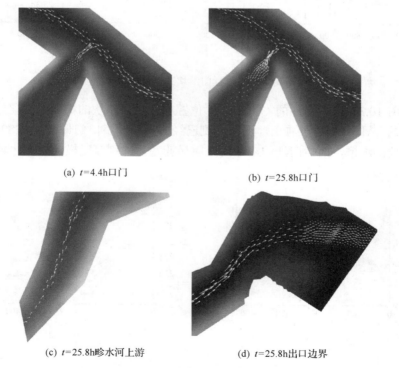

(a) t=4.4h口门

(b) t=25.8h口门

(c) t=25.8h畛水河上游

(d) t=25.8h出口边界

图 10.30　考虑支流来水时水位与流速场计算结果

　　沿纵向观测线方向,拦门沙坎的冲刷与水面线变化过程见图 10.31。和 2015 年地形条件下的口门溯源冲刷相比,在相同支流洪水过程下拦沙期结束后所产生的溯源冲刷深度明显增大,冲刷长度明显变长。冲刷开始后经过 13.3h,拦门沙坎已经冲深了 2.9m,顶点向后蚀退了 400m。至 t =43.6h 时,最大冲刷深度达到 5.1m,溯源冲刷长度约为 900m,冲刷向支流内部延伸到接近畛水河原纵剖面最低点,畛水河下游端倒比降基本消失。从图 10.31(a)中纵剖面形态来看,冲刷后期还出现了二级跌坎。水面线变化过程和前一工况相比最大的差别在于,由于口门处干支流河底高差大并且拦门沙坎侵蚀下降得较快,畛水河洪峰到来时,拦门沙坎上的水位保持继续下降(图 10.31(b))。

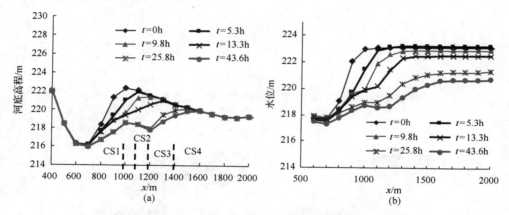

图 10.31　利用支流来水时拦门沙坎冲刷与坎顶水面线变化过程

　　沿图 10.31(a)中标注的 CS1～CS4 位置观察拦门沙坎的横断面变化过程,见图 10.32。从图 10.32 中看出,溯源冲刷已经明显越过了口门最窄处(CS2),口门外侧被拉出沟槽,而拦门沙的末端河道明显变宽,冲刷厚度横向分布比较均匀。

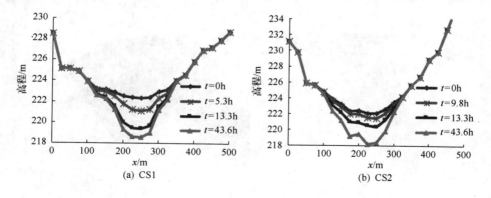

(a) CS1　　　　　　　　　　　　(b) CS2

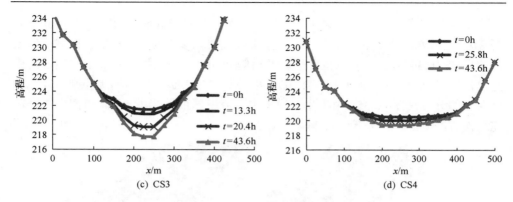

图 10.32　利用支流来水时畛水口门横断面历时变化

紧邻支流口门的干流 HH12 断面与 HH11 断面处的流量和含沙量过程见图 10.33。从图 10.33（a）可以看出，畛水河洪峰到来时，支流进入干流的流量约为 470m³/s，相对于 2015 年地形上的模拟结果有很大提高，其大小与支流进口的洪峰流量相当。从图 10.33（b）可以看出口门溯源冲刷造成的干流含沙量增加也更为明显。

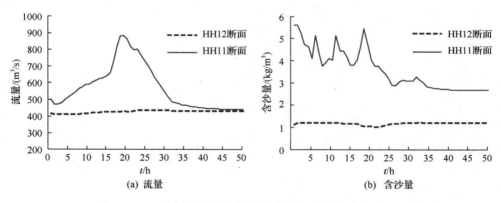

图 10.33　干流不同断面流量和含沙量过程（利用支流来水）

（2）连续降低水位产生的溯源冲刷。已有的溯源冲刷试验（彭润泽等，1981；曹叔尤，1983；蒋思奇等，2015）均是在水位瞬时下降的条件下进行的，而在实际工程中，水库下泄时水位必定是连续下降的。有记载的可能是最快的水库水位下降速度为 0.2～0.25m/h，发生在 1968 年 8 月苏联切尔由特水库的泄空阶段（韩其为，2003），即使这样的速度与水位瞬时下降应该还是有差别的。另外，小浪底支流平时来流很少，对于畛水口门的拦门沙处理问题，通过降低库水位主动引发口门溯源冲刷方式具有更高的可控性。

　　本次数值模拟实验设定的坝前水位下降速度为 0.18m/h，水位从 226.2m 下降至 210m，畛水河本身无来流。当坝前水位较高时，畛水河出流的宽度也较大，见流速场图 10.34(a)。随着水位降低以及口门处冲刷形成沟槽，水流集中通过沟槽流出，见图 10.34(b)，此时口门处流速达到最大 2.87m/s。口门溯源冲刷结束时冲刷深度的分布见图 10.35。由于本次模拟中干流流量很小，可以看到口门下游干流完全没有冲刷，口门处最大冲刷深度为 3.25m。

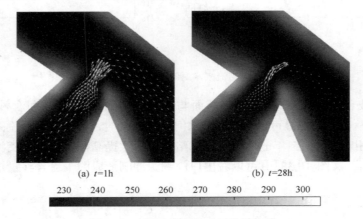

(a) t=1h　　　　　　　　　　　　　(b) t=28h

| 230 | 240 | 250 | 260 | 270 | 280 | 290 | 300 |

图 10.34　降水冲刷模式下的流速场

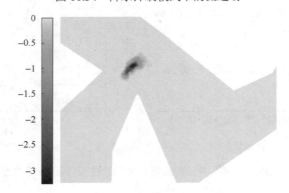

图 10.35　最终冲刷深度分布

　　图 10.36 为拦门沙坎的冲刷过程，从中可以看出冲刷深度与冲刷长度介于相同初始地形下利用支流洪水造成的冲刷与 2015 年实测地形上利用支流洪水造成的冲刷之间，无效库容减少 0.23 亿 m^3。

　　图 10.37 为畛水河下游端的 ZS01 断面与口门附近的干流 HH11 断面的水位变化过程，前 11h 内干支流水位几乎同步下降，这一点说明了在第 8 章中构建考虑干支流倒回灌的明流与异重流一维耦合模型时所使用的零维水库法的假设前提是合理的。11h 之后支流内水位下降速度低于干流水位下降速度，另外，图 10.38 中

HH11 断面的含沙量也开始迅速增加，结合这两点可以确定此时口门的溯源冲刷已经开始，该时刻坝前水位降到 224.2m。t =34h 之后畛水河内水位下降速度变缓，t =60h 之后支流出流流量已经非常小，支流内蓄水最终与干流分割开。

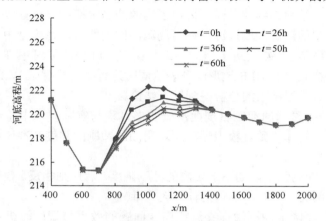

图 10.36　拦门沙坎冲刷过程（降水冲刷）

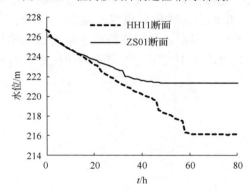

图 10.37　干支流水位下降过程

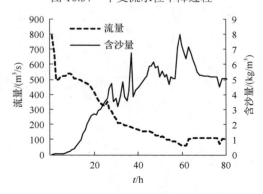

图 10.38　HH11 断面流量和含沙量过程

10.4　本 章 小 结

本章采用一维和二维数学模型模拟了溯源冲刷水槽试验过程以及小浪底水库干流与支流口门的溯源冲刷过程,针对溯源冲刷的特点,在模型中进行了必要的参数优化和数值方法改进。平面二维模型的构建过程中重点提出了对TVD-MUSCL 格式以及 DFB 地形源项表达同时进行改进以保证 Well-balance 特性的方法。通过对模拟结果的分析得到以下结论。

(1)模拟结果显示的河床纵剖面冲刷变形过程与实际观测中总结的坡折点上下游纵比降变化规律一致。模拟结果还表明溯源冲刷的强度和冲刷起点上溯的速度都与流量正相关。

(2)计算的冲刷强度前期小于实测的冲刷强度,后期则相反。模型对于冲刷结束后的最终纵剖面形态和冲刷量的计算较为准确。

(3)利用水库降水冲刷治理支流拦门沙问题的效果与调度时机和水位降幅有密切关系。当小浪底干流滩槽高程差较小时,即使支流畛水河发生洪水并且水库位于低水位,其所能产生的溯源冲刷效果也很有限,畛水河拦门沙仍将继续发展。当干流形成高滩深槽淤积形态后,利用支流来水或通过水库快速降低水位均能产生较好的拦门沙冲刷效果,其中利用支流洪水效果最好,可以基本消除支流下游倒比降。

参 考 文 献

曹如轩. 1983. 高含沙异重流的实验研究. 水利学报, (2): 49-57.

曹如轩, 陈诗基, 卢文新, 等. 1983. 高含沙异重流阻力规律的研究. 第二次河流泥沙国际学术讨论会论文集, 南京.

曹如轩, 任晓枫, 卢文新. 1984. 高含沙异重流的形成与持续条件分析. 泥沙研究, (2): 1-10.

曹叔尤. 1983. 细沙淤积的溯源冲刷试验研究. 中国水利水电科学研究院科学研究论文集(第11集), 中国水利水电
出版社: 168-183.

陈惠泉. 1962. 二元温差异重流交界面的计算. 中国水利水电科学研究院科研报告.

陈建国, 胡春宏, 戴清. 2002. 渭河下游近期河道萎缩特点及治理对策. 泥沙研究, (6): 45-52.

陈永宽, 1984. 悬移质含沙量沿垂线分布. 泥沙研究, (1): 31-40.

程龙渊, 刘拴明, 肖俊法, 等. 1999. 三门峡库区水文泥沙实验研究. 郑州: 黄河水利出版社.

窦国仁. 1963. 潮汐水流中的悬沙运动及冲淤计算. 水利学报, (4): 13-24.

范家骅, 沈受百, 吴德一. 1963. 水库异重流的近似计算法. 水利水电科学研究院(科学研究论文集第二集), 中国
工业出版社: 34-44.

范家骅, 王华丰, 黄寅, 等. 1959. 异重流的研究和应用. 北京: 水利电力出版社.

范家骅. 1959. 异重流的研究及应用. 北京: 水利电力出版社.

范家骅. 2007a. 浑水异重流孔口出流泄沙规律. 水利学报, 38(9): 1073-1079.

范家骅. 2007b. 异重流孔口出流极限吸出高度分析. 水利学报, 38(4): 460-467.

范家骅. 2008. 关于水库浑水潜入点判别数的确定方法. 泥沙研究, (1): 74-81.

范家骅. 2011a. 浑水异重流水量掺混系数的研究. 水利学报, 42(1): 19-26.

范家骅. 2011b. 异重流与泥沙工程试验与设计. 北京: 中国水利水电出版社.

冯小香, 张小峰, 谢作涛. 2005. 水流倒灌下支流尾闾泥沙淤积计算. 中国农村水利水电, (2): 54-56.

郭庆超, 何明民, 韩其为. 1995. 三门峡水库(潼关至大坝)泥沙冲淤规律分析. 泥沙研究, (1): 48-58.

郭振仁. 1990. 明渠流能量耗散率沿程分布初探. 泥沙研究, (3): 79-86.

韩其为. 1979. 非均匀悬移质不平衡输沙的研究. 科学通报, (17): 804-808.

韩其为. 1980. 悬沙不平衡输沙的初步研究. 中国水利学会第1届河流泥沙国际学术讨论会论文集, 光华出版社:
467-475.

韩其为. 2003. 水库淤积. 北京: 科学出版社.

韩其为, 向熙珑. 1981. 异重流的输沙规律. 人民长江, (4): 76-81.

韩其为, 何明民. 1987. 水库淤积与河床演变的(一维)数学模型. 泥沙研究, (3): 16-31.

韩其为, 何明民. 1988. 泥沙数学模型中冲淤计算的几个问题. 水利学报, (5): 16-25.

侯晖昌, 焦恩泽, 秦芳. 1958. 官厅水库1953-1956年异重流资料初步分析. 泥沙研究, (2): 70-94.

侯素珍. 2003. 小浪底水库异重流特性研究. 西安: 西安理工大学.

胡春宏, 王延贵, 张世奇, 等. 2008. 官厅水库泥沙淤积与水沙调控. 北京: 中国水利水电出版社.

黄草, 王忠静, 李书飞, 等. 2014. 长江上游水库群多目标优化调度模型及应用研究Ⅰ: 模型原理及求解. 水利学报,
45(9): 1009-1018.

黄河泥沙研究工作协调小组. 1976. 小河口水库高浓度异重流滞洪排沙规律初步研究. 黄河泥沙报告选编第3集:
139-140.

黄河水利科学研究院. 2015. 小浪底水利枢纽库区支流河口拦门沙坎处置措施研究. 黄河水利科学研究院科研报告.

黄委河南水文局. 2005. 黄河小浪底水库异重流演进规律初步分析报告. 黄委河南水文水资源局科研报告.

惠遇甲. 1996. 长江黄河垂线流速和含沙量分布规律. 水利学报, (2): 13-16.

姜乃迁. 2000. 水沙条件对潼关高程作用分析. 人民黄河, (7): 17-18.

姜乃迁. 2002. 黄河潼关河段清淤研究. 人民黄河, (9): 17-18.

蒋思奇, 张俊华, 马怀宝, 等. 2015. 利用支流蓄水冲刷拦门沙坎试验研究. 中国水运, 15(10): 213-218.

焦恩泽, 缪凤举, 林秀芝. 2008. 水库调水调沙. 郑州: 黄河水利出版社.

焦恩泽. 1991. 巴家嘴水库来水来沙特性与高含沙异重流的研究. 科学研究论文集(第三集), 中国环境科学出版社.

焦恩泽. 2004. 黄河水库泥沙. 郑州: 黄河水利出版社.

金德春. 1981. 浑水异重流的运动和淤积. 水利学报, (3): 39-48.

巨江. 1991. 溯源冲刷的计算方法及其应用. 泥沙研究, (1): 30-39.

李国英, 盛连喜. 2011. 黄河调水调沙的模式及其效果. 中国科学:技术科学, (6): 826-832.

李国英. 2004. 黄河第三次调水调沙试验. 人民黄河, 26(10): 1-7.

李记泽. 1991. 水库洪水波模型识别研究. 武汉水利电力学院学报, 24(5): 525-532.

李庆中, 叶春江, 唐梅英. 2000. 三门峡库区潼三段存在的问题及治理措施. 人民黄河, (12): 7-8.

李书霞, 张俊华, 陈书奎, 等. 2006. 小浪底水库塑造异重流技术及调度方案. 水利学报, 37(5): 567-572.

李树森, 郑宝旺, 樊东方, 等. 2014. 黄河小浪底水库水文泥沙规律研究. 郑州: 黄河水利出版社.

李涛, 张俊华, 夏军强, 等. 2016. 小浪底水库溯源冲刷效率评估试验. 水科学进展, 27(5): 716-725.

李宪景, 周建伟, 时文博, 等. 2007. 小浪底水库异重流演进规律分析. 山东省水资源生态调度学术研讨会论文集: 269-273.

李杨俊. 1998. 渭河下游河道萎缩特性分析和改善对策. 人民黄河, (7): 9-11, 47.

李义天. 1987. 冲淤平衡状态下床沙质级配初探. 泥沙研究, (1): 82-87.

李义天. 1990. 引航道水沙运动数值模拟初探. 泥沙研究, (1): 20-29.

梁志勇, 曾庆华, 周文浩. 1994. 黄河下游河床演变数学模型和初步研究及其应用. 水利学报, (5): 51-61.

刘茜. 2015. 跌坎冲刷的一维数值计算的研究. 北京: 北京交通大学.

刘宇, 钟平安, 张梦然, 等. 2013.水库优化调度 ANN 模型隐层节点数经验公式比较. 水力发电, 39(5): 65-68.

彭润泽, 常德礼, 白荣隆, 等. 1981. 推移质三角州溯源冲刷计算公式. 泥沙研究, (1): 14-29.

祁伟, 黄永健, 毛继新. 2003. 二维异重流数学模型研究.中国水利学会 2003 学术年会论文集, 中国水利水电出版社: 202-207.

钱宁, 范家骅, 曹俊, 等. 1958. 异重流. 北京: 水利出版社.

钱宁, 麦乔威. 1959. 黄河下游的糙率. 泥沙研究, (1): 1-15.

钱意颖. 1998. 黄河泥沙冲淤数学模型. 郑州: 黄河水利出版社: 11-75.

秦文凯, 府仁寿, 韩其为. 1995. 反坡异重流的研究. 水动力学研究与进展, 10(6): 637-647.

曲少军, 吴保生, 张启卫, 等. 1994. 黄河水库一维泥沙数学模型的初步研究. 人民黄河, (1): 1-4.

茹玉英, 邵苏梅, 王昌高, 等. 2000. 溯源冲刷计算公式验证与分析. 第十四届全国水动力学研讨会论文集, 海洋出版社: 388-393.

沙玉清. 1996. 泥沙运动学引论. 2 版. 西安: 陕西科学技术出版社.

舒安平. 1993. 水流挟沙力公式的验证与评述. 人民黄河, (1): 7-9.

谭维炎, 刘健民, 黄守信, 等. 1982. 应用随机动态规划进行水电站水库的最优调度. 水利学报, (7): 3-9.

谭维炎. 1998. 计算浅水动力学——有限体积法的应用. 北京: 清华大学出版社.

唐先海. 1999. 渭河下游近期淤积发展情况的分析研究. 泥沙研究, (3): 69-73.

王士强, 陈骥, 惠遇甲, 等. 1998. 明槽水流的非均匀挟沙力研究. 水利学报, (1): 1-9.

王士强. 1990. 冲积河渠床面阻力试验研究. 水利学报, (12): 18-29.

王士强. 1992. 沙波运动与床沙交换调整. 泥沙研究, (4): 14-23.

王士强. 1996. 黄河泥沙冲淤数学模型. 水科学进展, (3): 193-199.

王新宏. 2000. 冲积河道纵向冲淤和横向变形数值模拟研究及应用. 西安: 西安理工大学.

王艳平, 张俊华, 刘沛清. 2009. 多沙水库跌水溯源冲刷模式初步研究. 水力学与水利信息学进展 2009, 西安交通
    大学出版社: 515-520.

王远见, 谢蔚, 王婷, 等. 2016. 小浪底水库库区支流拦门沙形成的主因分析. 泥沙研究, (6): 51-58.

王增辉, 夏军强, 李涛, 等. 2015. 水库异重流一维水沙耦合模型. 水科学进展, 26(1): 74-82.

王增辉, 夏军强, 李涛, 等. 2017. 考虑底坡的异重流倒灌流量计算公式. 泥沙研究, 42(1): 1-5.

韦直林, 崔占峰. 2001. 一维河网非恒定流计算程序的初步研究. 人民长江, 32(12): 30-32.

韦直林, 谢鉴衡, 傅国岩, 等, 1997a. 黄河下游河床长期变形预测数学模型的研究. 武汉水利电力大学学报, (6):
    2-6.

韦直林, 谢鉴衡. 1990. 黄河一维泥沙数学模型研究. 武汉水利电力学院科研报告.

韦直林, 赵良奎, 付小平. 1997b. 黄河泥沙数学模型研究. 武汉大学学报(工学版), 30(5): 21-25.

吴保生, 龙毓骞. 1993. 黄河输沙能力公式的若干修正. 人民黄河, (7): 1-4, 61.

吴秋诗, 黄尔, 罗利环. 2013. 堰塞坝溯源冲刷规律研究. 重庆交通大学学报(自然科学版), 32(2): 280-284.

伍超, 黄国富, 杨永全. 2000. 洪水演进中支流倒灌现象. 四川大学学报(工程科学版), 32(4): 11-14.

解河海, 张金良, 刘九玉. 2010. 小浪底水库异重流垂线流速和含沙量分布研究. 人民黄河, 32(8): 25-29.

谢鉴衡, 陈媛儿. 1988. 非均匀沙起动规律初探. 武汉水利电力学院学报, (3): 28-37.

谢鉴衡. 1989. 河流模拟. 北京: 水利电力出版社.

谢鉴衡. 1990. 河床演变及整治. 北京: 中国水利水电出版社.

谢鉴衡. 1993. 黄河下游一维泥沙数学模型研究述评. 武汉水利电力大学科研报告.

徐建华, 董明军, 李晓宇, 等. 2007. 2006 年调水调沙期间小浪底库区异重流分析. 人民黄河, 29(6): 17-19.

徐建华, 李晓宇, 李树森. 2007. 小浪底库区异重流潜入点判别条件的讨论. 泥沙研究, (6): 71-74.

许力伟. 2011. 非恒定异重流的数值模拟研究. 天津: 天津大学.

颜燕. 1986. 抛泥及急流异重流的实验研究. 北京: 水利水电科学研究院.

杨国录. 1993. 河流数学模拟. 北京: 海洋出版社.

杨庆安, 龙毓骞, 缪凤举. 1995. 黄河三门峡水利枢纽运用与研究. 郑州: 河南人民出版社.

杨庆安, 吴柏煊, 樊凤梧. 1993. 黄河三门峡水利枢纽志. 北京: 中国大百科全书出版社.

姚鹏. 1994. 异重流运动的试验研究. 北京: 清华大学.

伊晓燕, 张超, 张翠萍. 2016. 三门峡水库溯源冲刷对水沙及边界条件的响应. 人民黄河, 38(1): 28-30.

詹义正, 黄良文, 赵云. 2003. 异重流非饱和均匀沙含沙量的沿程分布规律. 武汉大学学报(工学版), 36(2): 6-9.

张翠萍, 张原锋, 高际萍. 1999. 渭河下游近期水沙特性及冲淤规律. 泥沙研究, (3): 17-25.

张根广, 赵克玉, 杨红梅, 等. 2003. 渭河下游河床演变特征及其淤积上延分析. 西北水资源与水工程, (3): 35-46.

张跟广. 1993. 水库溯源冲刷模式初探. 泥沙研究, (3): 86-94.

张红武, 江恩惠, 白咏梅, 等. 1994. 黄河高含沙洪水模型的相似律. 郑州: 河南科学技术出版社: 69-77.

张红武, 吕昕. 1993. 弯道水力学. 北京: 水利电力出版社.

张红武, 张清. 1992. 黄河水流挟沙力的计算公式. 人民黄河, (11): 7-9.

张俊华, 陈书奎, 李书霞, 等. 2007. 小浪底水库拦沙初期水库泥沙研究. 郑州: 黄河水利出版社.

张俊华, 马怀宝, 王婷, 等. 2013. 小浪底水库支流倒灌与淤积形态模型试验. 水利水电科技进展, 33(2): 1-4.

张俊华, 王艳平, 尚爱亲, 等. 1998. 挟沙水流指数流速分布规律. 泥沙研究, (12): 73-78.

张俊华, 王艳平, 张红武. 2002. 黄河小浪底水库运用初期库区淤积过程数值模拟研究. 水利学报, 33(7): 110-115.

张瑞瑾, 谢鉴衡, 王明甫, 等. 1989. 河流泥沙动力学. 北京: 中国水利水电出版社.

张瑞瑾. 1996. 张瑞瑾论文集. 北京: 中国水利水电出版社.

张耀哲, 王敬昌. 2004. 水库淤积泥沙干容重分布规律及其计算方法的研究. 泥沙研究, (3): 54-58.

赵连军, 张红武. 1997. 黄河下游河道阻力水流摩阻特性的研究. 人民黄河, (9): 17-20.

赵琴, 李嘉. 2012. 浑水异重流潜入理论模型及影响因素研究. 泥沙研究, (1): 58-62.

朱鹏程. 1983. 异重流的形成与衰减. 水利学报, (5): 52-59.

朱素会, 耿胜安, 王德军. 2011. 小浪底水库异重流潜入点区特性分析. 华北水利水电大学学报(自然科学版), 32(2): 23-25.

Adduce C, Sciortino G, Proietti S. 2011. Gravity currents produced by lock exchanges: Experiments and simulations with a two-layer shallow-water model with entrainment. Journal of Hydraulic Engineering, 138(2): 111-121.

Akiyama J, Stefan H G. 1984. Plunging flow into a reservoir: Theory. Journal of Hydraulic Engineering, 110(4): 484-499.

Altinakar M S, Graf W H, Hopfinger E J. 1996. Flow structure in turbidity currents. Journal of Hydraulic Research, 34(5): 713-718.

Annandale G W, Morris G L, Karki P. 2016. Extending the Life of Reservoirs. Washington: World Bank.

Ashida K. 1980. How to predict reservoir sedimentation. 河流国际泥沙学术会议讨论文论文集, 光华管理出版社: 821-850.

Aureli F, Maranzoni A, Mignosa P, et al. 2008. A weighted surface-depth gradient method for the numerical integration of the 2D shallow water equations with topography. Advances in Water Resources, 31(7): 962-974.

Basson G R. 2009. Management of siltation in existing and new reservoirs. The 23rd Congress of the International Commission on Large Dams, Brasilia.

Begin Z B, Meyer D F, Schumm S A. 1980. Sediment production of alluvial channels in response to base level lowering. Transactions of the ASAE, 23(5): 1183-1188.

Benjamin T B. 1968. Gravity currents and related phenomena. Journal of Fluid Mechanics, 31(2): 209-248.

Bermudez A, Vazquez M E. 1994. Upwind methods for hyperbolic conservation laws with source terms. Computers & Fluids, 23(8): 1049-1071.

Bonnecaze R T, Hallworth M A, Huppert H E. 1995. Axisymmetric particle-driven gravity currents. Journal of Fluid Mechanics, 294: 93-121.

Bonnecaze R T, Huppert H E, Lister J R. 1993. Particle-driven gravity currents. Journal of Fluid Mechanics, 250: 339-369.

Borah J P, Alonso C V, Prasad S N. 1982. Routing graded sediment in streams: Formulations. Journal of Hydraulic Division, 108(12): 1486-1503.

Bournet P E, Dartus D, Tassin B, et al. 1999. Numerical investigation of plunging density current. Journal of Hydraulic Engineering, 125(6): 584-594.

Bradford S F, Katopodes N D. 1999. Hydrodynamics of turbid underflows. I: Formulation and numerical analysis. Journal of Hydraulic Engineering, 125(10): 1006-1015.

Cantero M I, Balachandar S, Cantelli A, et al. 2009. Turbidity current with a roof: Direct numerical simulation of self-stratified turbulent channel flow driven by suspended sediment. Journal of Geophysical Research: Oceans, 114: C03008.

Cantero-Chinchilla F N, Dey S, Castro-Orgaz O, et al. 2015. Hydrodynamic analysis of fully developed turbidity currents over plane beds based on self-preserving velocity and concentration distributions. Journal of Geophysical Research: Earth Surface, 120(10): 2176-2199.

Cao Z, Carling P A. 2002a. Mathematical modelling of alluvial rivers: Reality and myth. Part 1: General review. Proceedings of the Institution of Civil Engineers-Water Maritime and Engineering, 154(3): 207-220.

Cao Z, Carling P A, 2002b. Mathematical modelling of alluvial rivers: Reality and myth. Part 2: Special issues. Proceedings of the Institution of Civil Engineers-Water and Maritime Engineering, 154(4): 297-307.

Cao Z, Li J, Pender G, et al. 2015. Whole-process modeling of reservoir turbidity currents by a double layer-averaged model. Journal of Hydraulic Engineering, 141(2): 04014069.

Carbonneau P E, Lane S N, Bergeron N. 2006. Feature based image processing methods applied to bathymetric measurements from airborne remote sensing in fluvial environments. Earth Surface Processes and Landforms, 31(11): 1413-1423.

Carman P C. 1939. Permeability of saturated sands, soils and clays. The Journal of Agricultural Science, 29(2): 262-273.

Carriaga C C, Mays L W. 1995. Optimization modeling for sedimentation in alluvial rivers. Journal of Water Resources Planning and Management, 121(3): 251-259.

Castillo L G, Carrillo J M, Álvarez M A. 2015. Complementary methods for determining the sedimentation and flushing in a reservoir. Journal of Hydraulic Engineering, 141(11): 05015004.

Chamoun S, de Cesare G, Schleiss A J. 2016. Managing reservoir sedimentation by venting turbidity currents: A review. International Journal of Sediment Research, 31(3): 195-204.

Chang F J, Chen L, Chang L C. 2005. Optimizing the reservoir operating rule curves by genetic algorithms. Hydrological processes, 19(11): 2277-2289.

Chang H H. 1979. Minimum stream power and river channel pattern. Journal of Hydrology, 41: 303-327.

Chen J C. 1980. Studies on gravitational spreading currents. California Institute of Technology.

Chen L, Chen S. 2006. Retrogressive erosion and longitudinal profile evolution in noncohesive material. International Journal of Sediment Research, 21(2): 113-122.

de Cesare G, Boillat J L, Schleiss A J. 2006. Circulation in stratified lakes due to flood-induced turbidity currents. Journal of Environmental Engineering, 132(11): 1508-1517.

Duran A, Liang Q, Marche F. 2013. On the well-balanced numerical discretization of shallow water equations on unstructured meshes. Journal of Computational Physics, 235: 565-586.

Eggenhuisen J T, McCaffrey W D. 2012. The vertical turbulence structure of experimental turbidity currents encountering basal obstructions: Implications for vertical suspended sediment distribution in non‐equilibrium currents. Sedimentology, 59(3): 1101-1120.

Elder R A, Wunderlich W O. 1973. Mechanics of flow through man-made lakes. Ackermann W C, White G F and Worthington W B. Man-made Lakes: Their Problems and Environmental Effects, Geophysical Monograph 17. Washington DC: AGU: 300-310.

Ellison T H, Turner J S. 1959. Turbulent entrainment in stratified flows. Journal of Fluid Mechanics, 6(3): 423-448.

Engwirda D, Ivers D. 2014. Face-centred Voronoi refinement for surface mesh generation. Procedia Engineering, 82: 8-20.

Fan J, Morris G L. 1992. Reservoir sedimentation I: Delta and density current deposits. Journal of Hydraulic Engineering, 118(3): 354-369.

Feldman A D. 1981. HEC models for water resources system simulation: Theory and experience. Advances in Hydroscience, 12: 297-423.

Felix M. 2002. Flow structure of turbidity currents. Sedimentology, 49: 397-419.

Fernando H J. 1991. Turbulent mixing in stratified fluids. Annual Review of Fluid Mechanics, 23 (1) : 455-493.

Ford D E, Johnson M C, Monismith S G. 1980. Density inflows to De Gray Lake, Arkansas. Second International Symposium on Stratified Flows, Trondheim.

Fraccarollo L, Toro E F. 1995. Experimental and numerical assessment of the shallow water model for two-dimensional dam-break type problems. Journal of Hydraulic Research, 33 (6) : 843-864.

García M H. 1993. Hydraulic jumps in sediment-driven bottom currents. Journal of Hydraulic Engineering, 119 (10) : 1094-1117.

Geza B, Bogich K. 1953. Some observations on density currents in the laboratory and in the Field. Proceedings of Minnesota International Hydraulics Convention, Minneapolis: 387-400.

Guo J. 2002. Logarithmic matching and its applications in computational hydraulics and sediment transport. Journal of Hydraulic Research, 40 (5) : 555-565.

Ghostine R, Vazquez J, Terfous A, et al. 2012. Comparative study of 1D and 2D flow simulations at open-channel junctions. Journal of Hydraulic Research, 50 (2) : 164-170.

He H, Yu Q, Zhou J. 2008. Modelling complex flood flow evolution in the middle Yellow River basin, China. Journal of Hydrology, 353 (1) : 76-92.

Hebbert B, Imberger J, Loh I, et al. 1979. Collie River underflow into the Willington Reservoir. Journal of Hydraulics Division ASCE, 105 (5) : 533-545.

Herrero A, Bateman A, Medina V. 2015. Water flow and sediment transport in a 90° channel diversion: An experimental study. Journal of Hydraulic Research, 53 (2) : 253-263.

Hilldale R C, Raff D. 2008. Assessing the ability of airborne LiDAR to map river bathymetry. Earth Surface Processes and Landforms, 33 (5) : 773.

Hoult D P. 1972. Oil spreading on the sea. Annual Review of Fluid Mechanics, 4 (1) : 341-368.

Hsu C C, Tang C J, Lee W J, et al. 2002. Subcritical 90 equal-width open-channel dividing flow. Journal of Hydraulic Engineering, 128 (7) : 716-720.

Hu P, Cao Z. 2009. Fully coupled mathematical modeling of turbidity currents over erodible bed. Advances in Water Resources, 32 (1) : 1-15.

Hu P, Cao Z, Pender G, et al. 2012. Numerical modelling of turbidity currents in the Xiaolangdi reservoir, Yellow River, China. Journal of Hydrology, 464: 41-53.

Huang H, Imran J, Pirmez C. 2008. Numerical study of turbidity currents with sudden-release and sustained-inflow mechanisms. Journal of Hydraulic Engineering, 134 (9) : 1199-1209.

Huang H, Imran J, Pirmez C. 2005. Numerical model of turbidity currents with a deforming bottom boundary. Journal of Hydraulic Engineering, 131 (4) : 283-293.

Huppert H E. 2006. Gravity currents: A personal perspective. Journal of Fluid Mechanics, 554: 299-322.

ICOLD. World register of dams. [2018-03-05]. http://www.icold-cigb.net/GB/world_register/general_synthesis.asp.

Ippen A T, Harleman D R F. 1952. Steady-state characteristics of subsurface flow. Gravity Waves Symposium, National Bureau of Standards,Washington: 79-93.

Islam M A, Imran J. 2010. Vertical structure of continuous release saline and turbidity currents. Journal of Geophysical Research: Oceans, 115: C08025.

Jain S C. 1981. Plunging phenomenon in reservoirs. Proceedings of the symposium on surface water impoundments, Minneapolis.

Karim F. 1995. Bed configuration and hydraulic resistance in alluvial channel flows. Journal of Hydraulic Engineering, 121(1): 15-25.

Karim M F, Holly F M. 1984. Armouring and sorting simulation in alluvial rivers. Journal of Hydraulic Engineering, 112(8): 705-715.

Kondolf G M, Gao Y, Annandale G W, et al. 2014. Sustainable sediment management in reservoirs and regulated rivers: Experiences from five continents. Earth's Future, 2(5): 256-280.

La Rocca M, Adduce C, Sciortino G. 2008. Experimental and numerical simulation of three-dimensional gravity currents on smooth and rough bottom. Physics of Fluids, 20(10): 106603.

Lee H Y, Yu W S. 1997. Experimental study of reservoir turbidity current. Journal of Hydraulic Engineering, 123(6): 520-528.

Li J Z, Singh V P. 1993. Celerity analysis of reservoir flood wave propagation. Water Resources and Power, 11(3): 152-194.

Li S X, Zhang J H, Chen S K, et al. 2004. Study on density current in the Xiaolangdi reservoir. The Ninth International Symposium on River Sedimentation (II), Yichang: 981-986.

Li Y, Zhang J, Ma H. 2011. Analytical Froude number solution for reservoir density inflows. Journal of Hydraulic Research, 49(5): 693-696.

Mastbergen D R, van den Berg J H. 2003. Breaching in fine sands and the generation of sustained turbidity currents in submarine canyons. Sedimentology, 50(4): 625-637.

Michon X, Goddet J, Bonnefille R. 1955. Etude Theorique et Experimeniale des Courants de Densite. Chatou: Laboratoire National d' Hyraulique.

Molinas A, Wu B. 2001. Transport of sediment in large sand-bed rivers. Journal of Hydraulic Research, 39(2): 135-146.

Morris G L, Fan J. 1998. Reservoir sedimentation handbook: Design and management of dams, reservoirs, and watersheds for sustainable use. New York: McGraw Hill Professional.

Necker F, Härtel C, Kleiser L, et al. 2002. High-resolution simulations of particle-driven gravity currents. International Journal of Multiphase Flow, 28(2): 279-300.

Nourmohammadi Z, Afshin H, Firoozabadi B. 2011. Experimental observation of the flow structure of turbidity currents. Journal of Hydraulic Research, 49(2): 168-177.

Orvis C J. 1989. The 1988 sedimentation survey of elephant butte reservoir. Denver: Bureau of Reclamation.

Parker G, Fukushima Y, Pantin H M. 1986. Self-accelerating turbidity currents. Journal of Fluid Mechanics, 171: 145-181.

Parker G, Garcia M, Fukushima Y, et al. 1987. Experiments on turbidity currents over an erodible bed. Journal of Hydraulic Research, 25(1): 123-147.

Prandtl L, Oswatitsch K, Wieghardt K. 1984. 流体力学概论. 郭永怀, 陆士嘉, 译. 北京: 科学出版社.

Ramamurthy A S, Minh T D, Carballada L B. 1990. Dividing flow in open channels. Journal of Hydraulic Engineering, 116(3): 449-455.

Raynaud J P. 1951. Study of currents of muddy water through reservoirs. Proceedings of the Fourth Congress on Large Dams, New Delhi: 137-161.

Roe P L, Baines M J. 1982. Algorithms for advection and shock problems. Proceedings of the Fourth GAMM Conference on Numerical Methods in Fluid Mechanics, Braunschweig: 281-290.

Ruo A C, Chen F. 2007. Modified shallow water equations for inviscid gravity currents. Physical Review E, 75(2): 026302.

Salles T G, Lopez S, Cacas M C. 2007. Cellular automata model of density currents. Geomorphology, 88(1): 1-20.

Savage S B, Brimberg J. 1975. Analysis of plunging phenomena in water resources. Journal of Hydraulic Research, 13(2): 187-204.

Schäppi B, Perona P, Schneider P, et al. 2010. Integrating river cross section measurements with digital terrain models for improved flow modelling applications. Computers & Geosciences, 36(6): 707-716.

Sequeiros O E, Spinewine B, Beaubouef R T, et al. 2010. Characteristics of velocity and excess density profiles of saline underflows and turbidity currents flowing over a mobile bed. Journal of Hydraulic Engineering, 136(7): 412-433.

Shao S. 2012. Incompressible smoothed particle hydrodynamics simulation of multifluid flows. International Journal for Numerical Methods in Fluids, 69(11): 1715-1735.

Simpson G, Castelltort S. 2006. Coupled model of surface water flow, sediment transport and morphological evolution. Computers & Geosciences, 32(10): 1600-1614.

Singh B, Shah C R. 1971. Plunging phenomenon of density currents in reservoirs. La Houille Blanche, (1): 59-64.

Toniolo H, Parker G, Voller V. 2007. Role of ponded turbidity currents in reservoir trap efficiency. Journal of Hydraulic Engineering, 133(6): 579-595.

Toro E F. 1998. Shock Capturing Methods for Free-Surface Shallow Flows. Chichester: Wiley.

Valiani A, Begnudelli L. 2006. Divergence form for bed slope source term in shallow water equations. Journal of Hydraulic Engineering, 132(7): 652-665.

van Leer B. 1997. Towards the ultimate conservative difference scheme. Journal of Computational Physics, 135(2): 229-248.

van Rhee C. 2010. Sediment entrainment at high flow velocity. Journal of Hydraulic Engineering, 136(9): 572-582.

van Rijn L C. 1984. Sediment pick-up functions. Journal of Hydraulic engineering, 110(10): 1494-1502.

Wang Z H, Xia J Q, Deng S S. 2017. One-dimensional morphodynamic model coupling open-channel flow and turbidity current in reservoir. Journal of Hydorlogy and Hydromechanics, 65(1): 68-79.

Wang Z H, Xia J Q, Li T. 2016. An integrated model coupling open-channel flow, turbidity current and flow exchanges between main river and tributaries in Xiaolangdi Reservoir, China. Journal of Hydrology, 543: 548-561.

Wang Z Y, Hu C H. 2009. Strategies for managing reservoir sedimentation. International Journal of Sediment Research, 24(4): 369-384.

White R. 2001. Evacuation of Sediments from Reservoirs. London: Thomas Telford.

Winterwerp J C, Bakker W T, Mastbergen D R, et al. 1992. Hyperconcentrated sand-water mixture flows over erodible bed. Journal of Hydraulic Engineering, 118(11): 1508-1525.

Winterwerp J C, de Groot M B, Mastbergen D R, et al. 1990. Hyperconcentrated sand-water mixture flows over a flat bed. Journal of Hydraulic Engineering, 116(1): 36-54.

Wisser D, Frolking S, Hagen S, et al. 2013. Beyond peak reservoir storage? A global estimate of declining water storage capacity in large reservoirs. Water Resources Research, 49(9): 5732-5739.

Wu W. 2008. Computational River Dynamics. London: Taylor & Francis.

Wu W M, Wang S Y. 1999. Movable bed roughness in alluvial rivers. Journal of Hydraulic Engineering, 125(12): 1309-1312.

Xia J Q, Falconer R A, Lin B, et al. 2010a. Modelling flood routing on initially dry beds with the refined treatment of wetting and drying. International Journal of River Basin Management, 8(3-4): 225-243.

Xia J Q, Lin B, Falconer R A, et al. 2012. Modelling of man-made flood routing in the lower Yellow River, China. Proceedings of the ICE-Water Management, 165(7): 377-391.

Xia J Q, Li T, Wang Z H, et al. 2016. Improved criterion for plunge of reservoir turbidity currents. Proceedings of the ICE-Water Management, 170(3): 139-149.

Xia J Q, Lin B L, Falconer R A, et al. 2010b. Modelling dam-break flows over mobile beds using a 2D coupled approach. Advances in Water Resources, 33(2): 171-183.

Yam K, McCaffrey W D, Ingham D B, et al. 2011. CFD modelling of selected laboratory turbidity currents. Journal of Hydraulic Research, 49(5): 657-666.

Ying X, Khan A A, Wang S S Y. 2004. Upwind conservative scheme for the Saint Venant equations. Journal of Hydraulic Engineering, 130(10): 977-987.

Zhang S, Duan J G. 2011. 1D finite volume model of unsteady flow over mobile bed. Journal of Hydrology, 405(1): 57-68.

Zoppou C, Roberts S. 1999. Catastrophic collapse of water supply reservoirs in urban areas. Journal of Hydraulic Engineering, 125(7): 686-695.